新编高等学校计算机公共课教材

U0146464

计算机应用能力案例教程

程 奎 主编

唐学军 尚雪莲 副主编

电子工业出版社.

Publishing House of Electronics Industry

北京·BEIJING

内 容 简 介

本书从读者的实际需求入手，选取符合读者认知过程和学习能力目标的题目，由浅入深地讲解 Windows 7 和 Office 2007 的使用，并结合在日常工作中的实际应用，使读者的学习更有针对性，书中还特别穿插介绍了一些常用软件的使用方法，使读者尽快了解并掌握 Windows 7 操作系统、Office 2007 办公软件及利用其他常用软件解决工作和生活中的实际问题。

本书结构清晰，内容翔实，适合作为高职、高专院校各专业计算机应用基础课程的教材，也可作为计算机基础知识的自学教材。

图书在版编目（CIP）数据

计算机应用能力案例教程 / 程奎主编. —北京：电子工业出版社，2011.8
新编高等学校计算机公共课教材
ISBN 978-7-121-13954-3

Ⅰ．①计⋯　Ⅱ．①程⋯　Ⅲ．①电子计算机－高等学校－教材　Ⅳ．①TP3

中国版本图书馆 CIP 数据核字（2011）第 129718 号

策划编辑：王昭松　　　文字编辑：裴　杰　　　特约编辑：赵海红
责任编辑：郝黎明
印　　　刷：三河市鑫金马印装有限公司
装　　订：
出版发行：电子工业出版社
　　　　　北京市海淀区万寿路 173 信箱　邮编　100036
开　　本：787×1092　1/16　印张：23.25　字数：595.2 千字
印　　次：2011 年 8 月第 1 次印刷
印　　数：4 000 册　　定价：35.00 元

前　言

　　本书是按照读者计算机基础应用能力的认知过程划分不同的教学内容撰写的。以读者即学即用作为教学目标，突出学生能力的应用，根据加强基础、提高能力、重在应用的原则，详述操作步骤，使学生通过本教材的学习掌握计算机基础应用能力，为以后的学习和提高打下基础，本书共分 6 个能力，主要内容如下：

　　能力一：操作系统资源管理，包括文件和文件夹管理、磁盘空间管理、系统的个性化设置 3 个目标。

　　能力二：网上冲浪，包括浏览器应用、资源搜索、资源下载、网上聊天、收发电子邮件 5 个目标。

　　能力三：安全防护，包括系统安全设置和杀毒软件的使用。

　　能力四：文档处理，包括段落排版、图文混排、表格的制作、数据的计算、数据处理与分析、利用图表分析数据、数据透视表和文件打印 8 个目标。

　　能力五：休闲娱乐，包括听音乐、看电影、图片欣赏 3 个目标。

　　能力六：自我展示。

　　本书的内容系统、全面、采用大量图片配合文字说明的方式对知识点进行介绍，步骤清晰、完备，保证读者一看即会！此外，在介绍操作方法时，选用符合实际需求的实例，便于读者应用于实践。

　　本书所采用的能力结构图如下图所示。

　　本书由程奎主编，能力一由李黎明编写，能力二由唐学军编写，能力三由任晓芳编写，能力四由唐学军、李黎明共同编写，能力五和能力六由尚雪莲编写。

　　由于编者水平有限，加之时间仓促，不当之处恳请广大读者批评指正。

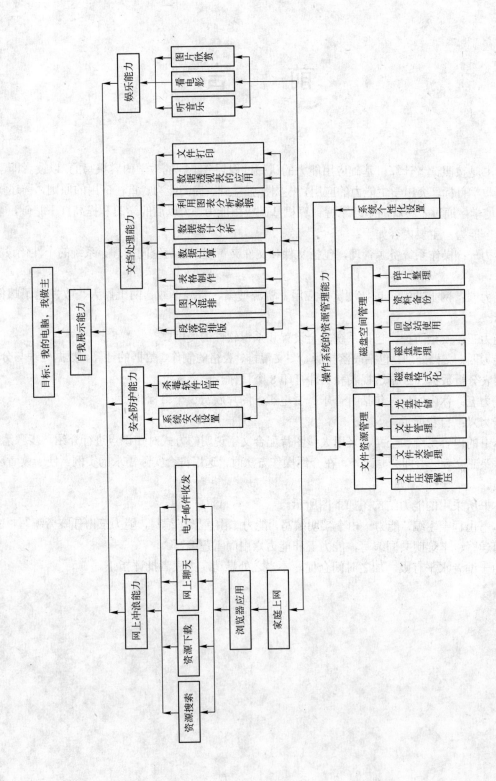

目　　录

能力一：操作系统资源管理

目标 1：文件和文件夹管理

一、基础知识

- 文件及文件夹的概念、命名规则；文件的类型；路径的概念。
- "资源管理器"的启动方法。
- "Windows 资源管理器"窗口组成。
- 资源管理器的使用（改变左、右窗格的大小；展开或折叠文件夹；改变文件和文件夹的显示方式；排列文件和文件夹的图标）。

（一）文件及文件夹

Windows 按树形结构以文件夹的形式来组织和管理文件，如图 1.1 所示。

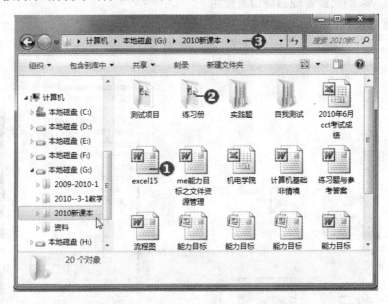

图 1.1　Windows 按树形结构以文件夹的形式来组织和管理文件

❶ 文件：计算机中的文件是指有名的一组相关信息的集合。每个文件都由唯一的标识名，即文件名来识别，文件名成为存取文件的依据。文件名的格式为"文件主名.扩展名"。

❷ 文件夹：为了便于管理文件，一般将相关文件分类后存放在不同的"文件夹"中，就像在日常工作中把不同类型的文件资料用不同的文件夹来分类整理和保存一样。文件夹的命名规则与文件名的命名规则类似，但通常不含扩展名。

❸ 路径：在存取文件时，必须清楚文件在文件夹中的位置，即需要指明找到该文件所需

经过的一个个文件夹的名称，我们把它叫做路径。路径的表达格式为：<盘符>\<文件夹名>\...\<文件夹名>\<文件名>。

 小贴士

在 Windows 中，对文件名有如下一些规定：

（1）支持长文件名。Windows 系统的文件名或文件夹名最多可使用 255 个字符，（包括盘符和路径在内），但其中不能包括回车符。

（2）文件名不能使用以下字符："？"、"\"、"＊"、"<"、">"、"|"、"/"、"："、""""。

（3）不能使用系统保留的设备名。

（4）不区分英文字母大小写。

（5）可以使用分隔符的名字。

（6）文件可以只有主文件名而没有扩展名，但一般应给出扩展名以表示文件的类型。

（7）在查找和显示文件时可以使用通配符"？"和"＊"。"？"表示该位置可以代表任何一个合法字符；"＊"表示该位置及其后的所有位置上可以是任何合法字符，包括没有字符。

常见文件扩展名及表现形式如图 1.2 所示。

 小贴士

Windows 利用文件的扩展名来区别每个文件的类型和创建此文件的程序。

（二）Windows 的资源管理器窗口及使用

1."资源管理器"的启动方法

方法 1：选择"开始"→"所有程序"→"附件"→"Windows 资源管理器"命令，如图 1.3 所示。

图 1.2 常见文件扩展名及表现形式   图 1.3 "资源管理器"的启动方法 1

方法 2：在"开始"按钮上单击鼠标右键，在弹出的快捷菜单中选择"打开 Windows 资源管理器"命令，如图 1.4 所示。

方法 3：在"我的电脑"、"我的文档"、"网上邻居"或"回收站"图标上单击鼠标右键，在弹出的快捷菜单中选择"打开"命令，如图 1.5 所示。

图 1.4 "资源管理器"的启动方法 2

图 1.5 "资源管理器"的启动方法 3

2．"Windows 资源管理器"窗口的组成

运行"Windows 资源管理器"后，出现图 1.6 所示的窗口。包括❶地址栏、❷菜单栏、❸命令栏、❹导航窗格、❺右窗格、❻状态栏。

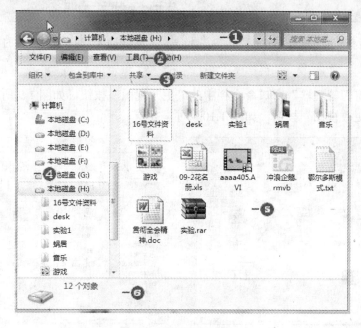

图 1.6 资源管理器窗口

3．资源管理器的使用

1）改变左、右窗格的大小

拖动左、右窗格之间的分隔条。

2）展开或折叠文件夹

如果文件夹包含下一层的子文件夹，则在左窗格中该文件夹的左边会有一个标记 ◢，该标记表示此文件夹处于折叠状态，看不到其包含的子文件夹。标记 ▷ 表示此文件夹处于展开状态，可以看到其包含的子文件夹。

3）改变文件和文件夹的显示方式

文件和文件夹的显示方式包括"超大图标"、"大图标"、"中等图标"、"小图标"、"列表"、"详细信息"、"平铺"、"内容"。改变显示方式的方法如下：

方法 1：选择菜单栏中的"查看"菜单中的相应命令，如图 1.7 所示。

方法 2：在右窗格中的空白处单击鼠标右键，在弹出的快捷菜单中选择"查看"菜单中的相应命令，如图 1.8 所示。

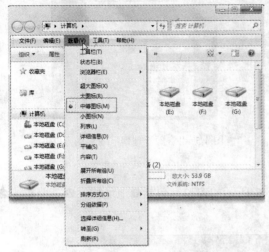
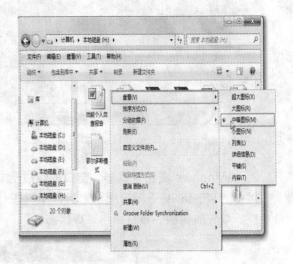

图 1.7　改变显示方式的方法 1　　　　　　图 1.8　改变显示方式的方法 2

方法 3：

（1）指向"资源管理器"窗口命令栏中的"更改视图"按钮，如图 1.9 所示。

（2）单击"更改视图"按钮，如图 1.10 所示。

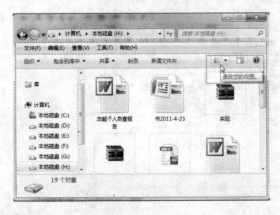
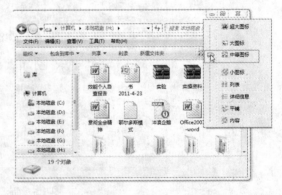

图 1.9　改变显示方式的方法 3（1）　　　　图 1.10　改变显示方式的方法 3（2）

（4）排列文件和文件夹的图标

可以按照文件或文件夹的"名称"、"大小"、"类型"或"修改日期"进行排列，对于磁盘驱动器，还可以按照驱动器名或可用空间的大小排列。

方法 1：选择"查看"→"排列方式"子菜单中所需的排列方式，如图 1.11 所示。

方法 2：在"资源管理器"右窗格的空白处单击鼠标右键，在弹出的快捷菜单中选择"排列图标"级联菜单中的排列方式，如图 1.12 所示。

【案例】对硬盘驱动器按硬盘可用空间从小到大显示

（1）双击桌面上的"计算机"图标，打开"资源管理器"窗口，如图 1.13 所示。

（2）在"资源管理器"窗口的空白区域单击鼠标右键打开快捷菜单，并在"排列方式"级联菜单中选择"可用空间"和"递增"两项即可，如图 1.14 所示。

【案例】预览文件"贯彻全会精神"的内容

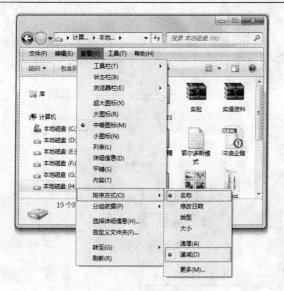
图 1.11　文件和文件夹排列方法 1

图 1.12　文件和文件夹排列方法 2

图 1.13　打开"资源管理器"窗口

图 1.14　按"可用空间"递增顺序排序

（1）选中要预览的文件后，指向"资源管理器"窗口命令栏中的"显示预览窗格"按钮，如图 1.15 所示。

（2）单击"资源管理器"窗口命令栏中的"显示预览窗格"按钮即可，如图 1.16 所示。

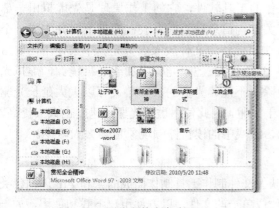
图 1.15　预览文件内容步骤 1

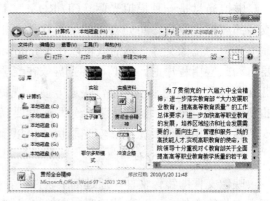
图 1.16　预览文件内容步骤 2

小贴士

单击任务栏中的"实时预览"按钮，实时预览已打开的文件夹，如图 1.17 所示。

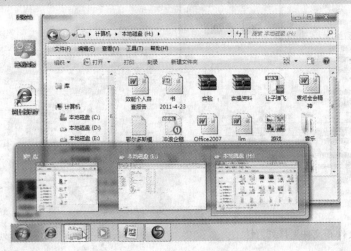

图 1.17 "实时预览"文件夹

（三）文件压缩

文件压缩的本质就是通过某种特殊的编码方式将数据信息中存在的重复度、冗余度有效地降低，从而达到数据压缩的目的。文件经过压缩后节省了存储空间，具体大小是由压缩比决定的，其好处是减少了文件在网络上传送的流量，缩短了传送时间。

按文件内容的不同可分文本、程序、图像、视频和声音等文件的压缩。多媒体文件（如图像、视频、声音文件）压缩比低与原文件相差无几，而文本文件和程序文件压缩比要高一些，最高可达到 3∶1。

（四）压缩格式

常见压缩格式有 ACE、ARJ、CAB、ISO、JAR、7Z、BZ2、GZ、LZH、TAR、UUE、Z 等。

（五）压缩软件

常用压缩软件有 WinZIP、WinRAR、好压等。

（六）虚拟光盘

虚拟光盘是一种模拟光驱（CD-ROM）工作的工具软件，它的工作原理是先虚拟出一部或多部虚拟光驱后，将光盘上的应用软件及相关结构信息镜像后存放在硬盘上，并生成一个虚拟光驱的镜像文件，然后就可以在 Windows 中将此镜像文件放入虚拟光驱中来使用，以后要启动此应用程序时，不必再将光盘放在光驱中，只需在虚拟光驱中加载光盘镜像，虚拟光盘立即装入虚拟光驱中运行，快速方便，既免除了不能读光盘的故障，又可以大大延长光驱的使用寿命。同时，由于硬盘的读/写速度要高于光驱，因此使用虚拟光驱，速度也大大提高，安装各类应用软件要比用真实光驱快 4 倍以上，游戏中的读盘停顿现象也会大大减少。

（七）制作镜像文件

映像文件即镜像文件。通过刻录软件或者映像文件制作工具制作而成的。和 ZIP 压缩包类似，它将特定的一系列文件按照一定的格式制作成单一的文件，以方便用户下载和使用，如一个测试版的操作系统、游戏等。镜像文件不仅具有 ZIP 压缩包的合成功能，它最重要的特点是可以被特定的软件识别并可直接刻录到光盘上。镜像文件的应用范围比较广泛，最常见的应用就是数据备份。

常见镜像文件的格式有.iso、.bin、.nrg、.vcd、.cif、.fcd、.img、.ccd、.c2d、.dfi、.tao、.dao和.cue 等。每种刻录软件支持的镜像文件格式都各不相同，如 Nero 支持.nrg、.iso 和.cue，Easy CD Creator 支持.iso、.cif，CloneCD 支持.ccd 等。

可以使用 Windows 光盘映像刻录机将光盘映像文件（文件扩展名为.iso 或.img）刻录到可录制 CD 或 DVD 中。

二、能力训练

能力点

- 文件和文件夹的选定
- 文件和文件夹的建立
- 文件和文件夹的打开
- 文件和文件夹的复制
- 文件和文件夹的移动
- 文件和文件夹的删除
- 文件和文件夹的重命名
- 撤销移动、复制和删除操作
- 查看、设置文件和文件夹的属性
- 显示或隐藏文件和文件夹
- 创建文件和文件夹的快捷方式
- 文件压缩和解压
- 虚拟光盘

（一）文件和文件夹的选定

操作要领：先选定操作对象，再选定相应操作。

操作方式：鼠标拖曳、快捷菜单、菜单栏菜单（工具栏按钮）、快捷键。

（1）选定单个：单击要选定的文件或文件夹。

（2）选定多个（连续）：先单击要选定的第一个文件或文件夹，然后按住【Shift】键，再单击要选定的最后一个文件或文件夹。

（3）选定多个（非连续）：按住【Ctrl】键，然后依次单击要选定的每一项。

（4）选定文件夹中的所有文件：选择"编辑"→"全部选定"命令。

（5）取消选定：

- 取消一项：先按住【Ctrl】键，然后单击要取消的项。
- 取消多项：先按住【Ctrl】键，然后单击每一个要取消的项。
- 取消所有选项：单击空白处。

 小贴士

从第一项（最后一项）要选定的文件的左侧（右侧）按住鼠标左键，然后向下（上）拖动出一个虚框，则虚框左侧的文件或文件夹被选中。

选择"编辑"→"反向选定"命令，可以选定文件夹中除已选定文件之外的所有文件（即选定原来未选定的文件）。

（二）文件与文件夹的建立

1. 创建新文件夹

【案例】在 H 盘的"音乐"文件夹下创建一个名为"SONG"的文件夹

（1）选中新文件夹的父文件夹，即本例中的"音乐"文件夹，如图 1.18 所示。

（2）打开"音乐"文件夹，选择"文件"→"新建"→"文件夹"命令，如图 1.19 所示。

图 1.18　创建新文件夹步骤 1

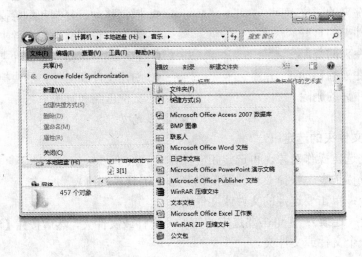

图 1.19　创建新文件夹步骤 2

（3）也可单击命令栏中的"新建文件夹"命令按钮，如图 1.20 所示。

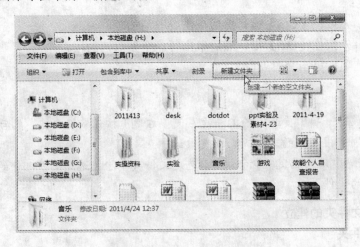

图 1.20　创建新文件夹步骤 3

（4）对新建文件夹重命名为"SONG"，如图 1.21 所示。

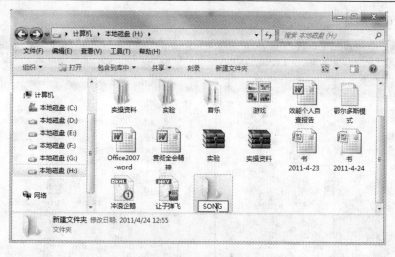

图 1.21　创建新文件夹步骤 4

 小贴士

> 在打开父文件夹后，还可在"资源管理器"右窗格的空白处单击鼠标右键，在弹出的快捷菜单中选择"新建"命令来实现。

2. 创建新的空文件

【案例】在 H 盘下创建一个名为"NEW.TXT"的文本文件

（1）打开要在其下建立新文件的文件夹，选择"文件"→"新建"命令及新文件的类型，如图 1.22 所示。

（2）输入新的文件名后，按【Enter】键，如图 1.23 所示。

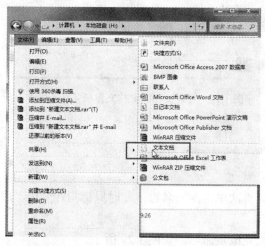

图 1.22　创建文本文件步骤 1

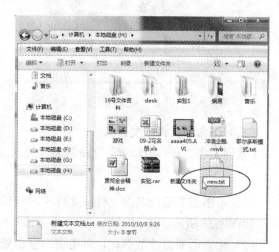

图 1.23　创建文本文件步骤 2

（三）文件或文件夹的打开

用户在文件夹中打开文件或文件夹的基本操作方法有以下几种：

方法 1：选定要打开的文件或文件夹，然后选择"文件"→"打开"命令，如图 1.24 所示。

方法 2：双击要打开的文件或文件夹，如图 1.25 所示。

方法 3：在要打开的文件或文件夹上单击鼠标右键，然后在弹出的快捷菜单中选择"打开"

命令，如图 1.26 所示。

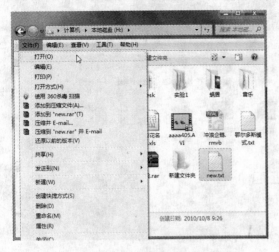

图 1.24 打开文件或文件夹方法 1

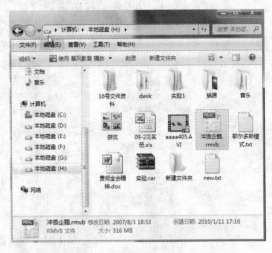

图 1.25 打开文件或文件夹方法 2

方法 4：先选定要打开的文件，然后按【Enter】键，如图 1.27 所示。

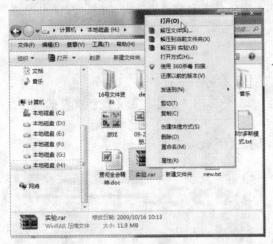

图 1.26 打开文件或文件夹方法 3

图 1.27 打开文件或文件夹方法 4

（四）重命名文件或文件夹

【案例】将"aaaa405.avi"重命名为"戏水.avi"

方法 1：

（1）单击需要重命名的文件或文件夹图标后，再次单击图标名称，此时鼠标指针变为"I"型，如图 1.28 所示。

（2）输入所要更改的名称，单击窗口空白处，完成重命名，如图 1.29 所示。

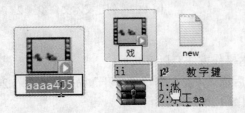

图 1.28 重命名文件或文件夹方法 1（1）

图 1.29 重命名文件或文件夹方法 1（2）

方法 2：

（1）在需要重命名的文件或文件夹图标上单击鼠标右键，在弹出的快捷菜单中选择"重命名"命令，如图 1.30 所示。

（2）输入所要的文件名后，按【Enter】键确认重新命名的名称。

方法 3：

（1）单击需要重命名的文件或文件夹图标，选择菜单栏中的"组织"→"重命名"命令，如图 1.31 所示。

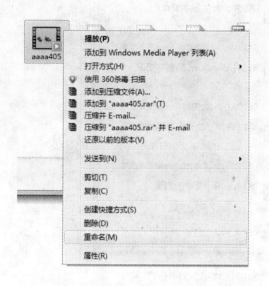

图 1.30　重命名文件或文件夹方法 2　　　　　图 1.31　重命名文件或文件夹方法 3

（2）输入所需要的文件名后，按【Enter】键确认重新命名的名称。

（五）查找文件和文件夹

【案例】（1）查找名称中包含"QQ"的文件和文件夹；（2）查找名为"企鹅"的图片；（3）在 G 盘中搜索的"第"开头的文件和文件夹。

（1）使用"开始"菜单上的搜索框查找文件夹或文件，如图 1.32 所示。

（2）在文件夹或库中使用搜索框来查找文件或文件夹，如图 1.33 所示。

图 1.32　查找名称中包含"QQ"的文件和文件夹　　　图 1.33　查找名为"企鹅"的图片

（3）选中 G 盘，在搜索框中输入文字"第"，计算机即可列出所有包含文字"第"的文件和文件夹，如图 1.34 所示。

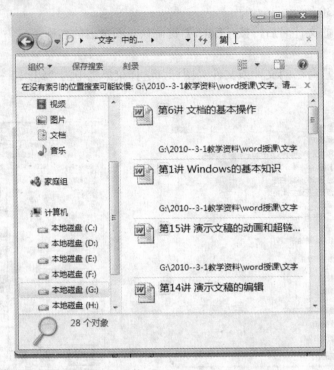

图 1.34　在 G 盘中搜索的以"第"开头的文件

 小贴士

可以使用"开始"菜单中的搜索框来查找存储在计算机上的文件、文件夹、程序和电子邮件。

通常用户可能知道要查找的文件位于某个特定文件夹或库中，如文档或图片文件夹/库。浏览文件可能意味着查看数百个文件和子文件夹。为了节省时间和精力，可以使用已打开窗口顶部的搜索框。它根据所键入的文本筛选当前视图。搜索将查找文件名和内容中的文本，以及标记等文件属性中的文本。在库中，搜索包括库中包含的所有文件夹及这些文件夹中的子文件夹。

（六）文件与文件夹的复制

【案例】复制 C 盘中"Windows"→"Web"→"Wallpaper"→"自然"文件夹下的 6 个文件到"我的图片"中。

（1）打开要复制的文件所在的位置，并选中文件，如图 1.35 所示。

（2）在选中的文件上单击鼠标右键，在弹出的快捷菜单中选择"复制"命令，如图 1.36 所示。

（3）打开要用来存储副本的位置，如图 1.37 所示。

（4）在该位置中的空白区域单击鼠标右键，在弹出的快捷菜单中选择"粘贴"命令，如图 1.38 所示。

 小贴士

复制和粘贴文件的另一种方法是使用快捷键【Ctrl+C】（复制）和【Ctrl+V】（粘贴）。

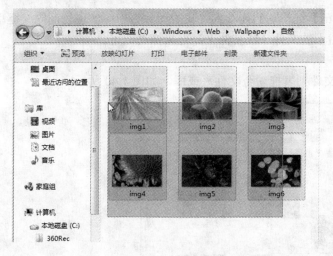

图 1.35　文件与文件夹的复制步骤 1　　　图 1.36　文件与文件夹的复制步骤 2

图 1.37　文件与文件夹的复制步骤 3　　　图 1.38　文件与文件夹的复制步骤 4

还可以按住鼠标右键，然后将文件拖动到新位置。释放鼠标后，选择"复制到当前位置"命令，如图 1.39 所示。

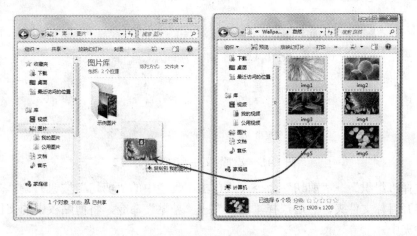

图 1.39　用鼠标右键拖动

选中 6 个文件后再同时按下【Ctrl】键将它们拖动到"我的图片"中可实现复制同一驱动器下的多个文件（或文件夹）。不同盘下的文件（或文件夹）直接拖动即可。

（七）文件与文件夹的移动

方法 1：在导航窗格中将文件从文件列表拖动至文件夹或库，如图 1.40 所示。

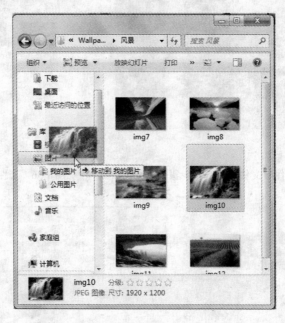

图 1.40　文件与文件夹的移动方法 1

方法 2：首先打开包含要移动的文件或文件夹的文件夹。然后，在其他窗口中打开要将其移动到的文件夹。将两个窗口并排置于桌面上，然后，从第一个文件夹将文件或文件夹拖动到第二个文件夹中，如图 1.41 所示。

方法 3：使用"组织"菜单。

（1）选定要移动的文件或文件夹。

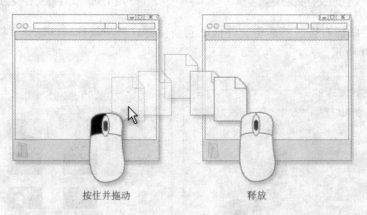

按住并拖动　　　　　　　　释放

图 1.41　文件与文件夹的移动方法 2

（2）选择"组织"→"剪切"命令（或单击工具栏中的"剪切"按钮）。

（3）打开目标文件夹，然后选择"组织"→"粘贴"命令，将剪贴板中的文件（夹）移动到目标文件夹中。

方法 4：用快捷菜单。

（1）选定要移动的文件或文件夹。

（2）在要移动的对象上单击鼠标右键，从弹出的快捷菜单中选择"剪切"命令。

（3）在目标文件夹上单击鼠标右键，从弹出的快捷菜单中选择"粘贴"命令。

（八）撤销移动、复制和删除操作

【案例】撤销复制 C 盘中"Windows"→"Web"→"Wallpaper"→"自然"文件夹下的 6 个文件到"我的图片"中；删除"画图"程序桌面上的快捷方式。

（1）用户在移动、复制或删除操作之后，想取消原来的操作，可选择"组织"→"撤销"命令，如图 1.42 所示。

（2）选中桌面上的"画图"快捷方式，并单击鼠标右键，在弹出的快捷菜单中选择"删除"命令，如图 1.43 所示。

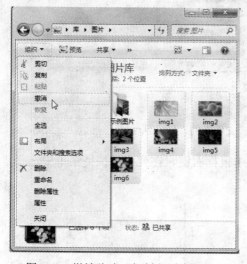

图 1.42　撤销移动、复制和删除操作

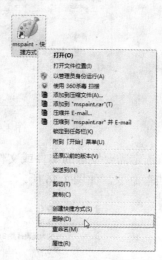

图 1.43　删除"画图"快捷方式

（3）在"删除快捷方式"对话框中，单击"是"按钮即可，如图 1.44 所示。

图 1.44　确定删除

 小贴士

删除快捷方式时，只会删除快捷方式，不会删除原始项。

（九）文件和文件夹的发送

【案例】将库中"图片库"中"示例图片"文件夹下名为"菊花"文件发送到"文档"。

（1）选定需要发送的文件或文件夹，选择"组织"→"发送到"→"文档"命令，如图 1.45 所示。

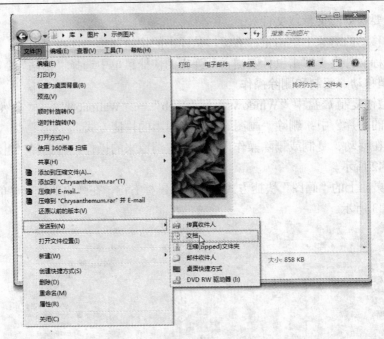

图 1.45　文件或文件夹的发送方法 1

（2）选定需要发送的文件或文件夹，单击鼠标右键，在弹出的快捷菜单中选择"发送到"→"文档"命令，如图 1.46 所示。

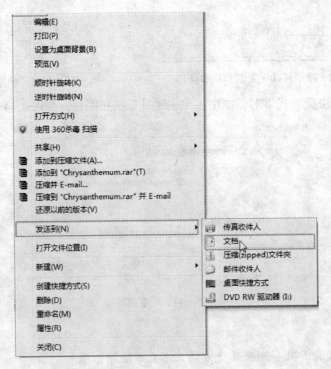

图 1.46　文件或文件夹的发送方法 2

（十）查看、设置文件及文件夹属性

【案例】（1）查看库中"图片库"中"示例图片"文件夹下名为"菊花"文件的属性；（2）将 C 盘中"Windows"→"Web"→"wallpaper"→"自然"文件夹设置"只读"属性。

（1）先选定文件名为"菊花"的文件，然后选择"组织"→"属性"命令，如图 1.47 所示。

（2）先选定"自然"文件夹，然后选择"组织"→"属性"命令，在"自然属性"对话框的"属性"选项区域选择"只读"复选框，如图 1.48 所示。

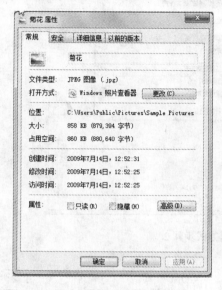

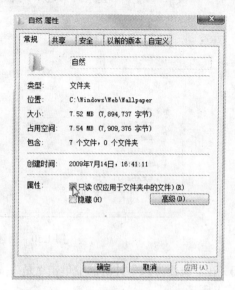

图 1.47　查看文件的属性　　　　　　　　　图 1.48　设置"只读"属性

 小贴士

> 将重要文件或文件夹设置为"只读"可以保护文件不会被意外更改或未授权更改。

（十一）创建文件及文件夹快捷方式

快捷方式是指向计算机上某个项目（如文件、文件夹或程序）的链接。可以创建快捷方式，然后将其放置在方便的位置，如桌面上或文件夹的导航窗格（左窗格）中，以便可以方便地访问快捷方式链接到的项目。快捷方式图标上的箭头可用来区分快捷方式和原始文件。

【案例】为"画图"程序建立桌面快捷方式。

（1）选中"画图"程序，如图 1.49 所示。

图 1.49　创建快捷方式步骤 1

（2）单击鼠标右键，在弹出的快捷菜单中选择"创建快捷方式"命令，如图 1.50 所示。

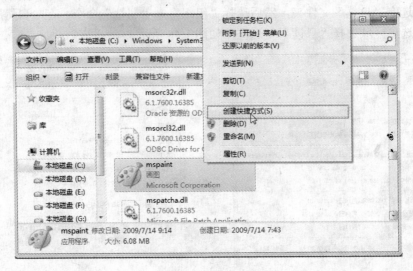

图 1.50　创建快捷方式步骤 2

（3）在"快捷方式"对话框中单击"是"按钮，如图 1.51 所示。

（十二）压缩及解压文件

1. 压缩文件

【案例】压缩 G 盘上的"资料"文件夹。

（1）选中要压缩的文件或文件夹，单击鼠标右键，在弹出的快捷菜单中选择"添加到'资料.rar'"命令，如图 1.52 所示。

（2）在打开的"压缩文件名和参数"对话框中选择"标准"压缩方式，如图 1.53 所示

图 1.51　创建快捷方式步骤 3

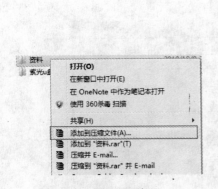

图 1.52　压缩文件步骤 1

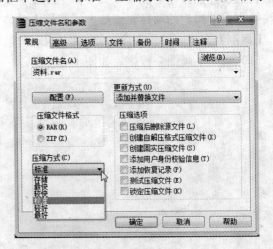

图 1.53　压缩文件步骤 2

（3）在"压缩分卷大小"下拉列表中选择"自动检测"选项，然后单击"确定"按钮，如图 1.54 所示。

（4）正在后台压缩"资料"文件夹的压缩窗口如图 1.55 所示。

图 1.54　压缩文件步骤 3

图 1.55　压缩文件步骤 4

2．解压文件

【案例】解压缩 H 盘上的"实操资料.rar"。

（1）选中要解压的文件，单击鼠标右键，在弹出的快捷菜单中选择"解压到实操资料"命令，如图 1.56 所示。

（2）开始解压，完成后将生成一个名为"实操资料"的文件夹，如图 1.57 所示。

图 1.56　解压文件步骤 1

图 1.57　解压文件步骤 2

3．制作自解压文件

【案例】将压缩 H 盘上的"实操资料"文件夹制作成自解压文件。

（1）选中"实操资料"文件夹，单击鼠标右键，在弹出的快捷菜单中选择"添加到"资料.rar"A"命令，如图 1.58 所示。

（2）在打开的"压缩文件名和参数"对话框中的"常规"选项卡中选择"压缩选项"选项区域中的"创建自解压格式压缩文件"复选框，如图 1.59 所示。

 小贴士

　　SFX（Self-eXtracting）自解压文件是压缩文件的一种，它结合了可执行文件模块，用来运行从压缩文件解压文件的模块。压缩文件不需要外部程序来解压自解压文件的内容。

4．加密压缩文件

【案例】将 H 盘上的"实操资料"文件夹制作成加密压缩文件。

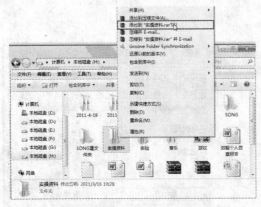

图 1.58　制作自解压文件步骤 1

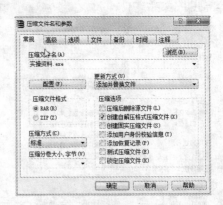

图 1.59　制作自解压文件步骤 2

（1）在打开的"压缩文件名和参数"对话框中单击"高级"选项卡中的"设置密码"按钮，如图 1.60 所示。

（2）在"带密码压缩"对话框中设置密码后，单击"确定"按钮即可，如图 1.61 所示。

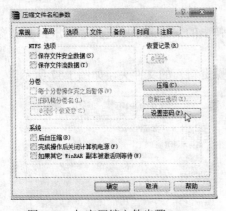

图 1.60　加密压缩文件步骤 1

图 1.61　加密压缩文件步骤 2

（十三）光盘存储

1. 刻录光盘

【案例】将 H 盘上的"音乐"文件夹刻录成光盘。

（1）打开 Nero，选择"刻录器"→"刻录映像文件"命令，如图 1.62 所示。

（2）建立新编辑，如图 1.63 所示。

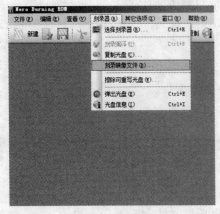

图 1.62　刻录光盘步骤 1

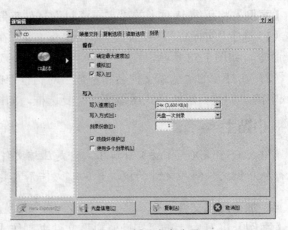

图 1.63　刻录光盘步骤 2

（3）选择要刻录的文件夹"音乐"，如图1.64所示。

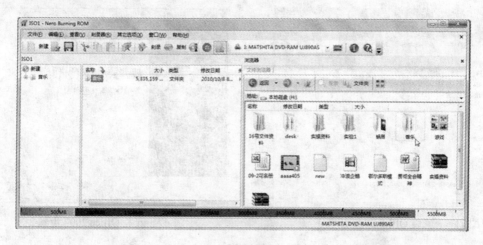

图1.64　刻录光盘步骤3

（4）单击"刻录"按钮开始刻录，刻录完毕后，会自动将刻录完的光盘弹出刻录机，如图1.65所示。

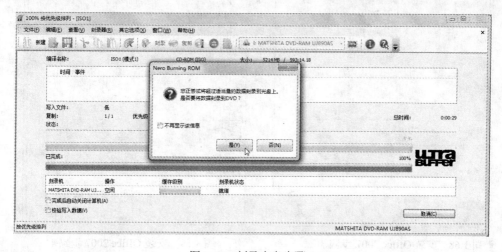

图1.65　刻录光盘步骤4

 小贴士

光盘刻录的注意事项：

- 防尘、防潮。
- 保证供电，在刻录之前要关闭省电功能。
- 散热。
- 选择质量好的盘片。
- 尽量不要满刻甚至超刻。
- 一次性刻录。

- 适时进行碎片整理，刻录大量小文件时，最好要先对存放文件的硬盘进行碎片整理。
- 关闭多余任务。
- 经常更新驱动与刻录程序。
- 要保证被刻录的数据连续。
- 尽可能在配置高的机器上刻录。

2．虚拟光盘的使用

【案例】通过"Office 2007"镜像格式文件安装Office 2007软件。

（1）下载DTLite4356-0091并解压缩，如图1.66所示

（2）安装 DTLite4356-0091，如图 1.67 所示。

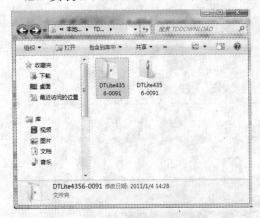

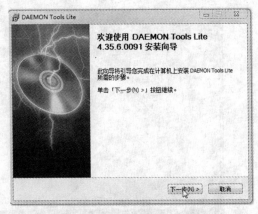

图 1.66　安装 Office 2007 步骤 1　　　　　图 1.67　安装 Office 2007 步骤 2

（3）安装完毕后，重新启动计算机，运行该程序，如图 1.68 所示。

（4）添加 Office 2007 镜像文件，如图 1.69 所示。

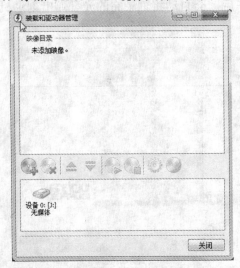

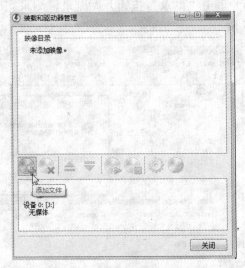

图 1.68　安装 Office 2007 步骤 3　　　　　图 1.69　安装 Office 2007 步骤 4

（5）选择要添加的文件，如图 1.70 所示。

图 1.70　安装 Office 2007 步骤 5

（6）打开该文件，如图 1.71 所示。

图 1.71　安装 Office 2007 步骤 6

（7）装载该文件，如图 1.72 所示。

（8）运行安装程序，如图 1.73 所示。

图 1.72　安装 Office 2007 步骤 7

图 1.73　安装 Office 2007 步骤 8

（9）插入虚拟光驱，如图 1.74 所示。

（10）弹出虚拟光驱，如图 1.75 所示。

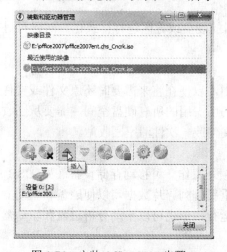

图 1.74　安装 Office 2007 步骤 9

图 1.75　安装 Office 2007 步骤 10

小贴士

装载其他镜像文件按钮如图 1.76 所示。

卸载已添加镜像文件按钮如图 1.77 所示。

图 1.76　装载镜像文件按钮　　　　　　　　图 1.77　卸载已添加镜像文件按钮

目标 2：磁盘空间管理

可通过磁盘管理工具提高磁盘访问速度，使计算机系统达到高效、稳定的状态。

一、基础知识

（一）格式化磁盘（文件系统、分配单元大小、卷标）

磁盘是计算机上的主要存储设备，使用前需要进行格式化。在格式化磁盘时，使用文件系统对其进行配置，以便 Windows 可以在磁盘上存储信息。

"重新格式化"指的是对已格式化的或包含数据的硬盘或分区进行格式化。对磁盘进行重新格式化将删除该磁盘上的所有数据。

（二）回收站的概念

删除的文件或文件夹通常被移动到"回收站"中，以便在将来需要时还原文件或文件夹。若要将文件或文件夹从计算机上永久删除并回收它们所占用的所有硬盘空间，需要从回收站中删除这些文件或文件夹。可以删除回收站中的单个文件或一次性清空回收站。

（三）磁盘碎片的概念

碎片会使硬盘执行那些导致计算机速度降低的额外工作。可移动存储设备（如 USB 闪存驱动器）也可能成为碎片。磁盘碎片整理程序可以重新排列碎片数据，以便磁盘和驱动器能够更有效地工作。磁盘碎片整理程序可以按计划自动运行，但也可以手动分析磁盘和驱动器并对其进行碎片整理。

二、能力训练

 能力点

磁盘空间管理（格式化磁盘；磁盘清理；磁盘碎片整理；备份；回收站）。

（一）格式化磁盘

注意，FAT32 文件系统有大小限制，无法创建大于 32GB 的 FAT32 分区。另外，无法在 FAT32 分区上存储大于 4GB 的文件。如果要格式化的分区大于 32GB，则选择 NTFS 格式可能更好一些。

【案例】对 U 盘进行格式化。

（1）选中要格式化的磁盘，如图 1.78 所示。

（2）选择"文件"→"格式化"命令，如图 1.79 所示。

图 1.78　格式化磁盘步骤 1　　　　　　　　　　图 1.79　格式化磁盘步骤 2

（3）设置要格式化磁盘的"文件系统"和"卷标"，然后单击"开始"按钮，如图 1.80 所示。

（4）确定要格式化磁盘，最后出现格式化完毕对话框，单击"确定"按钮即可，如图 1.81 所示。

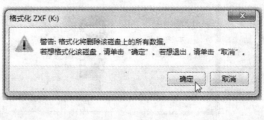

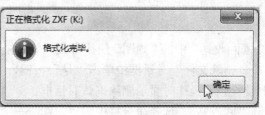

图1.80　格式化磁盘步骤3　　　　　　　　　　图1.81　格式化磁盘步骤4

（二）回收站设置

【案例】（1）清空回收站；（2）还原所有项目；（3）彻底删除回收站中的"画图"快捷方式。

（1）选中"回收站"，单击"清空回收站"按钮，在弹出的对话框中单击"是"按钮，如图 1.82 所示。

图 1.82　清空回收站

（2）单击"还原所有项目"按钮，如图 1.83 所示。

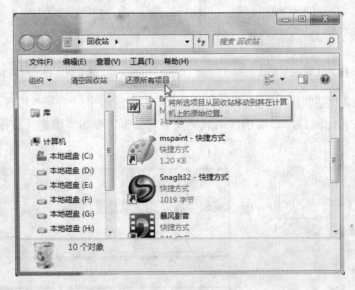

图 1.83　还原所有项目

（3）选中"回收站"中的"画图"快捷方式，单击鼠标右键，在弹出的快捷菜单中选择"删除"命令，在"删除文件"对话框中单击"是"按钮，如图 1.84 所示。

【案例】设置删除操作时显示删除确认对话框。

（1）打开"回收站"，选择命令栏中的"组织"→"属性"命令，如图 1.85 所示。

（2）在"回收站属性"对话框中选择"显示删除确认对话框"复选框即可，如图 1.86 所示。

图 1.84　彻底删除"画图"快捷方式

图 1.85　选择"属性"命令

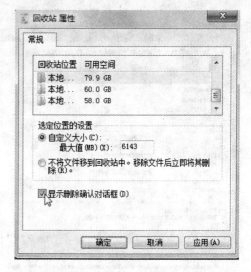

图 1.86　选择"显示删除确认对话框"复选框

 小贴士

● 如果您从计算机以外的位置（如网络文件夹）删除文件，该文件可能被永久删除，而不会存储在"回收站"中。

● 若要在不打开回收站的情况下将其清空，可在"回收站"上单击鼠标右键，然后在弹出的快捷菜单中选择"清空回收站"命令。

● 若要在不将文件发送到"回收站"的情况下将其永久删除，可选中该文件，然后按【Shift+Delete】组合键。

（三）磁盘碎片整理

（1）选中磁盘，单击鼠标右键，在弹出的快捷菜单中选中"属性"命令，如图 1.87 所示。

（2）在弹出的"属性"对话框中选择"工具"选项卡，如图 1.88 所示。

（3）单击"分析磁盘"按钮，如图 1.89 所示。

（4）单击"立即进行碎片整理"按钮，如图 1.90 所示。

（5）开始进行碎片整理，最后关闭即可，如图 1.91 所示。

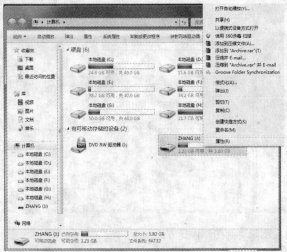

图 1.87　磁盘碎片整理步骤 1

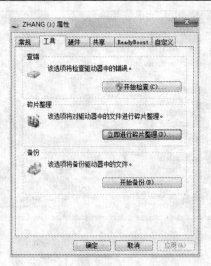

图 1.88　磁盘碎片整理步骤 2

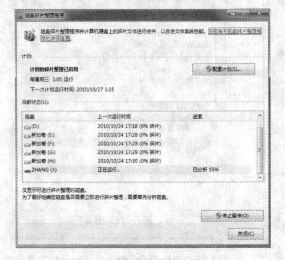

图 1.89　磁盘碎片整理步骤 3

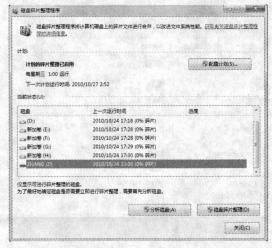

图 1.90　磁盘碎片整理步骤 4

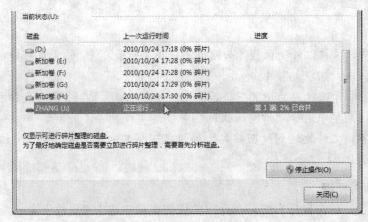

图 1.91　磁盘碎片整理步骤 5

（四）磁盘清理程序

磁盘清理是一种用于删除计算机上不再需要的文件并释放硬盘空间的方便途径。计划定期运行磁盘清理可以省去用户必须记住要运行磁盘清理的麻烦。

（1）单击"开始"按钮，在"搜索"框中键入"磁盘清理"，然后在结果列表中双击"磁盘清理"，如图 1.92 所示。

（2）弹出一个"磁盘清理"对话框，并开始扫描垃圾文件，如图 1.93 所示。

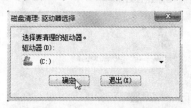

图 1.92　磁盘清理步骤 1　　　　　　　图 1.93　磁盘清理步骤 2

（3）在中间的列表框中勾选要删除的文件，如图 1.94 所示。

（4）删除所选文件，在弹出的"磁盘清理"对话框中单击"删除文件"按钮，如图 1.95 所示。

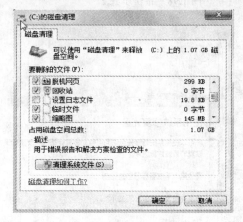
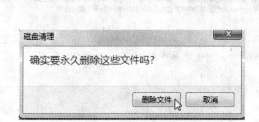

图 1.94　磁盘清理步骤 3　　　　　　　图 1.95　磁盘清理步骤 4

 小贴士

在"搜索"框中输入"cleanmgr"，然后清理 F 盘，也可以进行磁盘清理工作，如图 1.96 所示。

（五）备份

掌握使用系统自带的备份工具进行备份和还原的操作方法

为了确保不丢失文件，应当定期备份这些文件。可以设置自动备份或者随时手动备份文件。

（1）单击"开始"按钮，在"搜索"框中输入"备份"并按【Enter】键，弹出图 1.97 所示的对话框。

图 1.96　在"搜索"框中输入"cleanmgr"

（2）然后在结果列表中双击"备份和还原"，如图 1.98 所示。

（3）创建光盘备份，如图 1.99 所示。

（4）产生系统修复光盘，如图 1.100 所示。

 小贴士

● 不要将文件备份到安装 Windows 的硬盘中。

● 始终将用于备份的介质（外部硬盘、DVD 或 CD）存储在安全的位置，以防止未经授权的人员访问文件；建议存储在与计算机分离的防火位置。还应考虑加密备份上的数据。

图 1.97　备份步骤 1　　　　　　　　　　　　图 1.98　备份步骤 2

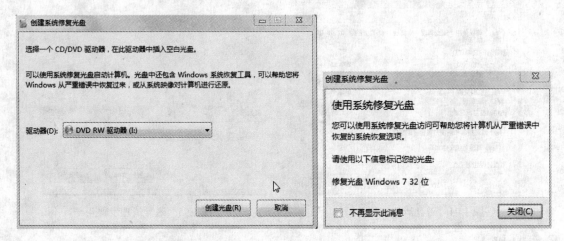

图 1.99　备份步骤 3　　　　　　　　　　　　图 1.100　备份步骤 4

目标 3：系统的个性化设置

用户可以对系统进行个性化设置，通过这些设置，用户能打造一个符合自己操作习惯的系统环境。

一、基础知识

（一）显示器的分辨率

分辨率是指显示器所能显示的像素点的个数，一般用整个屏幕上光栅的列数与行数的乘积来表示。这个乘积越大，分辨率就越高。现在常用的分辨率有 640×480 像素、800×600 像素、1024×768 像素及 1280×1024 像素甚至更高。

（二）显示器的刷新频率

刷新频率是指屏幕每秒刷新的次数，以 Hz 为单位。CRT 显示器的刷新率一般应高于 75Hz，若刷新频率过低，屏幕就会有闪烁现象。而对于 LCD 显示器来说，由于显示原理的不同，刷新频率就不是那么重要了，有时 LCD 显示器的刷新频率高了，反而会影响其使用寿命，建议用户将其保持在 60～75Hz 就可以了。

二、能力训练

 能力点

- 更改桌面图标。
- 更改 Aero 主题。
- 更改桌面背景。
- 设置屏幕保护。

- 设置显示器的分辨率与刷新频率。
- 设置屏幕的显示文本大小。
- 设置窗口的外观与效果。

（一）更改桌面图标

【案例】安装好系统后，将桌面上的"计算机"图标显示出来，并更改图标的样式。

（1）在桌面上单击鼠标右键，在弹出的快捷菜单中选择"个性化"命令，如图 1.101 所示。

（2）在弹出的"个性化"窗口中单击更改桌面图标按钮，如图 1.102 所示。

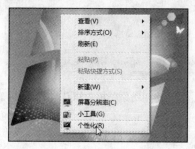

图 1.101　更改桌面图标步骤 1

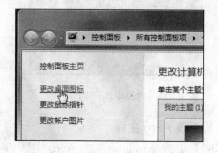

图 1.102　更改桌面图标步骤 2

（3）在弹出的"桌面图标设置"对话框中选择"计算机"复选框，如图 1.103 所示。

（4）选中"计算机"图标，单击"更改图标"按钮，如图 1.104 所示。

图 1.103　更改桌面图标步骤 3

图 1.104　更改桌面图标步骤 4

（5）为"计算机"图标选择自己喜欢的图标样式，然后单击"确定"按钮，如图 1.105 所示。

（6）返回"桌面图标设置"对话框，再次单击"确定"按钮，如图 1.106 所示。

（7）回到桌面便可以看到已经更改样式的"计算机"图标显示在桌面上了，如图 1.107 所示。

（8）如果用户想要还原该图标为默认样式，在"桌面图标设置"对话框中选中该图标并单击"还原默认值"按钮，然后单击"确定"按钮即可，如图 1.108 所示。

图 1.105　更改桌面图标步骤 5

图 1.106　更改桌面图标步骤 6

图 1.107　更改桌面图标步骤 7

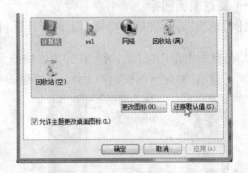

图 1.108　还原图标为默认样式

（二）更改 Aero 主题

【案例】更改 Windows 7 的 Aero 主题为"建筑"。

（1）按照前面介绍的方法打开"个性化"窗口，并在窗口中单击 Aero 主题，如图 1.109 所示。

（2）单击 Aero 主题中"建筑"，系统就变成了该类主题，如图 1.110 所示。

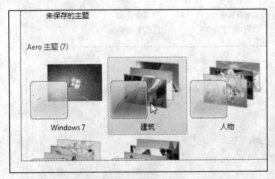

图 1.109　更改 Aero 主题步骤 1

图 1.110　更改 Aero 主题步骤 2

（三）更改桌面背景

【案例】将 G 盘下的"风景图片"文件夹中的图片作为桌面背景，并设置图片位置为"填充"，更换时间为"15 分钟"，无序播放。

（1）打开"个性化"窗口，单击"桌面背景"按钮，如图 1.111 所示。

（2）在弹出的窗口中单击"浏览"按钮，打开"浏览文件夹"对话框，如图 1.112 所示。

（3）选择 G 盘下的"风景图片"文件夹，单击"确定"按钮，如图 1.113 所示。

（4）单击"确定"按钮，返回"桌面背景"窗口，取消选择不想用的图片复选框，如图 1.114 所示。

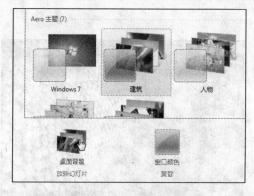

图 1.111 更改桌面背景步骤 1

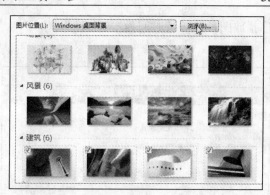

图 1.112 更改桌面背景步骤 2

图 1.113 更改桌面背景步骤 3

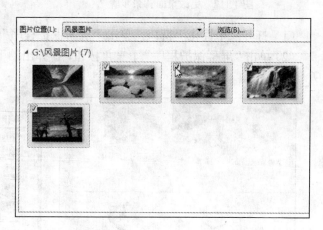

图 1.114 更改桌面背景步骤 4

（5）单击"图片位置"下方的下三角按钮，在弹出的下拉列表中选择"填充"选项，如图 1.115 所示。

（6）单击"更改图片时间间隔"下方的下三角按钮，在弹出的下拉列表中选择更换时间为"15 分钟"，如图 1.116 所示。

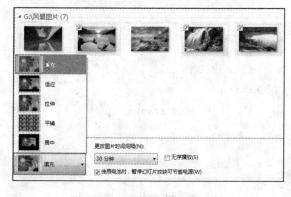

图 1.115 更改桌面背景步骤 5

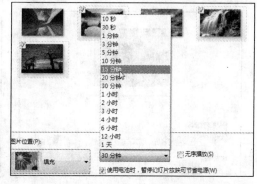

图 1.116 更改桌面背景步骤 6

（7）选择"无序播放"复选框，单击"保存修改"按钮，保存设置，如图 1.117 所示。

（8）即可看到桌面背景已经换成了某张该文件夹中的图片了，如图 1.118 所示。

（四）设置屏幕保护

【案例】将 G 盘下的"风景图片"中的图片作为屏幕保护程序中的图片，速度为"低速"，无序播放图片，等待时间为"2分钟"。

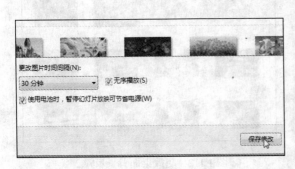

图 1.117　更改桌面背景步骤 7

图 1.118　更改桌面背景步骤 8

（1）打开"个性化"窗口，单击"屏幕保护程序"按钮，如图 1.119 所示。

（2）单击"屏幕保护程序"下三角按钮，在弹出的下拉列表中选择"照片"选项，如图 1.120 所示。

图 1.119　设置屏保步骤 1

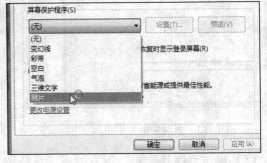

图 1.120　设置屏保步骤 2

（3）单击"设置"按钮，如图 1.121 所示。

（4）单击"浏览"按钮，如图 1.122 所示。

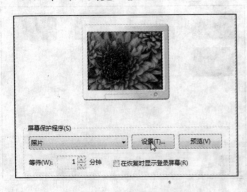

图 1.121　设置屏保步骤 3

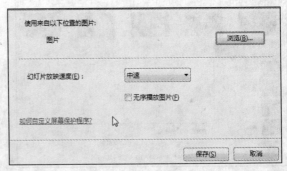

图 1.122　设置屏保步骤 4

（5）在弹出的"浏览文件夹"对话框中选择"G:\风景图片"作为屏幕保护照片的文件夹，单击"确定"按钮，如图 1.123 所示。

（6）设置幻灯片的播放速度为"低速"，选择"无序播放图片"复选框，单击"保存"按钮，如图 1.124 所示。

图 1.123　设置屏保步骤 5

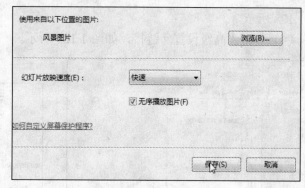

图 1.124　设置屏保步骤 6

（7）设置"等待"为"2 分钟"，选择"在恢复时显示登录屏幕"复选框，单击"确定"按钮，保存修改，如图 1.125 所示。

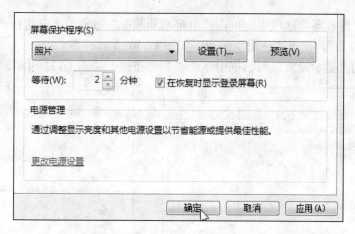

图 1.125　设置屏保步骤 7

（五）设置显示器的分辨率和刷新频率

【案例】将本机显示器的分辨率设为"1366×768"，刷新频率设为"60 赫兹"。

（1）在"个性化"窗口中单击"显示"链接，如图 1.126 所示。

（2）单击"更改显示器设置"按钮，如图 1.127 所示。

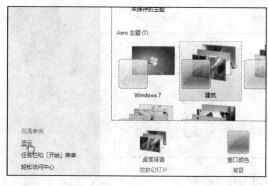

图 1.126　设置显示器的分辨率和刷新频率步骤 1

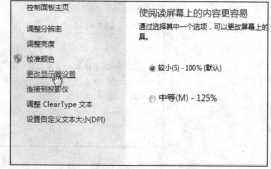

图 1.127　设置显示器的分辨率和刷新频率步骤 2

（3）单击"分辨率"右侧的下三角按钮，拖动滑块选择屏幕分辨率为"1366×768"，如

图 1.128 所示。

（4）单击"高级设置"链接，如图 1.129 所示。

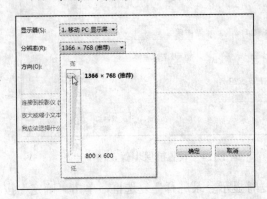

图 1.128　设置显示器的分辨率和刷新频率步骤 3　　图 1.129　设置显示器的分辨率和刷新频率步骤 4

（5）切换到"监视器"选项卡，单击"屏幕刷新频率"右侧的下三角按钮，在弹出的下拉列表中选择"60 赫兹"，单击"应用"按钮，如图 1.130 所示。

（6）在弹出的"显示设置"对话框中单击"是"按钮，如图 1.131 所示。

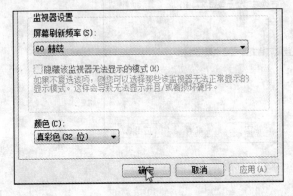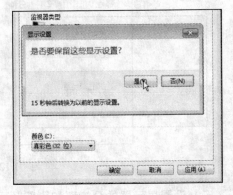

图 1.130　设置显示器的分辨率和刷新频率步骤 5　　图 1.131　设置显示器的分辨率和刷新频率步骤 6

（7）返回到"平面分辨率"窗口后，单击"确定"按钮确认更改，如图 1.132 所示。

图 1.132　设置显示器的分辨率和刷新频率步骤 7

（六）设置屏幕的显示文本大小

【案例】将本机屏幕上的图标和文字的显示比例调整到"201%"。

（1）打开"个性化"窗口，单击"显示"链接，如图 1.133 所示。

（2）单击"设置自定义文本大小（DPI）"链接，如图 1.134 所示。

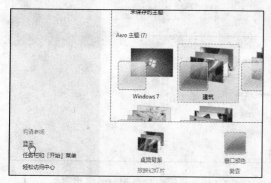
图 1.133　设置屏幕的显示文本大小步骤 1

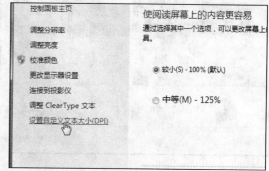
图 1.134　设置屏幕的显示文本大小步骤 2

（3）拖动标尺，选择自定义文本大小比例为"201%"，单击"确定"按钮，如图 1.135 所示。

（4）在"显示"窗口中选择"自定义：201%"，单击"应用"按钮，如图 1.136 所示。

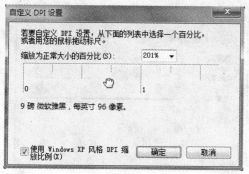
图 1.135　设置屏幕的显示文本大小步骤 3

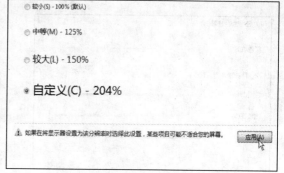
图 1.136　设置屏幕的显示文本大小步骤 4

（5）在弹出的询问对话框中单击"立即注销"按钮，如图 1.137 所示。

（6）重新登录计算机即可看到桌面上的图标、图标文字，以及快捷菜单等的文本大小已经被设置成了 201%的比例，如图 1.138 所示。

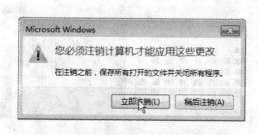
图 1.137　设置屏幕的显示文本大小步骤 5

图 1.138　设置屏幕的显示文本大小步骤 6

（七）设置窗口外观与效果

【案例】将窗口的边框颜色设置为"叶"、"半透明"，窗口的背景颜色设置为可保护眼睛的健康色。

（1）打开"个性化"窗口，单击"窗口颜色"按钮，如图 1.139 所示。

（2）选择窗口颜色为"叶"，拖动滑块调节颜色浓度，如图 1.140 所示。

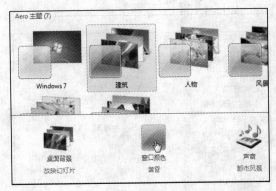

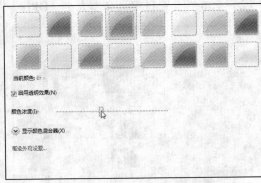

　　　图 1.139　设置窗口外观与效果步骤 1　　　　　　　图 1.140　设置窗口外观与效果步骤 2

（3）单击"显示颜色混合器"左侧的展开按钮，再拖动滑块调节窗口的色调、饱和度及亮度，如图 1.141 所示。

（4）单击"高级外观设置"链接，如图 1.142 所示。

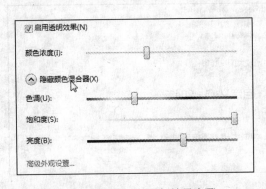

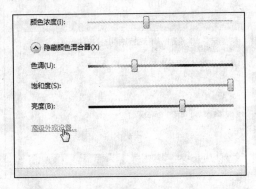

　　　图 1.141　设置窗口外观与效果步骤 3　　　　　　图 1.142　设置窗口外观与效果步骤 4

（5）在"项目"下拉列表中选择"窗口"选项，单击"颜色"右侧的下三角按钮，在弹出的下拉列表中单击"其他"按钮，如图 1.143 所示。

（6）在"颜色"对话框中，将"色调"、"饱和度"、"亮度"分别设置为"85"、"124"、"205"，然后单击"确定"按钮，如图 1.144 所示。

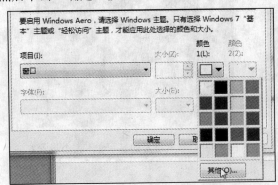

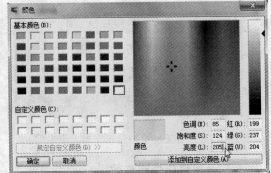

　　　图 1.143　设置窗口外观与效果步骤 5　　　　　　图 1.144　设置窗口外观与效果步骤 6

（7）返回"窗口颜色和外观"对话框，再单击"确定"按钮，如图 1.145 所示。

（8）单击"保存修改"按钮，如图 1.146 所示。

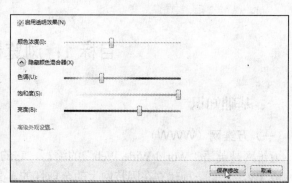

图 1.145　设置窗口外观与效果步骤 7　　　　　　图 1.146　设置窗口外观与效果步骤 8

（9）经过以上操作，系统的窗口边框、任务栏的颜色及窗口的背景颜色被设置成了用户自定义的样式，如图 1.147 所示。

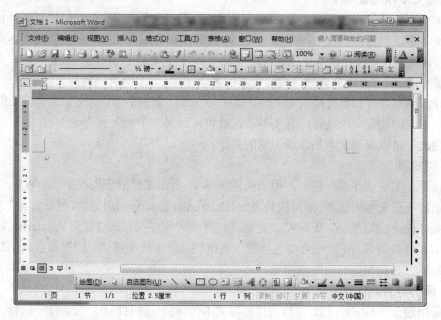

图 1.147　设置窗口外观与效果步骤 9

能力二：网上冲浪

目标 1：浏览器应用

一、基础知识

（一）万维网（WWW）

万维网是英语"World Wide Web"的缩写，它的意思是"世界范围的网络"，又称为互不干涉网或 3W。它是一种建立在因特网上的全球性的、交互的、动态的、多平台的、分布式的、超文本超媒体信息查询系统。它是因特网上的一种网络服务。其最主要的概念是超文本，遵循超文本传输协议（HTTP）。WWW 以一种快速、强大、一致、易用的方式提供了以不同格式显示信息的方法。

（二）超文本和超级链接

超文本中不仅包含文本信息，而且还可以包含图形、声音、图像和视频等多媒体信息，最主要的是超文本中还包含指向其他网页的链接，这种链接称为超级链接。在一个超文本文件中可以含有多个超级链接，把分布在本地或远程服务器中的各种形式的超文本链接在一起，形成一个纵横交错的链接网。用户可以打破顺序阅读文本的老规矩，从一个网页跳转到另一个网页进行阅读。当鼠标指针移动到含有超级链接的文字时，指针会变成一个小手形状，文字也会改变颜色或加一个下画线，表示此处有一个链接，直接单击它就可转到另一个相关的 Web 页，这对浏览来说非常方便。因此，可以说超文本是实现浏览的基础。

（三）浏览器

浏览器是一类安装在客户机上，用于阅读 WWW 页面文件的应用程序。WWW 浏览器也叫超媒体浏览器或超文本浏览器。如微软公司的 IE（Internet Explorer）浏览器，网景公司的（Netscape）Netscape Navigator 浏览器等。WWW 浏览器是这样一种程序：它知道如何从 Internet 的其他计算机上检索文本页和图形。在这些页面包含着一些链接，单击这些链接，浏览器会自动根据该链接所对应的地址去查找相关的页面或图形。

（四）网页与主页

网页是用超文本标记语言编写的，并在超文本传输协议（HTTP）的支持下运行。一个网站是由众多的网页组成的，它们存储在某一台 Web 服务器上，浏览器与 Web 服务器之间的信息传送是以页为单位的，每次传送一页，这里的页可能是浏览器的一屏，也可能是多屏。这里的页实质上就是一个文件。而浏览者连接到一个 Web 站点后传过来的第一个网页文件一般就是这个站点的主页。

（五）统一资源定位器

上面提到每个网页都对应唯一的地址，那么这个地址就是该网页的 URL，也称为统一资源定位器，URL 地址由传输协议和信息页所在服务器的主机地址及网页所在的路径和文件名 4 部分组成。

服务器主机地址可以用 IP 地址或域名表示，而传输协议大多为 HTTP 和 FTP，HTTP 是超文本传输协议，它特别适用于交互式、超媒体 Web 环境；FTP 是文件传输协议，适用于在两台计算机之间传输文件。下面是新浪网主页的 URL：

http://www.sina.com.cn/index.html

其中，http 是使用的传输协议；www.sina.com.cn 是域名；index.html 是主页的文件名。

WWW 采用的是客户机/服务器结构，当用户查询信息时，需要执行一个客户端程序，并输入一个 URL，向服务器端发出请求，客户机程序也称为"浏览器"程序。该程序将用户的要求转换成一个或多个标准的信息查询请求，通过 Internet 发送给 WWW 服务器。而服务器端则执行一个服务器程序，它一直处于监听状态，服务器程序与 WWW 的客户机程序通过 HTTP 进行通信，服务器收到客户请求并响应，最后将查询的结果返回给客户端。

二、能力训练

 能力点

- IE 常用设置（主页的设置；设置历史记录；加快网页的显示速度；过滤网页中的广告）。
- 收藏夹的使用（建立收藏夹；使用收藏夹访问收藏的网站或网页；整理收藏夹）。
- 浏览网页（通过地址栏浏览；通过超级链接浏览；使用工具按钮浏览；使用多选项卡浏览）。
- 保存网页（保存整个网页；保存网页中的文本信息；保存网页中的图片）。

（一）IE 常用设置

为了使 IE 可以更好地帮助我们在 Internet 的世界中畅游，需要对其进行一系列合理的设置。

1．主页的设置

主页就是打开浏览器时所看到的第一个页面。默认设置下，打开的主页是"微软（中国）首页"，为了使浏览 Internet 时更加快捷、方便，用户可以将频繁访问的站点设置为主页。

【案例】将百度作为主页。

（1）启动 IE，选择"工具"→"Internet 选项"命令，如图 2.1 所示。

图 2.1　设置主页步骤 1

（2）打开"Internet 选项"对话框，在"常规"选项卡下的"主页"选项区域中的"地址"文本框输入一个网页地址作为主页地址，如图 2.2 所示。

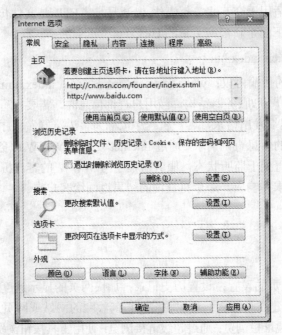

图 2.2　设置主页步骤 2

 小贴士

在"常规"选项卡中，设置主页地址，还可以用以下 3 种方法：

● 单击"使用当前页"按钮，系统将用户当前打开的网页设置为主页。

● 单击"使用默认页"按钮，系统将使用默认的"微软中国"网页作为主页。

● 单击"使用空白页"按钮，系统将不会设置任何页面作为主页，用户打开 IE 窗口后将会看到一个空白页面。

 小贴士

在网页中将一个链接拖动至"主页"按钮能够快速将该链接地址设置为主页。

在 IE 8.0 中可将多个网页同时设置为默认主页。

2．设置历史记录

IE 的"历史记录"中保留着用户访问过的网页的 URL 地址，利用"历史记录"可使用户快速地访问已查看过的站点和网页。

【案例】设置"历史记录"保存天数，并将已保存的"历史记录"删除。

（1）选择"工具"→"Internet 选项"命令，如图 2.3 所示。

（2）打开"Internet 选项"对话框，单击"常规"选项卡下的"浏览历史记录"选项区域中的"设置"按钮，如图 2.4 所示。

（3）在"历史记录"选项区域中单击"历史记录"微调按钮，调整网页在历史记录中的保存天数，然后单击"确定"按钮。

（4）返回"常规"选项卡，单击"浏览历史记录"选项区域中的"删除"按钮，如图 2.6 所示。

（5）选择要删除的文件，单击"删除"按钮，如图 2.7 所示。

图 2.3　设置历史记录步骤 1

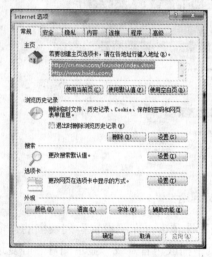

图 2.4　设置历史记录步骤 2

图 2.5　设置历史记录步骤 3

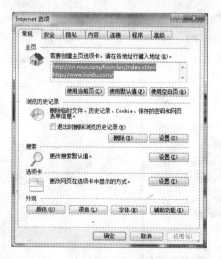

图 2.6　删除历史记录 1

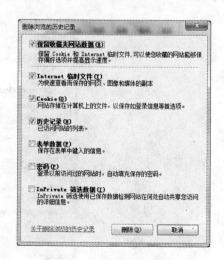

图 2.7　删除历史记录 2

小贴士

　　若单击"清除历史记录"按钮，则可以清空保存的历史记录。这时 Windows 文件夹中的 "History"子文件夹将被清空。

3. 加快网页的显示速度

　　在 Web 网页中，多媒体信息（包括图片、声音、视频信息）严重影响着信息传输的速度，为了提高浏览速度，用户可以选择不传输这些信息，只传输文本信息，而在需要的时候再单独显示。

　　【案例】对"加快网页的显示速度"进行设置。

　　（1）打开 IE 窗口，选择"工具"→"Internet 选项"命令，如图 2.8 所示。

图 2.8　加快网页的显示速度步骤 1

　　（2）打开"Internet 选项"对话框，选择"高级"选项卡，在"设置"列表框的"多媒体"选项区域中取消选择"在网页中播放动画"、"在网页中播放声音"或"显示图片"等复选框，单击"确定"按钮，如图 2.9 所示。

图 2.9　加快网页的显示速度步骤 2

小贴士

即使取消选择了"播放网页中的视频"或"显示图片"复选框，也可以通过在相应图标上单击鼠标右键，然后在弹出的快捷菜单中选择"显示图片"命令，从而在 Web 页面上显示相应的图片或动画。

4．过滤网页中的广告

在浏览网页过程中，很可能会遇到网页中出现广告窗口阻碍的情况。为了更好地浏览网页，有必要对不需要的广告进行过滤，具体设置如下。

【案例】过滤网页中的广告。

（1）打开 IE 窗口，选择"工具"→"Internet 选项"命令，如图 2.10 所示。

（2）打开"Internet 选项"对话框，切换到"隐私"选项卡，在"弹出窗口阻止程序"选项区域中选择"启用弹出窗口阻止程序"复选框，单击"确定"按钮，如图 2.11 所示。

图 2.10　过滤网页中的广告步骤 1　　　　图 2.11　过滤网页中的广告步骤 2

小贴士

除了通过上面的操作过滤网页中的广告，还可以通过以下两种方法实现。

方法 1：在 IE 窗口的工具栏中单击"工具"按钮，在弹出的下拉列表中依次选择"弹出窗口阻止程序"→"关闭弹出窗口阻止程序"命令，如图 2.12 所示。

方法 2：打开 IE 窗口，在菜单栏中选择"工具"→"弹出窗口阻止程序"→"关闭弹出窗口阻止程序"命令，如图 2.13 所示。

（二）收藏夹的使用

有时候用户会在网上找到一些非常有用的网页，这时用户可以将该网页进行收藏，方便下次使用。

1．建立收藏夹

【案例】将"http://www.koolearn.com/"添加至"收藏夹"。

（1）在需要收藏的页面窗口中选择"收藏夹"→"添加到收藏夹"命令，如图 2.14 所示。

（2）在弹出的"添加收藏"对话框中单击"新建文件夹"按钮，如图 2.15 所示。

图 2.12　过滤网页中的广告方法 1

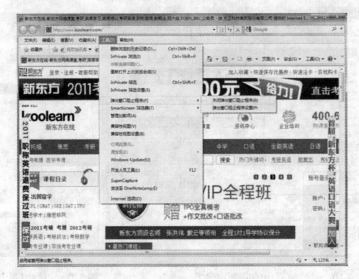

图 2.13　过滤网页中的广告方法 2

图 2.14　建立收藏夹步骤 1

（3）在弹出的"创建文件夹"对话框的"文件夹名"文本框中输入"英语"，重新创建一个文件夹来存放网页链接，如图 2.16 所示，单击"创建"按钮。

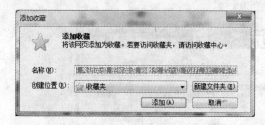

图 2.15　建立收藏夹步骤 2

图 2.16　建立收藏夹步骤 3

（4）在"名称"文本框输入保存的名称，在"创建位置"下拉列表中选择位置，然后单击"添加"按钮即可，如图 2.17 所示。

 小贴士

在打开网页后按【Ctrl+D】组合键，可快速弹出"添加收藏"对话框。

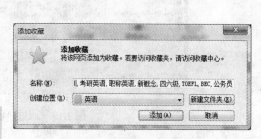

图 2.17　建立收藏夹步骤 4

2. 使用收藏夹访问收藏的网站或网页

1）通过"收藏中心"访问

【案例】通过"收藏中心"访问"http://www.koolearn.com/"。

单击工具栏中的"收藏中心"按钮，在展开的任务窗格中单击"收藏夹"按钮，然后在下方的列表中单击需要访问的网页链接即可，如图 2.18 所示。

图 2.18　通过"收藏中心"访问

2）通过"收藏夹"菜单访问

【案例】通过"收藏夹"菜单访问"http://www.koolearn.com/"。

启动 IE，在菜单栏中的"收藏夹"菜单中选择需要访问的网页即可，如图 2.19 所示。

图 2.19　通过"收藏夹"菜单访问

3．整理收藏夹

用户有时候需要整理收藏夹中的网址，使其更加有条理，从而方便查找和使用。

1）移动已收藏的网页

【案例】将"http://www.koolearn.com/"移动到"HZ"文件夹。

（1）打开 IE，选择"收藏夹"→"整理收藏夹"命令，如图 2.20 所示。

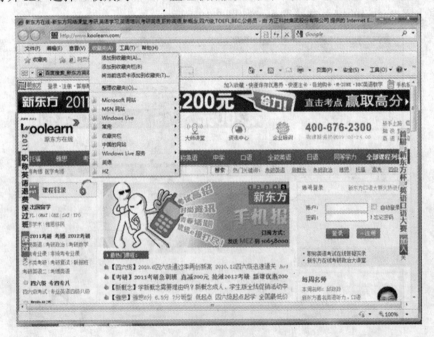

图 2.20　移动已收藏的网页步骤 1

（2）在列表框中选中需要移动的网页，单击"移动"按钮，如图 2.21 所示。

（3）弹出"浏览文件夹"对话框，选中目标文件夹，单击"确定"按钮，然后关闭"整理收藏夹"对话框即可，如图 2.22 所示。

图 2.21　移动已收藏的网页步骤 2　　　　图 2.22　移动已收藏的网页步骤 3

 小贴士

也可以在"收藏夹"列表中直接拖动需要整理的网页至文件夹中。

2）重命名网页

对于已收藏到收藏夹中的网页及为整理收藏夹而创建的文件夹，用户可以根据需要修改其名称。

【案例】将http://www.koolearn.com/网页重命名为"新东方在线-新东方网络课程"。

（1）打开 IE，选择"收藏夹"→"整理收藏夹"命令，如图 2.23 所示。

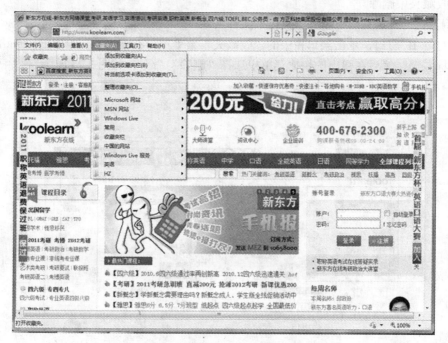

图 2.23　重命名网页步骤 1

（2）打开"整理收藏夹"对话框，选中要修改的网页名称，单击"重命名"按钮，此时选中的网页名称将处于可编辑状态，在其中输入新名称，然后按【Enter】键确认即可，如图 2.24 所示。

图 2.24　重命名网页步骤 2

小贴士

在打开的 IE 窗口中单击工具栏中的"添加到收藏夹"按钮，在弹出的下拉菜单中选择"整理收藏夹"命令，也可弹出"整理收藏夹"对话框。

3）删除已收藏的网页

随着浏览器使用时间的延长，收藏的网页会越来越多，为了便于整理收藏夹，可以将不需要的网页从收藏夹中删除。

【案例】在"收藏夹"中删除"英语"文件夹。

（1）打开 IE 窗口，单击菜单栏中的"收藏夹"菜单项，在弹出的菜单中的"英语"文件夹上单击鼠标右键，然后在弹出的快捷菜单中选择"删除"命令，如图 2.25 所示。

图 2.25　删除已收藏的网页步骤 1

（2）弹出"删除文件夹"对话框，单击"是"按钮确认删除即可，如图 2.26 所示。

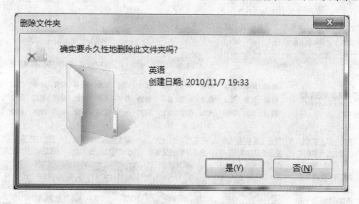

图 2.26　删除已收藏的网页步骤 2

 小贴士

　　打开"整理收藏夹"对话框，选中需要删除的网页，接着单击"删除"按钮，然后在弹出的对话框中进行确认，也可将其从收藏夹中删除。

　　打开收藏中心，选择需要删除的网页，接着按【Delete】键，然后在弹出的对话框中进行确认，也可删除已收藏的网页。

（三）浏览网页

　　IE 提供了多种浏览 Web 网页的方法，例如，在主窗口的地址栏中输入 URL 访问指定的 Web 网页；通过 Web 网页中的链接来浏览 Web 网页；通过历史记录或收藏夹返回曾经查看过的 Web 网页等浏览 Web 网页。

1. 通过地址栏浏览网页

【案例】浏览"新浪"主页。

（1）启动 IE，在地址栏中输入http://www.sina.com，按【Enter】键，如图 2.27 所示。

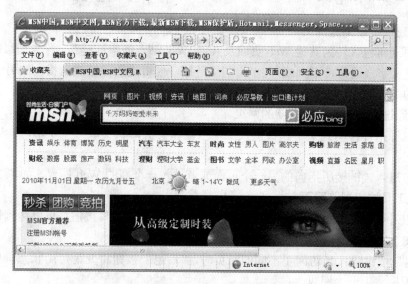

图 2.27　通过地址栏浏览网页步骤 1

（2）系统将链接至新浪主页，如图 2.28 所示。

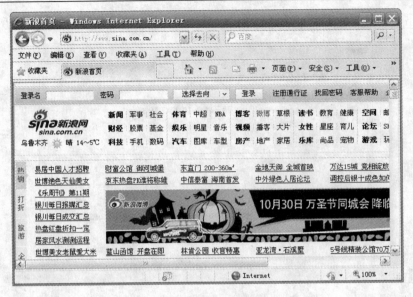

图 2.28　通过地址栏浏览网页步骤 2

小贴士

　　IE 的自动补齐功能可以简化 URL 地址的输入。它根据历史记录来预测用户在地址栏中将要输入的 URL 地址，被预测的 URL 地址呈高亮状态显示。如果用户欲输入的内容与预测的地址一致，那么用户可直接按【Enter】键访问该 Web 站点，否则用户只要继续输入即可覆盖 "AutoComplete" 功能预测的地址。

　　由于绝大多数商业 URL 都有诸如http://www.bookyard.com的格式，如果只输入地址的主要部分，即公司名称，并按【Ctrl+Enter】组合键，IE 会在其前面加上http://www.，在其后面加上 ".com"，即形成http://www.<用户输入的内容>.com。

　　单击 "地址栏" 右边的下拉按钮，在弹出的下拉列表中列出了用户曾经在地址栏中输入的 URL。选择某个 URL 即可将其转移到地址栏中，IE 将按照此地址寻找 Web 网页。

2．通过超级链接浏览网页

　　Web 网页通常包含转到其他 Web 页面及其他 Web 站点的指针链路，称为超级链接，它可以是图片或彩色文字（通常带下画线）。单击超级链接，便可进入该链接所指向的另一个页面或者进入一个新的 Web 站点。

　　【案例】通过超级链接浏览喜欢的网页。

　　（1）将鼠标指针移动到某个超级链接上，当鼠标箭头形状变成一个手形时，单击鼠标，如图 2.29 所示。

　　（2）便可进入该链接所指向的另一个页面或者进入一个新的 Web 站点，如图 2.30 所示。

3．使用工具按钮浏览网页

　　在使用 IE 网页的过程中，合理、有效地使用地址栏旁的工具按钮，可以达到快速浏览网页的目的，如图 2.31 所示。

● "后退" 按钮：当访问了不同的网页时，"后退" 按钮将变为可用状态，单击此按钮可快速返回到上一个网页。

● "前进" 按钮：该按钮在单击了 "后退" 按钮后才能变为可用状态，其功能与 "后退" 按钮相反，单击后可返回到后退前的网页。

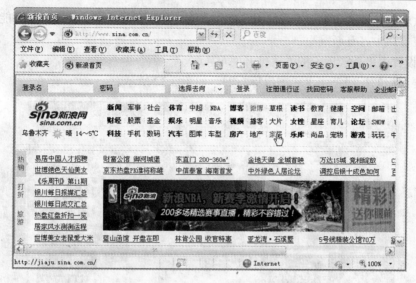

图 2.29　通过超级链接浏览网页步骤 1

图 2.30　通过超级链接浏览网页步骤 2

图 2.31　使用工具按钮浏览网页

● "刷新" 按钮 ：单击该按钮，可以重新从网上下载当前网页中的内容。
● "停止" 按钮 ×：单击该按钮，可以停止打开当前网页。

小贴士

在 "后退" 或 "前进" 按钮上单击鼠标右键，也会弹出一个快捷菜单，该菜单包含最近访问过的站点。选择某个 URL 或网页标题，可进入相应的网页。

4. 使用多选项卡浏览网页

默认情况下，在 IE 中单击超级链接时，将以新窗口的方式打开链接网页。打开的链接越多，显示的窗口数就越多，这样非常不方便用户操作。从 IE 7.0 开始新增了多选项卡功能，可以新选项卡的方式在窗口中打开新网页。

【案例】设置"以新选项卡的方式打开网页"。

（1）在要访问的超级链接上单击鼠标右键，如图 2.32 所示。

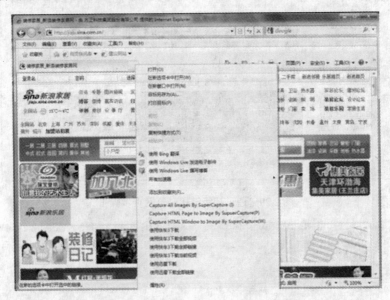

图 2.32　以新选项卡的方式打开网页步骤 1

（2）在弹出的快捷菜单中选择"在新选项卡中打开"命令即可，结果如图 2.33 所示。

图 2.33　以新选项卡的方式打开网页步骤 2

当要打开的网页较多时，频繁地使用上述方式将显得比较麻烦，通过设置始终以新选项卡方式打开新网页可解决此问题，具体设置如下：

【案例】设置"自动以新选项卡的方式打开网页"。

（1）启动 IE，选择"工具"→"Internet 选项"命令，如图 2.34 所示。

图 2.34　自动以新选项卡的方式打开网页步骤 1

（2）打开"Internet 选项"对话框，在"常规"选项卡的"选项卡"选项区域中单击"设置"按钮，如图 2.35 所示。

（3）在弹出的"选项卡浏览设置"对话框的"遇到弹出窗口时"选项区域中选择"始终在新选项卡中打开弹出窗口"单选按钮，然后依次单击"确定"按钮即可，如图 2.36 所示。

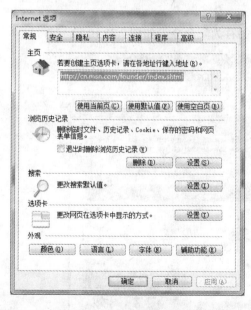

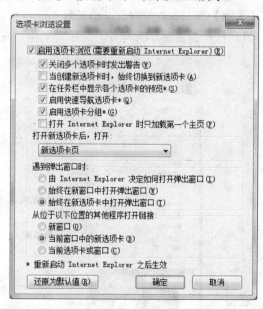

图 2.35　自动以新选项卡的方式打开网页步骤 2　　图 2.36　自动以新选项卡的方式打开网页步骤 3

（4）进行上述设置后，再次启动 IE 并打开网页，此时单击其中的超级链接，IE 即可自动以新选项卡的方式打开网页了，如图 2.37 所示。

 小贴士

在打开的 IE 窗口中，单击选项卡右侧的"新选项卡"按钮，可快速新建一个空白选项卡。

图 2.37　自动以新选项卡的方式打开网页步骤 4

（四）保存网页

在浏览网页的过程中，如果遇到有用的文字信息或者漂亮的图片，可以将其保存下来，以方便日后使用。

1. 保存整个网页

【案例】打开喜欢的网页并将其保存。

（1）打开需要保存的网页，选择"文件"→"另存为"命令，如图 2.38 所示。

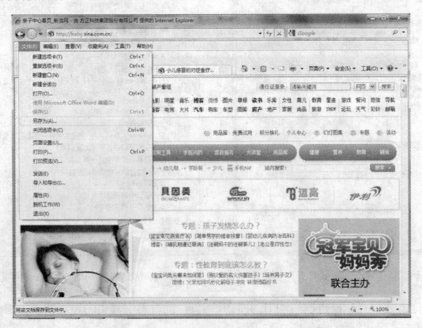

图 2.38　保存整个网页步骤 1

（2）弹出"另存为"对话框，设置好文档的保存路径和文件名称，单击"保存"按钮，如图 2.39 所示。

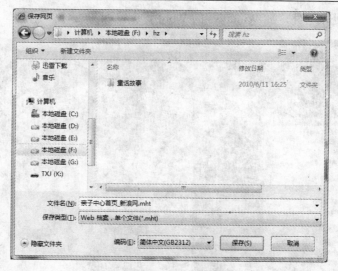

图 2.39 保存整个网页步骤 2

 小贴士

大部分网页都是 HTML 文件，因此文件类型应该选择 HTML。当然，也可以选择把 HTML 文件存储为文本文件，即选择文件类型为.txt。但在这种情况下，HTML 文件中包含的超级链接信息将会丢失。

保存整个网页时，如果将保存类型设置为"网页，全部"，则保存后将产生多个文件夹；如果将保存类型设置为"Web 档案，单个文件"，则保存后只有一个文件。

2. 保存网页中的文本信息

对于网页中感兴趣的文章或段落，可以随时用鼠标将其选定，然后利用剪贴板功能将其复制到某个文档或需要的地方。

【案例】选择喜欢的文本信息，并将其保存在 Word 中。

（1）在打开的网页中选择要保存的信息，选择"编辑"→"复制"命令，如图 2.40 所示，或按【Ctrl+C】组合键。

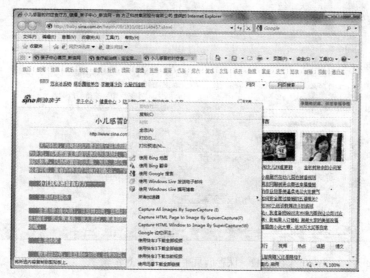

图 2.40 保存网页中的文本信息步骤 1

（2）打开文字处理软件，如 Windows 的 Word 程序，如图 2.41 所示。

图 2.41　保存网页中的文本信息步骤 2

（3）选择"编辑"→"粘贴"命令，或按【Ctrl+V】组合键，将文字粘贴到文档中，然后选择"文件"→"保存"命令，如图 2.42 所示。

图 2.42　保存网页中的文本信息步骤 3

（4）设置文档的保存路径和文件名，然后单击"保存"按钮即可，如图 2.43 所示。

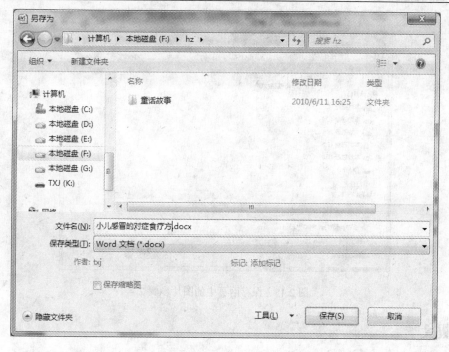

图 2.43 保存网页中的文本信息步骤 4

3. 保存网页中的图片

【案例】在打开的网页中保存喜欢的图片。

（1）在打开的网页中，在要保存的图片上单击鼠标右键，在弹出的快捷菜单中选择"图片另存为"命令，如图 2.44 所示。

图 2.44 保存网页中的图片步骤 1

（2）设置好图片存放的路径与文件名，然后单击"保存"按钮，如图 2.45 所示。

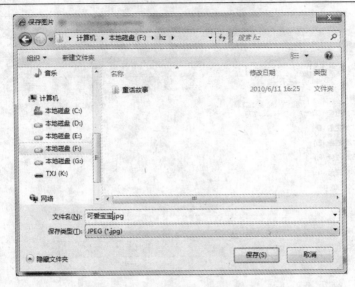

图 2.45　保存网页中的图片步骤 2

 小贴士

如果要将感兴趣的图片设置为Windows 桌面的墙纸，只需在该图片上单击鼠标右键，在弹出的快捷菜单中选择"设置为背景"命令即可。

IE 允许在不打开网页或图片的情况下直接保存感兴趣的网页，具体操作步骤如下：在所需保存的项目的链接上单击鼠标右键，在弹出的快捷菜单中选择"目标另存为"命令，在弹出的对话框中输入所保存信息的文件名，选择该文件的类型并确定保存位置，单击"确定"按钮。

目标 2：资 源 搜 索

一、基础知识

（一）常用搜索方法

常用的搜索方法主要有两大类：一类是直接使用 IE 浏览器提供的搜索功能，另一类就是使用搜索引擎。

（二）搜索引擎概述

搜索引擎是一种用于帮助用户查询信息的搜索工具，能够对信息进行分类、组织和处理，为用户提供检索服务。

1. 搜索引擎概述

搜索引擎的主要任务是搜索其他网站上的信息，将这些信息进行分类并建立索引，然后把索引的内容放到数据库中，当用户向搜索引擎提交搜索请求的时候，搜索引擎会从数据库中找出匹配的资料反馈给用户，用户再根据这些信息访问相应的网站，从而找到自己需要的资料。

2. 搜索引擎的分类

按照数据收集方式的不同，搜索引擎主要分为两类，一类是目录索引搜索引擎，另一类是全文检索搜索引擎。

1）目录索引搜索引擎

目录索引搜索引擎较著名的有国外的 Yahoo!（雅虎）、我国的搜狐（Sohu）和新浪（Sina），它们将从 Internet 上收集的网站信息按照某种分类原则将其网址编制成多层次的分类主题目录，当用户查询时，可以通过对该目录的逐层检索获得所需要的结果信息。

2）全文检索搜索引擎

全文检索搜索引擎较著名的有国外的 Google、我国的百度（Baidu），它们通过从 Internet 上收集所有网站信息建立数据库，当用户按照某种查询条件提出搜索请求时，通过检索数据库查找到匹配的相关记录，再按照一定的排列顺序将结果反馈给用户。

3. 常用的搜索引擎站点

常用的搜索引擎站点如表 2.1 所示。

表 2.1　常用的搜索引擎站点

搜索引擎名称	URL 地址	说　明
Google	www.google.cn	中英文搜索引擎
百度	www.baidu.com	中文搜索引擎
雅虎中国	Cn.yahoo.com	中文搜索引擎
Yahoo！	www.yahoo.com	英文搜索引擎
搜狐	www.sohu.com	中文搜索引擎
网易	www.163.com	中文搜索引擎
新浪网	www.sina.com.cn	中文搜索引擎
天网搜索	e.pku.edu.cn	中文搜索引擎
Infoseek	Go.com	英文搜索引擎

二、能力训练

 能力点

● 使用 IE 浏览器的搜索功能搜索（在 IE 地址栏中直接输入搜索命令进行搜索；使用 IE 工具栏上的"搜索"按钮进行搜索）。

● 使用搜索引擎搜索（使用 Google 搜索引擎；使用 Baidu 搜索引擎）。

（一）使用 IE 浏览器的搜索功能搜索

1. 在 IE 地址栏中直接输入搜索命令进行搜索

IE 允许的搜索命令可以是"go"、"find"或"?"，搜索命令后是空格及待查找内容的关键词。

【案例】搜索有关"奥运会"的内容。

（1）启动 IE 浏览器，删除地址栏中的原有内容，再输入"go 奥运会"（或"find 奥运会"或"? 奥运会"），如图 2.46 所示。

（2）按【Enter】键，IE 就可以搜索到大量的相关结果，如图 2.47 所示。

2. 使用 IE 工具栏上的"搜索"按钮进行搜索

【案例】通过 IE"搜索"按钮搜索有关"地震"的信息。

（1）启动 IE 浏览器，在搜索框中输入搜索关键词"地震"，再单击"搜索"按钮，如图 2.48 所示。

（2）搜索到大量的相关搜索结果，然后单击所需信息的超级链接，如图 2.49 所示。

图 2.46　使用 IE 浏览器的搜索功能搜索步骤 1

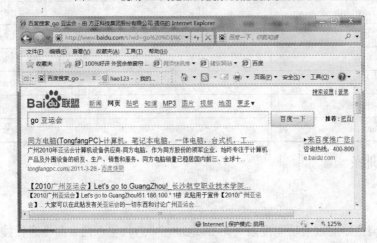

图 2.47　使用 IE 浏览器的功能搜索步骤 2

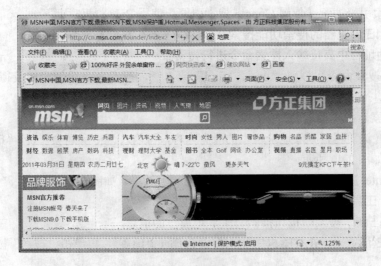

图 2.48　使用"搜索"按钮进行搜索步骤 1

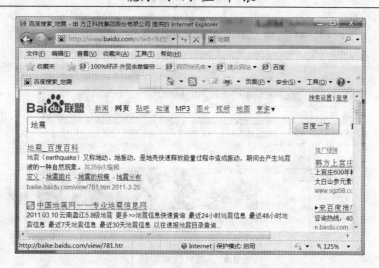

图 2.49　使用"搜索"按钮进行搜索步骤 2

（3）在窗口中打开该网页，如图 2.50 所示。

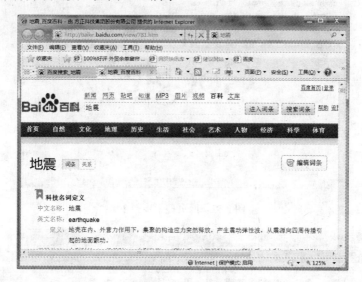

图 2.50　使用"搜索"按钮进行搜索步骤 3

（二）使用搜索引擎搜索

1. 使用 Google 搜索引擎

Google 的中文名称为谷歌，其网址为http://www.google.com，目前被公认为全球最大的搜索引擎。

1）Google 的使用方法

① 网页搜索

【案例】搜索"新疆机电职业技术学院"网页。

（1）打开 IE 或者其他浏览器，在地址栏输入 http://www.Google.com，然后按【Enter】键或单击"转到"按钮，如图 2.51 所示。

（2）在打开的 Google 首页的搜索框中输入关键字"机电学院"，单击"Google 搜索"按钮，或者按【Enter】键，如图 2.52 所示。

（3）在搜索结果列表中单击需要查看的网页链接，如图 2.53 所示。

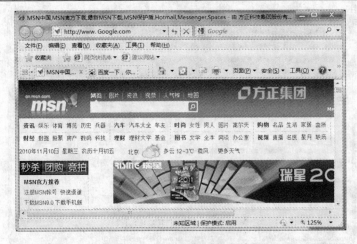

图 2.51　网页搜索步骤 1

图 2.52　网页搜索步骤 2

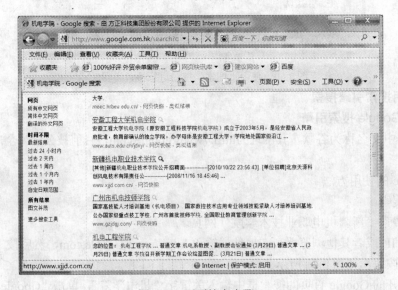

图 2.53　网页搜索步骤 3

（4）进入该网站，如图 2.54 所示。

图 2.54　网页搜索步骤 4

② 图片搜索

【案例】搜索有关"希望工程"的图片。

（1）在 Google 搜索引擎首页单击工作区左上角的"图片"链接，进入 Google 的图片搜索界面，如图 2.55 所示。

图 2.55　图片搜索步骤 1

（2）在搜索框中输入描述图片内容的关键字"希望工程"，单击"Google 搜索"按钮，或者按【Enter】键，如图 2.56 所示。

图 2.56　图片搜索步骤 2

（3）稍等片刻，显示搜索结果，如图 2.57 所示。

图 2.57　图片搜索步骤 3

③ 音乐搜索

【案例】搜索王菲演唱的歌曲"红豆"。

（1）打开 Google 首页，单击搜索框上方的"音乐"链接，如图 2.58 所示。

图 2.58　音乐搜索步骤 1

　　（2）打开谷歌音乐搜索页面，在搜索框中输入要搜索的音乐名称，然后单击"搜索音乐"按钮，如图 2.59 所示。

　　（3）在显示的搜索结果中单击需要试听的音乐右侧的"试听"按钮，如图 2.60 所示。

　　（4）打开"巨鲸音乐网服务条款"页面，仔细阅读服务条款，然后单击"同意"按钮，如图 2.61 所示。

图 2.59　音乐搜索步骤 2

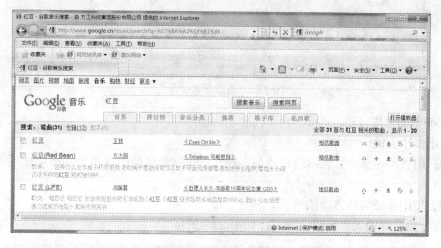

图 2.60　音乐搜索步骤 3

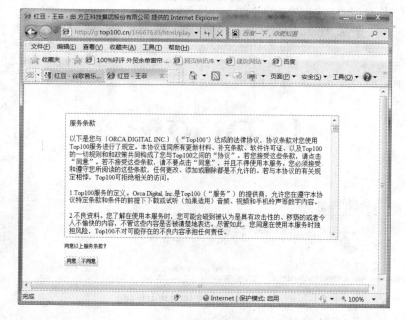

图 2.61　音乐搜索步骤 4

（5）在打开的页面中，等待缓冲成功后，即可听到正版音乐了，如图 2.62 所示。

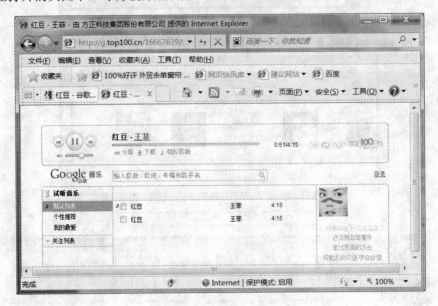

图 2.62　音乐搜索步骤 5

2）Google 的使用技巧

① 使用多个关键词搜索

Google 用 "　"（空格）表示逻辑 "与" 操作，也就是说两个或多个关键词必须同时出现在搜索结果中。

【案例】搜索新疆旅游方面的信息。

（1）在搜索框中输入 "新疆 旅游"，如图 2.63 所示

图 2.63　使用多个关键词搜索步骤 1

（2）稍等片刻，显示搜索结果，如图 2.64 所示。

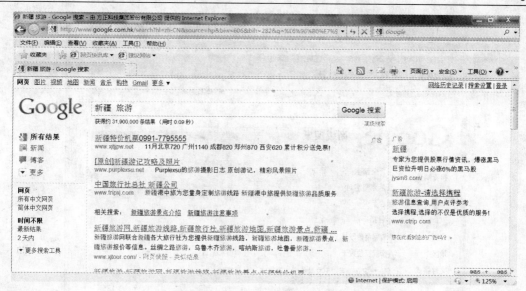

图 2.64　使用多个关键词搜索步骤 2

② 逻辑非

Google 用减号"－"表示逻辑"非"操作。"A–B"表示搜索包含 A 但没有 B 的网页。"－"的作用是为了去除无关的搜索结果，提高搜索结果相关性。

【案例】搜索"申花"的企业信息。

（1）打开 Google 首页，单击搜索框右侧的"高级搜索"链接，如图 2.65 所示。

图 2.65　逻辑非搜索步骤 1

（2）在"包含全部字词"文本框中输入"申花"，在"不包括字词"文本框中输入"足球"，单击"Google 搜索"按钮，如图 2.66 所示。

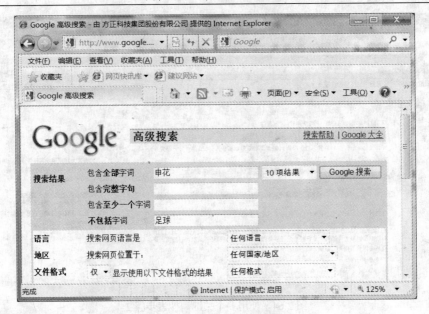

图 2.66　逻辑非搜索步骤 2

（3）显示搜索结果，如图 2.67 所示。

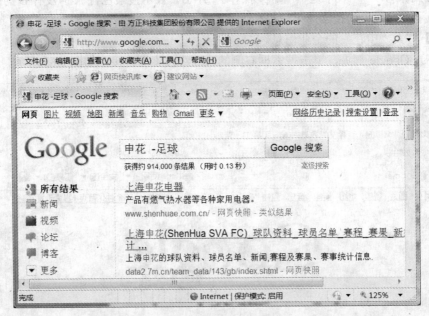

图 2.67　逻辑非搜索步骤 3

 小贴士

　　也可以在搜索框中输入"申花　－足球"，这里的"－"号是英文字符，在减号之前必须留一空格，操作符（减号）与作用的关键词之间不能有空格。

　　③ 搜索结果至少包含多个关键词中的任意一个

【案例】查找"计算机考试"或者"英语考试"的相关信息。

（1）打开 Google 首页，单击搜索框右侧的"高级搜索"链接，如图 2.68 所示。

（2）在"包含至少一个字词"文本框中输入"计算机考试 英语考试"，如图 2.69 所示。

图 2.68　搜索结果至少包含多个关键词中的任意一个步骤 1

图 2.69　搜索结果至少包含多个关键词中的任意一个步骤 2

（3）显示搜索结果，如图 2.70 所示。

图 2.70　搜索结果至少包含多个关键词中的任意一个步骤 3

小贴士

Google 用大写的 "OR" 表示 "或" 操作。搜索 "A　OR　B"，意思就是在搜索的网页中，要么有 A，要么有 B，要么同时有 A 和 B。因此查找计算机考试或者英语考试的相关信息，也可以在搜索框中输入 "计算机考试 OR 英语考试"。

"或" 操作必须用大写的 "OR"，而不是小写的 "or"。

④ 搜索整个短语或句子用""（半角）

Google 的关键词可以是单词（中间没有空格），也可以是短语（中间有空格）。但是，用短语做关键词，必须加英文引号，否则空格会被当做 "与" 操作符。

【案例】搜索英文短语"I Dug Up a Diamond"。

（1）打开 Google 首页，在搜索框中输入 ""I Dug Up a Diamond""，单击 "Google 搜索" 按钮，或者按【Enter】键，如图 2.71 所示。

图 2.71　搜索整个句子步骤 1

（2）显示搜索结果，如图 2.72 所示。

图 2.72　搜索整个句子步骤 2

⑤ 搜索引擎忽略的字符及强制搜索

Google 对一些网络上出现频率极高的英文单词，如"i"、"com"、"www"等，以及一些符号，如"*"、"."等，做忽略处理。如果要对忽略的关键词进行强制搜索，则需要在该关键词前面加上英文的"+"号或把上述的关键字用英文双引号引起来。

【案例】搜索英文短语"www 的历史 Internet"。

（1）打开 Google 首页，在搜索框中输入"+www+的历史 Internet"或""www"的历史 Internet"，单击"Google 搜索"按钮，或者按【Enter】键，如图 2.73 所示。

图 2.73　Google 强制搜索步骤 1

（2）显示搜索结果，如图 2.74 所示。

图 2.74　Google 强制搜索步骤 2

3）特色功能

① 指定网域搜索

对于一些没有站内搜索引擎的网站，如果想要直接在这类网站中查找某类信息，往往比较费时，而且要查到想要的信息也比较困难。利用 Google 提供的指定网域搜索功能可以有效实现在该类网站上的信息查询。

【案例】搜索清华大学网站（www.tsinghua.edu.cn）上有关 2011 年招生的信息。

（1）打开 Google 首页，单击搜索框右侧的"高级搜索"链接，如图 2.75 所示。

图 2.75　指定网域搜索步骤 1

（2）在"包含全部字词"文本框中输入"2011 招生"，在"网站"文本框中输入"www. tsinghua. edu.cn"，单击"Google 搜索"按钮，如图 2.76 所示。

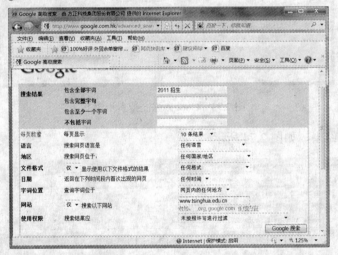

图 2.76　指定网域搜索步骤 2

（3）显示搜索结果，如图 2.77 所示。

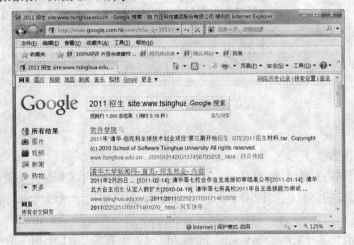

图 2.77　指定网域搜索步骤 3

② 搜索特定文档

Google 不仅能搜索一般的文字页面，还能对某些特定的文档进行搜索。

【案例】查找"网络安全"方面的 PDF 资料。

（1）打开 Google 首页，单击搜索框右侧的"高级搜索"链接，如图 2.78 所示。

图 2.78　搜索特定文档步骤 1

（2）在"包含全部字词"文本框中输入"网络安全"，在"文件格式"右边的下拉列表框中选择"Adobe Acrobat PDF（.pdf）"选项，单击"Google 搜索"按钮，如图 2.79 所示。

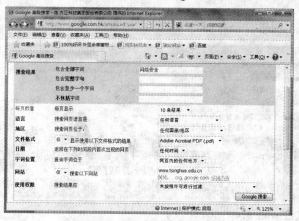

图 2.79　搜索特定文档步骤 2

（3）显示搜索结果，如图 2.80 所示。

图 2.80　搜索特定文档步骤 3

③ 手气不错

"手气不错"搜索方式类似按实名搜索,在用户只知道网站名称而不知道网址的情况下,该功能非常有效。

【案例】搜索"西风烈"的相关信息。

(1)打开 Google 首页,在搜索框中输入"西风烈",单击"手气不错"按钮,如图 2.81 所示。

图 2.81　"手气不错"搜索步骤 1

(2)在打开的网页中即可看到查询到的第一个网页,如图 2.82 所示。

图 2.82　"手气不错"搜索步骤 2

④ 使用 Google 在线翻译

Google 提供了在线翻译功能,使用此功能不仅可以翻译英文单词或句子,还可以直接翻译英文网页。

a. 翻译单词或句子

在学习或工作过程中,如果遇到不认识的单词或句子,可以使用 Google 的翻译功能将其翻译成自己需要的语言。

【案例】翻译句子"I Dug Up a Diamond"。

(1)打开 Google 首页,单击搜索框右侧的"语言"链接,如图 2.83 所示。

图 2.83　翻译句子步骤 1

（2）在"语言"页面的"翻译下列文字"文本框中输入需要翻译的内容，并在下方设置好该内容的语言种类和需要翻译的目标语言种类，然后单击"翻译"按钮，如图 2.84 所示。

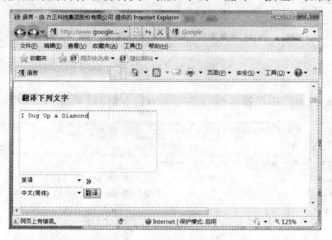

图 2.84　翻译句子步骤 2

（3）在打开的页面中即可看到翻译结果的详细内容，如图 2.85 所示。

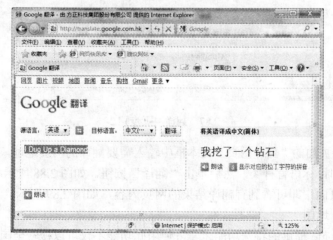

图 2.85　翻译句子步骤 3

b. 翻译网页

若需要将整个网页翻译成自己需要的语言，可通过下面的方法实现。

【案例】翻译网页"http://www.themegallery.com/english"。

（1）启动 IE，找到并打开需要翻译的网页，如图 2.86 所示。

图 2.86　翻译网页步骤 1

（2）打开 Google 首页，单击搜索框右侧的"语言"链接，如图 2.87 所示。

图 2.87　翻译网页步骤 2

（3）在"语言"页面的"翻译网页"文本框中输入需要翻译的网页地址，并在下方设置需要翻译的网页的语言和目标语言种类，然后单击"翻译"按钮，如图 2.88 所示。

（4）在打开的页面中即可看到有翻译结果的网页内容，如图 2.89 所示。

⑤ 使用 Google 地图

搜索地图是 Google 提供的特殊功能之一，使用此功能不仅可以搜索全国各地的地图，还可以搜索某个饭店或者企业的位置，十分方便。

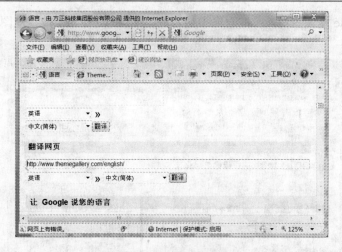

图 2.88 翻译网页步骤 3

图 2.89 翻译网页步骤 4

【案例】搜索"新疆机电职业技术学院"的位置。

（1）打开 Google 首页，单击 IE 工作区上部的"地图"链接，如图 2.90 所示。

图 2.90 使用 Google 地图步骤 1

（2）进入 Google 地图主页，在搜索框中输入关键字信息，单击"搜索地图"按钮，如图 2.91 所示。

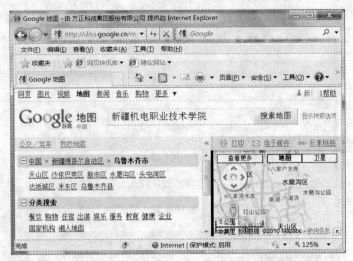

图 2.91　使用 Google 地图步骤 2

（3）在网页下部即可看到搜索到的详细地图信息，单击相应的链接即可，如图 2.92 所示。

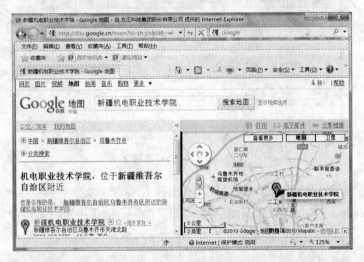

图 2.92　使用 Google 地图步骤 3

小贴士

在 Google 地图页面中，默认显示所在地的地图，若要搜索其他城市的地图，可在页面左侧选择需要的城市。

在 Google 地图主页中，若要搜索具体的某个企业或酒店的位置，可在"类别"栏中选择合适的类别，输入名称后单击"搜索地图"按钮进行搜索。

通过地图左侧的"放大"或"缩小"按钮可调整地图的大小，让查询地显示得更加清晰。

2. 使用 Baidu 搜索引擎

百度（www.baidu.com）搜索引擎是国内最大的商业化全文搜索引擎，其功能完备、搜索精度高，除数据库的规模及部分特殊搜索功能外，其他方面可与当前的搜索引擎业界领军人物

Google 相媲美, 在中文搜索支持方面, 有些地方甚至超过了 Google, 是目前国内技术水平最高的搜索引擎。

百度的基本搜索功能与 Google 类似, 这里不再赘述, 仅介绍百度的特色功能。

1) 百度贴吧

"百度贴吧" 其实是一个很大的论坛, 其自由度非常高, 用户能轻易地创建版区, 在百度贴吧中还有一些具体的分类, 其搜索功能非常强大, 操作十分简单。

【案例】进入与电影相关的贴吧。

(1) 在百度首页单击 "贴吧" 链接, 进入百度贴吧页面, 如图 2.93 所示。

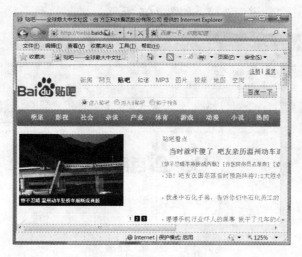

图 2.93 进入百度贴吧步骤 1

(2) 在搜索框中输入 "新疆旅游", 并选择 "进入贴吧" 单选按钮, 然后单击 "百度一下" 按钮即可, 如图 2.94 所示。

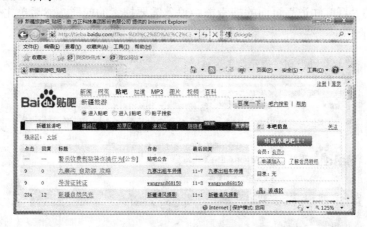

图 2.94 进入百度贴吧步骤 2

 小贴士

在贴吧, 用户可以自由地查看、回复和发表帖子而没有任何限制, 甚至不用注册。当然, 如果用户想在贴吧中有自己的身份或获得一些威望, 甚至创建属于自己的贴吧, 也可以成为贴吧的注册用户。单击右上角的 "登录" 链接就可以进入贴吧的登录界面。在这里, 单击 "立即注册百度账号" 按钮就可以进行注册了。

2）百度知道

"百度知道"类似于一个大型的 FAQ（常见问题解答），只不过它是开放的、免费的、五花八门的。任何人都可以提出问题，任何人都能回答。与"百度贴吧"不同，如果想在"百度知道"中提问和回答，就必须注册百度账号。在前面介绍的地方注册即可，百度账号在百度中是通用的。没有账号只能搜索和浏览别人的提问和回答。不过，这通常都能够解决用户的难题，因为你碰到的难题，其他人可能早就碰到过了。

① 搜索问题

【案例】搜索"心脏支架手术后的注意事项"。

（1）在百度首页单击"知道"链接，如图 2.95 所示。

图 2.95　使用"百度知道"搜索问题步骤 1

（2）在打开的"百度知道"页面的搜索框中输入需要搜索的问题，然后单击"搜索答案"按钮，如图 2.96 所示。

图 2.96　使用"百度知道"搜索问题步骤 2

（3）如果需要搜索的问题已得到解决，在"已解决问题"页面中可看到有关此问题的所有答案，单击需要查看的答案链接，如图2.97所示。

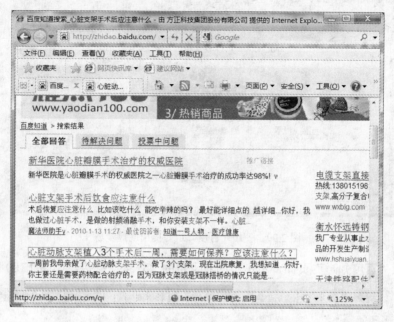

图2.97　使用"百度知道"搜索问题步骤3

（4）在打开的网页中即可看到对于此问题的最佳答案，如图2.98所示。

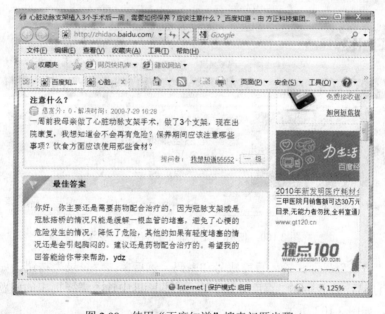

图2.98　使用"百度知道"搜索问题步骤4

② 提出问题

使用"百度知道"搜索问题时，如果没有与问题相关的提问或者没有搜索到满意的答案，可以自己提出问题，以获得网友的解答。

【案例】求"小学六年级奥数视频教程"。

（1）在百度首页中单击"知道"链接，如图2.99所示。

图 2.99　使用"百度知道"提出问题步骤 1

（2）进入"百度知道"页面，单击页面右上角的"登录"链接，如图 2.100 所示。

图 2.100　使用"百度知道"提出问题步骤 2

（3）进入"登录"界面，输入百度账号和密码，然后单击"登录"按钮，如图 2.101 所示。

（4）登录百度后，在返回的"百度知道"页面的搜索框中输入需要提出的问题，然后单击"我要提问"按钮，如图 2.102 所示。

（5）在"提问问题"页面中，可根据需要对问题进行补充说明，并设置好"问题分类"、"悬赏积分"等条件，然后单击"提交问题"按钮，如图 2.103 所示。

③ 回答问题

助人为乐是件快乐的事，帮助别人解决问题，自己也可以从中学到更多的知识。

【案例】回答"百度知道"中关于 Excel 的问题。

（1）在百度首页中单击"知道"链接，如图 2.104 所示。

图 2.101　使用"百度知道"提出问题步骤3　　　　图 2.102　使用"百度知道"提出问题步骤4

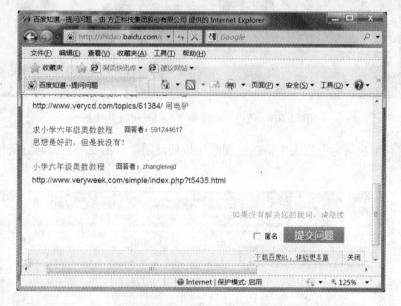

图 2.103　使用"百度知道"提出问题步骤5

图 2.104　使用"百度知道"回答问题步骤1

（2）进入"百度知道"页面，在左侧的"问题分类"栏中单击感兴趣的问题分类，如图 2.105 所示。

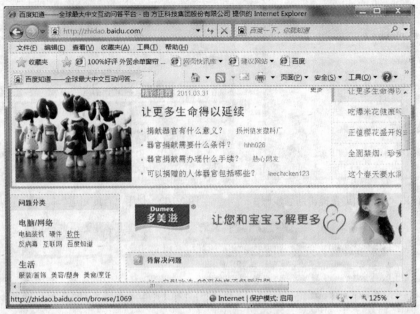

图 2.105　使用"百度知道"回答问题步骤 2

（3）在"待解决问题"列表中将按时间顺序排列问题，单击要回答的问题链接，如图 2.106 所示。

图 2.106　使用"百度知道"回答问题步骤 3

（4）在打开页面的"我来帮他解答"文本框中输入回答的内容，然后单击"提交回答"按钮。看到回答提交成功的提示信息后关闭页面即可，如图 2.107 所示。

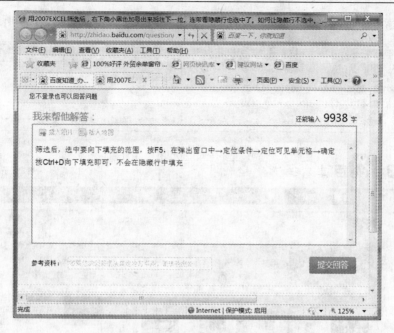

图 2.107 使用"百度知道"回答问题步骤 4

✎ **小贴士**

　　登录"百度知道"后，单击页面上方的"我的知道"链接，可在打开的页面中关注自己提出的问题及查看自己回答的问题。

3）百度百科

百度百科是一个网络词典，如果用户对某个名词不了解，就可以到这里来搜索。

也可以直接输入网址 baike.baidu.com 打开百度百科页面。

【案例】搜索关于"羽毛球"的信息。

（1）打开百度首页，单击"百科"链接，进入"百科"首页，如图 2.108 所示。

图 2.108 搜索百度百科步骤 1

（2）在搜索框中输入"羽毛球"，然后单击"进入词条"按钮，如图 2.109 所示。

图 2.109　搜索百度百科步骤 2

（3）可看到对"羽毛球"的详细介绍，包括羽毛球的详细规则、历史，甚至羽毛球中的各种术语都介绍得非常详细，如图 2.110 所示。

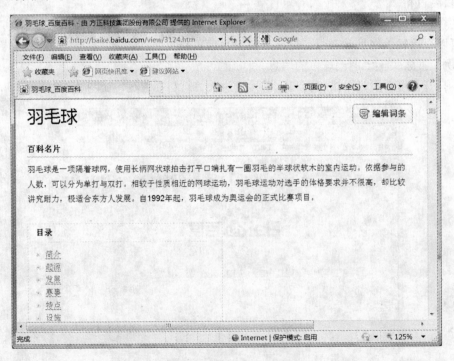

图 2.110　搜索百度百科步骤 3

（4）如果在搜索框中输入"羽毛球"后单击"搜索词条"按钮，如图 2.111 所示。

图 2.111 搜索百度百科步骤 4

（5）可以搜索到所有涉及羽毛球的词条，如图 2.112 所示。

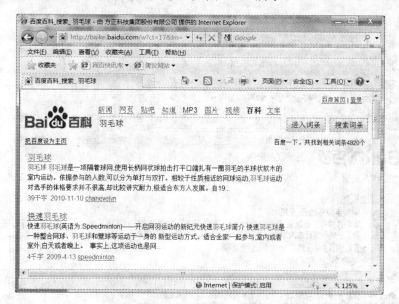

图 2.112 搜索百度百科步骤 5

4）百度快照

使用百度搜索引擎搜索信息时，在搜索结果的网页摘要后面会看到一个名为"百度快照"的链接。在百度上，每个被收录的网页都存有一个纯文本的备份，这就是所谓的"百度快照"。"百度快照"功能在百度的服务器上保存了几乎所有网站的大部分页面，当网速较慢时，使用"百度快照"也可救急。

【案例】利用"百度快照"搜索关于"圣诞节"的文本信息。

（1）打开百度首页，在搜索框中输入需要搜索的关键字，单击"百度一下"按钮，如图 2.113 所示。

图 2.113　使用"百度快照"步骤 1

（2）在需要查看的搜索结果中单击搜索结果摘要后面的"百度快照"链接，如图 2.114 所示。

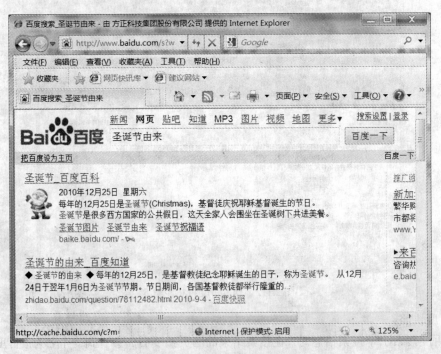

图 2.114　使用"百度快照"步骤 2

（3）在打开的快照页面中即可看到需要查看的网页文本信息，如图 2.115 所示。

小贴士

　　"百度快照"只保留文本内容，对于图片和音乐等非文本信息，快照页面还是直接从原网页调用。如果无法连接到原网页，那么快照页面上的非文本内容将无法显示。

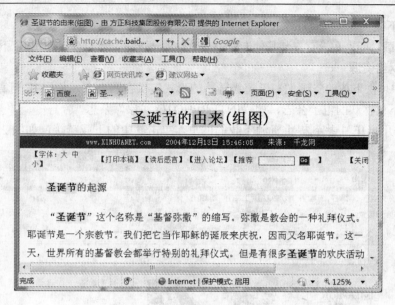

图 2.115　使用"百度快照"步骤 3

目标 3：资 源 下 载

在浩瀚无垠的网络世界中，除了浏览丰富多彩的网络信息，还可以使用 IE 或专业的下载软件将需要的网络资源下载到自己的电脑中，以便日后使用。

一、基础知识

对于网络下载方式，根据划分依据的不同可得到不同的结果。按照下载使用的工具不同，网络下载方式可分为以下两种形式。

1. 直接下载

直接下载一般通过浏览器进行下载，常见的是使用 IE 下载。

使用 IE 下载资源不但下载速度较慢，而且在下载过程中若出现网络中断的状况，等网络恢复后一般需要重新下载，耗时又耗力，建议下载全套的资源时不采用这种方式。

2. 使用工具软件下载

使用专业的工具软件下载网络资源的速度比用 IE 下载要快得多。下载工具软件默认支持断点续传功能，即在网络连接恢复后可从断开的位置开始继续下载。常见的下载工具软件有迅雷、快车、BitComet 等。

按照传输方式的不同，网络下载方式还可分为 HTTP 下载、P2P 下载、BT 下载、FTP 下载和流媒体下载等。

二、能力训练

能力点

● IE 下载（下载网络资源；实现断点续传）。

● 快车下载（下载网络资源；管理下载任务）。

● 迅雷下载（下载网络资源；下载文件的管理）。

（一）IE 下载

IE 自带下载功能，在没有安装其他专业下载软件的情况下，可以直接使用 IE 下载网络资源。

1. 下载网络资源

Internet 中可供下载的资源大多以超级链接的形式提供在网页上，使用 IE 可直接进行下载。

【案例】下载喜欢的电子杂志，如"INTERPHOTO 印象"杂志。

（1）在打开的 IE 中找到提供资源下载的网页，单击其中的下载链接，如图 2.116 所示。

图 2.116　使用 IE 直接下载步骤 1

（2）弹出"文件下载"提示对话框，单击"保存"按钮，如图 2.117 所示。

（3）弹出"另存为"对话框，设置好下载资源的保存路径，在"文件名"文本框中输入资源的保存名称，然后单击"保存"按钮，如图 2.118 所示。

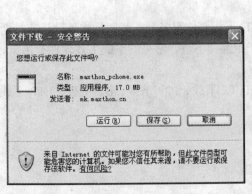

图 2.117　使用 IE 直接下载步骤 2

图 2.118　使用 IE 直接下载步骤 3

（4）IE 将自动下载该文件，下载完成后，单击"关闭"按钮关闭对话框即可，如图 2.119 所示。

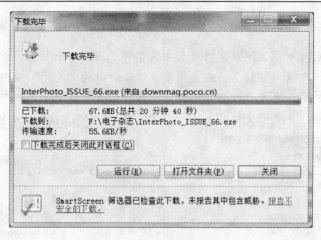

图 2.119　使用 IE 直接下载步骤 4

 小贴士

在"下载完毕"对话框中选择"下载完成后关闭此对话框"复选框，则下载完成后将自动关闭该对话框，而不需要手动将其关闭。在"下载完成"对话框中单击"运行"按钮，可直接打开下载文件，而不需要先到设置的下载目录中查找该文件再打开。

2．实现断点续传

默认情况下，IE 不支持断点续传，若下载时遇到网络断开的情况，在网络恢复后则需要重新开始下载。要让 IE 实现断点续传功能，首先要保证关闭 IE 时不会自动清空 Internet 临时文件夹。

【案例】设置 IE 断点续传。

（1）打开 IE 窗口，选择"工具"→"Internet 选项"命令，如图 2.120 所示。

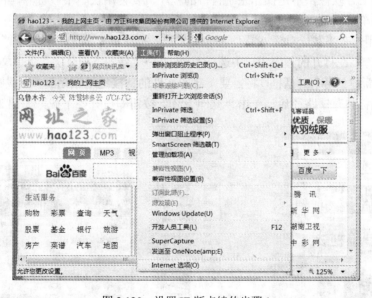

图 2.120　设置 IE 断点续传步骤 1

（2）弹出"Internet 选项"对话框，选择"高级"选项卡，在"设置"列表框中取消选择"关闭浏览器时清空'Internet 临时文件'文件夹"复选框，然后单击"确定"按钮，如图 2.121 所示。

小贴士

　　进行上述设置后，如果在下载文件过程中需要停止当前下载任务，切记不能单击"文件下载"对话框中的"取消"按钮，而应直接单击对话框中的"关闭"按钮。

　　当需要从原来的地址再次开始被中断的下载操作时，只需在保存时将文件保存到与被中断下载时相同的路径，并确保文件名一致，即可让 IE 实现断点续传，如图 2.122 所示。

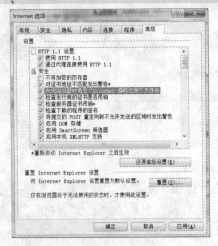

图 2.121　设置 IE 断点续传步骤 2　　　　图 2.122　设置 IE 断点续传步骤 3

（二）使用工具软件下载

　　常见的下载工具软件有迅雷、快车、BitComet 等。下面以快车为例介绍使用工具软件下载文件的方法。

1. 下载网络资源

　　快车作为第三方软件，不是操作系统自带的程序，要使用快车下载资源，首先要安装快车。下载并安装好快车后，就可以使用快车下载网络资源了。

　　【案例】使用快车下载一款游戏软件。

　　（1）启动快车，在打开的程序窗口中选择"文件"→"新建普通任务"命令，如图 2.123 所示。

　　（2）弹出"新建任务"对话框，将需要下载的文件的链接地址粘贴到"下载网址"文本框中，设置好文件的名称和存储路径后，单击"立即下载"按钮即可开始下载，如图 2.124 所示。

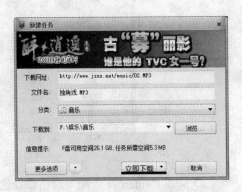

图 2.123　使用快车下载网络资源步骤 1　　　　图 2.124　使用快车下载网络资源步骤 2

小贴士

> 在打开的快车程序窗口中单击"新建下载任务"工具按钮，接着在弹出的下拉列表中选择"新建普通任务"选项，也可弹出"新建任务"对话框。
>
> 启动快车后，桌面上会默认显示一个悬浮窗，双击此悬浮窗可打开快车的主程序主界面。
>
> 下载过程中，悬浮窗会显示下载进度，双击该悬浮窗，可显示下载的详细信息。

2. 管理下载任务

使用快车下载网络资源后，在"完成下载"界面中可以查看所有已下载的任务，在此界面中还可以对已下载的任务进行管理。

1）删除下载任务

当下载的资源较多时不利于用户查看下载任务，此时可以将不需要的任务删除。

【案例】删除不需要的下载任务。

（1）打开快车程序窗口，单击左侧的"完成下载"按钮，此时窗口右侧将显示所有的下载任务，在需要删除的下载任务上单击鼠标右键，在弹出的快捷菜单中选择"彻底删除任务及文件"命令，如图 2.125 所示。

图 2.125 删除下载任务步骤 1

（2）弹出"删除任务确认"对话框，单击"是"按钮确认删除即可，如图 2.126 所示。

小贴士

> 在需要删除的任务上单击鼠标右键，在弹出的快捷菜单中选择"删除"命令，快车将直接删除选择的任务，且不会弹出任何提示对话框。
>
> 在弹出的"删除任务确认"对话框中，程序默认将任务和下载文件一起删除，若只需删除下载任务，可取消选择"同时删除磁盘中文件"复选框。

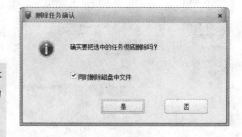

图 2.126 删除下载任务步骤 2

　　使用快车下载网络资源后，如果因为误操作导致已下载任务被删除，可在"回收站"中将其还原。

　　2）更改默认下载路径

　　使用快车下载网络资源时，在"新建任务"对话框中可看到一个用于标志下载文件类型的"分类"选项，若不手动更改下载路径，程序将根据分类分别存放文件。

　　通过为具体某个类型的文件指定默认下载路径，在下载时就可以只指定文件分类，而无须再指定存储路径了。

　　【案例】更改默认下载路径。

　　（1）启动快车，在打开的程序窗口中选择菜单栏中的"工具"→"选项"命令，如图 2.127 所示。

　　（2）弹出"选项"对话框，单击"任务管理"按钮，如图 2.128 所示。

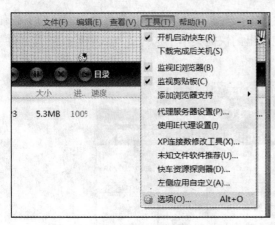

图 2.127　更改默认下载路径步骤 1

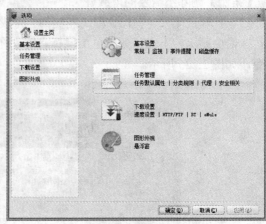

图 2.128　更改默认下载路径步骤 2

　　（3）在"默认属性"选项区域中选择"指定分类及目录"单选按钮，在右侧的下拉列表框中选择需要指定下载路径的分类，然后单击"路径"文本框右侧的"浏览"按钮，如图 2.129 所示。

　　（4）弹出"浏览文件夹"对话框，设置好此分类文件的下载路径后，依次单击"确定"按钮保存设置即可，如图 2.130 所示。

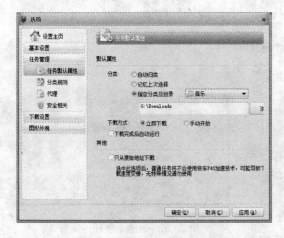

图 2.129　更改默认下载路径步骤 3

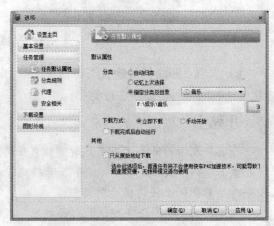

图 2.130　更改默认下载路径步骤 4

小贴士

3）限制下载速度

在玩网络游戏或者正在运行内存量大的软件的同时下载资源，电脑的运行就会很慢。为了避免这种情况，可以对快车的下载速度进行限制。

【案例】限制下载速度。

（1）打开快车的"选项"对话框，单击"下载设置"按钮，如图 2.131 所示。

（2）在"速度设置"界面的"全局速度"选项区域中选择"自定义"单选按钮，在下方的"最大下载速度"微调框中设置最大下载速度，然后单击"确定"按钮即可，如图 2.132 所示。

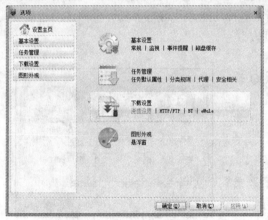 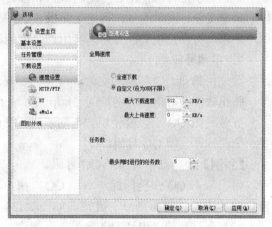

图 2.131　限制下载速度步骤 1　　　　　图 2.132　限制下载速度步骤 2

 小贴士

4）设置下载完成后自动关机

由于网速有限，下载大文件通常不是一时半刻能完成的事情，此时若遇到中途有事需要长时间离开，可以通过设置，让电脑在下载完成后自动关机。

【案例】设置下载完成后自动关机。

打开快车的程序窗口，选择"工具"→"下载完成后关机"命令即可，如图 2.133 所示。

图 2.133　设置下载完成后自动关机

目标 4：网 上 聊 天

一、基础知识

随着通信技术的不断发展，现今社会中的信息交流变得越来越多样化。目前比较流行的聊天工具有腾讯 QQ、百度 Baidu hi、阿里旺旺、新浪 UC、网易泡泡 POPO、移动飞信、微软 Windows Live Messenger、ICQ、雅虎通 Yahoo Messenger TOM-Skype、Google Talk 等。

二、能力训练

 能力点

- 使用腾讯 QQ（申请号码；登录 QQ；添加好友；发送即时信息；语音和视频聊天；发送和接收文件；使用 QQ 群）。
- 使用 Windows Live Messenger（安装 Windows Live Messenger；注册并登录；添加联系人；与一个好友聊天；多人聊天；传送文件）。

（一）使用腾讯 QQ

腾讯 QQ 是目前使用最广泛的聊天软件之一，支持在线聊天、视频电话、点对点断点续传文件、共享文件、网络硬盘、自定义面板、QQ 邮箱等多种功能，并可与手机等多种移动通信终端相连。用户可以使用 QQ 方便、实用、高效地和朋友联系。

1．申请号码

要使用腾讯 QQ 与朋友交流，首先需要安装 QQ 软件，腾讯软件中心的官方网址为"http://im.qq.com"。

安装腾讯 QQ 后，要使用它与朋友进行交流，还需要一个通行证，即 QQ 号码。

【案例】为自己申请一个 QQ 号码。

（1）双击 QQ 快捷图标，启动 QQ，在弹出的登录窗口中单击"注册新账号"链接，如图 2.134 所示。

（2）在打开的"申请 QQ 账号"页面中，单击"网页免费申请"中的"立即申请"按钮，如图 2.135 所示。

图 2.134　申请 QQ 号码步骤 1

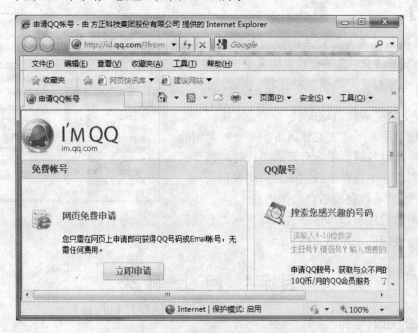

图 2.135　申请 QQ 号码步骤 2

（3）在"您想要申请哪一类账号"页面中单击"QQ 号码"按钮，如图 2.136 所示。

图 2.136　申请 QQ 号码步骤 3

（4）填写完基本信息后，单击"确定并同意以下条款"按钮，如图 2.137 所示。

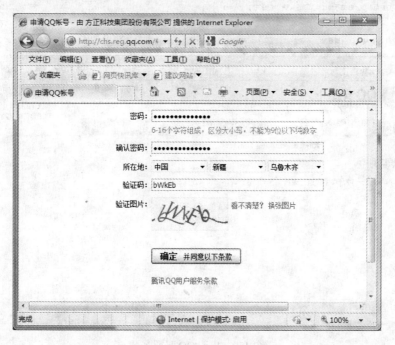

图 2.137　申请 QQ 号码步骤 4

（5）在申请成功页面中将显示申请到的 QQ 号码，单击"立即获取保护"按钮，如图 2.138 所示。

（6）在"QQ 安全中心"页面中选择需要的保护类型，如选择"密保问题"单选按钮，然后单击"下一步"按钮，如图 2.139 所示。

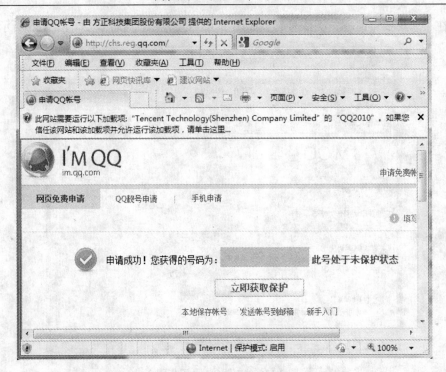

图 2.138　申请 QQ 号码步骤 5

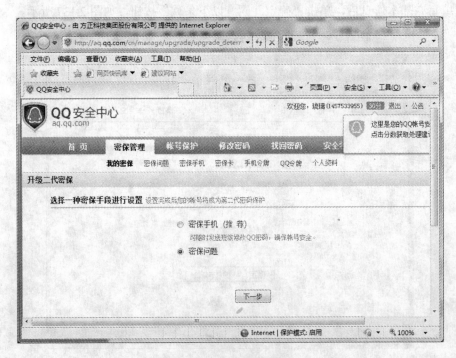

图 2.139　申请 QQ 号码步骤 6

（7）在密保管理页面中设置密码保护问题和答案，然后单击"下一步"按钮，如图 2.140 所示。

（8）在弹出的页面中对刚才设置的密保问题进行正确回答，然后单击"下一步"按钮，如图 2.141 所示。

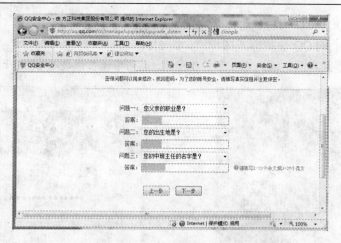

图 2.140　申请 QQ 号码步骤 7

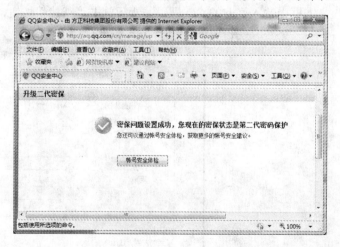

图 2.141　申请 QQ 号码步骤 8

（9）这时将显示用户升级二代密保成功的信息，关闭网页即可，如图 2.142 所示。

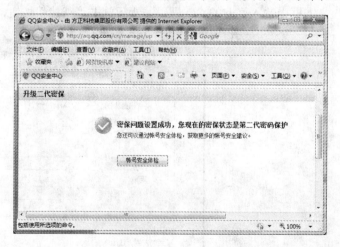

图 2.142　申请 QQ 号码步骤 9

2．登录 QQ

申请 QQ 号码后，就可以登录 QQ 与好友聊天了。

【案例】登录 QQ。

（1）双击桌面上的 QQ 快捷方式图标，如图 2.143 所示。

（2）在弹出的登录界面中输入 QQ 账号和密码，然后单击"登录"按钮即可，如图 2.144 所示。

图 2.143　登录 QQ 步骤 1

图 2.144　登录 QQ 步骤 2

 小贴士

在 QQ 登录界面中的"状态"下拉列表中可以选择 QQ 登录时的状态。

3．添加好友

刚申请的 QQ 号中没有任何好友，如果要与朋友交流，首先需要添加好友。用户可以通过以下两种方法添加 QQ 好友。

1）通过 QQ 号码添加好友

若知道好友的 QQ 号码，可以通过 QQ 号码查找并添加好友，等待对方同意后，即可成功将其添加为好友。

【案例】添加 QQ 好友。

（1）单击 QQ 面板下部的"查找"按钮，如图 2.145 所示。

（2）打开"查找联系人/群/企业"对话框，在"查找联系人"选项卡中选择"精确查找"单选按钮，在"账号"文本框中输入好友的 QQ 号码，然后单击"查找"按钮，如图 2.146 所示。

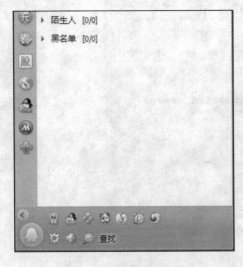

图 2.145　添加 QQ 好友步骤 1

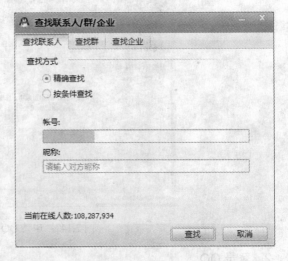

图 2.146　添加 QQ 好友步骤 2

（3）在显示的列表框中选中查找到的用户，单击"添加好友"按钮，如图 2.147 所示。

（4）在弹出的"添加好友"对话框的"请输入验证信息"文本框中输入发送给对方的验证信息，并根据需要设置该好友添加到的分组，然后单击"确定"按钮，等待对方同意添加即可，如图 2.148 所示。

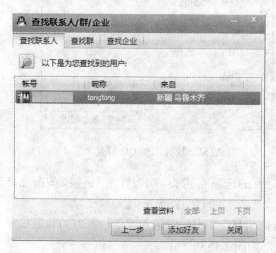

图 2.147 添加 QQ 好友步骤 3

图 2.148 添加 QQ 好友步骤 4

（5）对方收到验收消息后，会对消息进行回应，如果同意加为好友，则弹出提示框，通过验证后，好友会出现在好友名单中，然后就可以开始进行其他操作了，如图 2.149 所示。

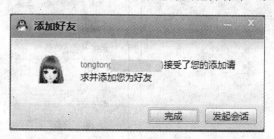

图 2.149 添加 QQ 好友步骤 5

 小贴士

在"添加好友"对话框中，可以在"备注姓名"文本框中输入备注，例如表妹，这样无论对方怎么修改自己的昵称，在用户的 QQ 中显示的总是"表妹"。

在"添加好友"对话框中如果没有合适的分组，可单击"新建分组"链接，在弹出的"好友分组"对话框中输入要添加的分组名称，然后依次单击"确定"按钮确认即可。

2）随意查找并添加好友

如果想在网络上和一个符合某些条件的网友聊天，只需要在添加好友时设置条件，等待对方同意自己发送的添加请求后即可添加成功。

【案例】选择添加 QQ 好友。

（1）登录 QQ，单击 QQ 面板下部的"查找"按钮，如图 2.150 所示。

（2）在"查找联系人"选项卡中选择"按条件查找"单选按钮，在下方设置查找的相关条件，然后单击"查找"按钮，如图 2.151 所示。

图 2.150　选择添加 QQ 好友步骤 1

图 2.151　选择添加 QQ 好友步骤 2

（3）在显示的搜索结果中，单击需要添加为好友的选项右侧的"加为好友"链接，如图 2.152 所示。

（4）弹出"添加好友"对话框，在"请输入验证信息"文本框中输入发送给对方的验证信息，然后单击"确定"按钮，等待好友同意添加即可，如图 2.153 所示。

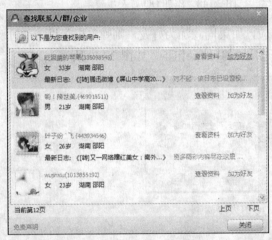

图 2.152　选择添加 QQ 好友步骤 3

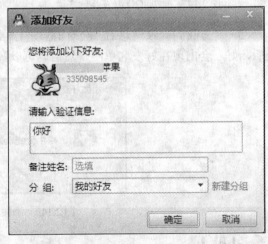

图 2.153　选择添加 QQ 好友步骤 4

4．发送即时信息

1）发送信息

登录 QQ 并添加好友后，就可以与对方进行交流了。

【案例】利用自己的 QQ 与好友进行聊天。

（1）在 QQ 面板中双击需要留言的好友头像，或者在好友的头像上单击鼠标右键，在弹出的快捷菜单中选择"发送即时消息"命令，如图 2.154 所示。

（2）在聊天窗口中输入消息，然后单击"发送"按钮，即可向好友发送即时消息，如图 2.155 所示。

 小贴士

用户也可以使用【Ctrl+S】或【Ctrl+Enter】组合键来发送消息。

图 2.154 发送信息步骤 1　　　　　　　图 2.155 发送信息步骤 2

2）查看信息

【案例】查看好友信息。

（1）登录 QQ 后，如果收到好友发送的信息，通知区域中的 QQ 图标会变成该好友的头像并不停地闪烁，此时双击该头像，如图 2.156 所示。

（2）在弹出的聊天窗口上部将显示接收到的消息，如图 2.157 所示。

图2.156 查看信息步骤1　　　　　　　图2.157 查看信息步骤2

 小贴士

　　如果有多条信息未查看，将鼠标指针指向闪烁的 QQ 头像，在弹出的"消息盒子"面板中将显示信息条数等信息，单击需要查看的消息链接，即可弹出相应的聊天窗口。

　　若要对收到的消息进行回答，可在聊天窗口下部的文本框中输入回复内容，然后单击"发送"按钮即可。

3）设置聊天字体

在 QQ 聊天窗口中输入聊天内容时，默认的字体为"宋体"、"9 号"字，如果对默认的字体不满意，可以重新设置。

【案例】设置聊天字体为"微软雅黑"、"11 号"、"紫罗兰色"。

单击消息输入框上方工具栏中的"字体"按钮 A，然后在展开的工具栏中根据需要设置字体、字号和字体颜色，设置完成后再次单击"字体"按钮 A 退出设置状态即可，如图 2.158 所示。

图 2.158 设置聊天字体

4）发送表情

腾讯 QQ 默认自带了一些表情，使用表情可以更加生动、形象地进行表达。

【案例】向好友发送表情。

（1）如果需要在聊天内容中添加表情，可单击消息输入框上方工具栏中的"选择表情"按钮，然后在弹出的面板中选择需要的表情，如图 2.159 所示。

（2）单击消息输入框上方工具栏中的"会员魔法表情/会员涂鸦表情/宠物炫"按钮，可在弹出的面板中选择魔法表情、涂鸦表情或宠物炫，如图 2.160 所示。

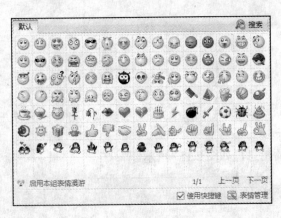

图 2.159　发送表情方法 1

图 2.160　发送表情方法 2

小贴士

用户可以单击"表情管理"按钮，以添加更多的表情。下载时要注意，表情文件分为.eip 和.cfc 两种格式。.eip 格式是表情安装包，.cfc 格式是表情导出文件，可根据需要选择。

5）收藏表情

使用 QQ 与好友聊天时，可能经常收到好友发送的漂亮表情或图片，用户可将其收藏到自己的表情文件夹中，以方便日后使用。

【案例】收藏好友发来的表情。

（1）在打开的聊天窗口中，在需要收藏的表情上单击鼠标右键，在弹出的快捷菜中选择"添加到表情"命令，如图 2.161 所示。

（2）弹出"添加自定义表情"对话框，单击"确定"按钮，如图 2.162 所示。

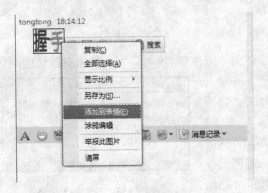

图 2.161　收藏表情步骤 1

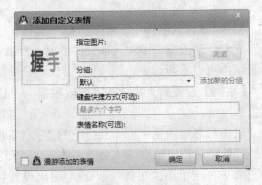

图 2.162　收藏表情步骤 2

（3）在弹出的"提示"对话框中单击"确定"按钮即可，如图 2.163 所示。

图 2.163 收藏表情步骤 3

 小贴士

> 如果收藏的表情太多，可以在"添加自定义表情"对话框中单击"添加新的分组"链接，通过添加新分组来对添加的表情进行分类存放。新建分组后，可在"分组"下拉列表框中选择需要存入表情的分组。

5．语音和视频聊天

使用 QQ 与好友交流时，除了通过文字信息进行聊天外，还可以用麦克风进行语音聊天，或者通过摄像头进行"面对面"聊天。

1）语音聊天

要进行语音聊天，电脑需要连接音箱（或耳机）和麦克风。耳机通常都带有麦克风。只需将麦克风插头与机箱上的麦克风接口相连即可。连接好耳机和麦克风后，就可以进行语音聊天了。

【案例】与好友进行语音聊天。

（1）在 QQ 面板中双击要与其进行语音聊天的好友头像，在打开的聊天窗口中单击窗口上部的"开始语音会话"按钮，向对方发送语音聊天请求，如图 2.164 所示。

（2）此时对方将接收到语音聊天请求，并以电话铃声为提示，同意可单击"接受"按钮，如图 2.165 所示。

图 2.164 语音聊天步骤 1

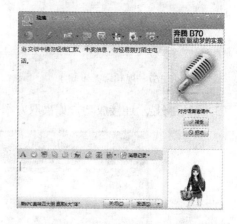

图 2.165 语音聊天步骤 2

（3）稍后将显示连接成功，此时就可以进行语音聊天了，如图 2.166 所示。

 小贴士

> 通过聊天窗口右侧的控制面板可以调节话筒音量。若要结束语音聊天，可单击"挂断"按钮。

图 2.166　语音聊天步骤 3

2）视频聊天

视频聊天就是在聊天的同时通过摄像头看到对方，因此需要先安装摄像头。

【案例】与好友进行视频聊天。

（1）在 QQ 面板中双击要与其进行视频聊天的好友头像，打开聊天窗口，在聊天窗口中单击"开始视频会话"按钮，向对方发送视频聊天请求，如图 2.167 所示。

（2）此时对方的 QQ 将接收到视频聊天请求，同意则单击"接受"按钮，如图 2.168 所示。

图 2.167　视频聊天步骤 1　　　　　　　　　　图 2.168　视频聊天步骤 2

（3）稍后将显示连接成功，如果双方都有摄像头就可以彼此看到对方了，如图 2.169 所示。

图 2.169　视频聊天步骤 3

6. 发送和接收文件

QQ 不仅是一种聊天工具，还可作为文件传输工具使用。使用 QQ 传送文件不但速度较快，且支持断点续传，传送大的文件也不用担心中断。

【案例】向好友发送文件。

（1）在 QQ 面板中双击好友头像，在打开的聊天窗口中单击窗口上部的"传送文件"按钮，在弹出的下拉列表中选择"发送文件"命令，如图 2.170 所示。

（2）在弹出的"打开"对话框中选择要传送的文件，单击"打开"按钮，如图 2.171 所示。

图 2.170　发送文件步骤 1

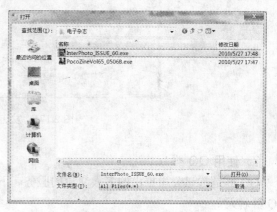

图 2.171　发送文件步骤 2

（3）这时用户可以看到等待对方接收的提示信息，如图 2.172 所示。

（4）在接收方的信息窗口中会出现提示接收文件的信息，单击"另存为"链接，如图 2.173 所示。

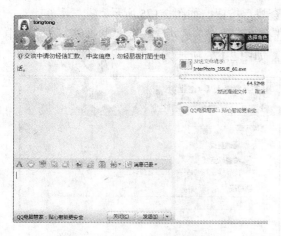

图 2.172　发送文件步骤 3

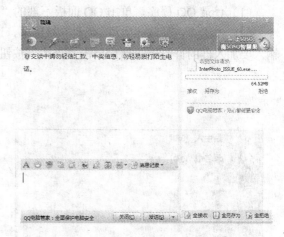

图 2.173　发送文件步骤 4

（5）选择接收文件的保存目录，如图 2.174 所示。

 小贴士

单击"接收"链接即可将文件存入 QQ 默认的下载目录下。

使用 QQ 不是任何文件都可传送的，在默认情况下，.bat、.chm、.com、.exe 等文件是不能使用 QQ 传送的。

图 2.174 发送文件步骤 5

7. 使用 QQ 群

QQ 群是腾讯公司推出的多人交流的服务。下面介绍如何加入和创建 QQ 群，以及如何使用
QQ 群聊天。

1）加入 QQ 群

加入 QQ 群后，可以和群中的多个好友同时聊天。如果知道某个 QQ 群的群号，可以通过该
号码申请加入到该群。

【案例】申请加入 QQ 群。

（1）登录 QQ 程序，单击 QQ 面板下部的"查找"按钮，如图 2.175 所示。

（2）弹出"查找联系人/群/企业"对话框，选择"查找群"选项卡，在"群号码"文本框中
输入要加入群的群号码，然后单击"查找"按钮，如图 2.176 所示。

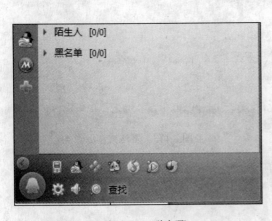

图 2.175 加入 QQ 群步骤 1

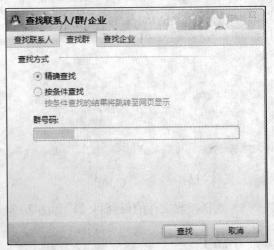

图 2.176 加入 QQ 群步骤 2

（3）列表中将显示查找到的群，选中该群，然后单击"加入该群"按钮，如图 2.177 所示。

（4）弹出"添加群"对话框，在其中输入请求信息，然后单击"发送"按钮，如图 2.178 所示。

图 2.177　加入 QQ 群步骤 3　　　　　图 2.178　加入 QQ 群步骤 4

（5）在弹出的提示对话框中单击"确定"按钮，然后等待该群主批准加入即可，如图 2.179 所示。

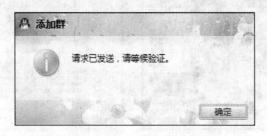

图 2.179　加入 QQ 群步骤 5

2）多人聊天

群主批准加入后，用户就可以与其中的群用户进行多人聊天了。

【案例】与多人进行聊天。

（1）打开 QQ 面板，选择"群/讨论组"选项卡，双击要聊天的 QQ 群图标，如图 2.180 所示。

（2）弹出群聊天窗口，在其中就可以和群里的好友一起聊天了，如图 2.181 所示。

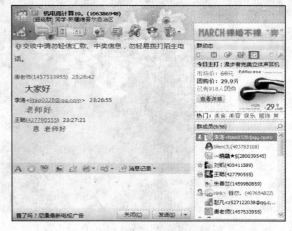

图 2.180　多人聊天步骤 1　　　　　　图 2.181　多人聊天步骤 2

腾讯 QQ 是一个功能强大的即时通信软件，这里只是介绍了最基本的部分，很多高级功能都没有涉及。例如，QQ 秀、QQ 宠物、QQ 邮箱、QQ 农场等，这些功能可以自行操作运用。

（二）使用 Windows Live Messenger

1. 安装 Windows Live Messenger

Windows Live Messenger 是微软公司发布的免费软件包 Windows Live 套件中的一个工具，若要使用 Windows Live Messenger，必须先下载安装 Windows Live Messenger 客户端。

【案例】安装 Windows Live Messenger。

（1）打开 Windows Live Messenger 官方下载主页 http://cn.msn.com，单击"Messenger"按钮，在弹出的下拉列表中选择"下载新版 MSN9"选项，如图 2.182 所示。

（2）然后在打开的网页中单击"立即下载"按钮，并根据提示进行操作即可，如图 2.183 所示。

图 2.182　安装 Windows Live Messenger 步骤 1

图 2.183　安装 Windows Live Messenger 步骤 2

2. 注册并登录

安装好 Windows Live Messenger 后，要使用它与好友聊天，首先需要拥有 Windows Live ID。

【案例】申请 Windows Live ID 号。

（1）选择"开始"→"所有程序"→"Windows Live"→"Windows Live Messenger"命令，启动 Windows Live Messenger 程序，如图 2.184 所示。

（2）在弹出的 Windows Live Messenger 登录界面中单击"注册"链接，如图 2.185 所示。

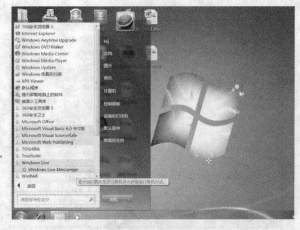
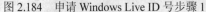

图 2.184　申请 Windows Live ID 号步骤 1

图 2.185　申请 Windows Live ID 号步骤 2

（3）在弹出的页面中填写注册信息，完成后单击页面底端的"我接受"按钮，如图 2.186 所示。

（4）注册成功后进入 Windows Live 的个人主页，在这里可以对个人资料进行修改，并列出了 Windows Live 的更多功能，若不需要修改可直接关闭该网页，如图 2.187 所示。

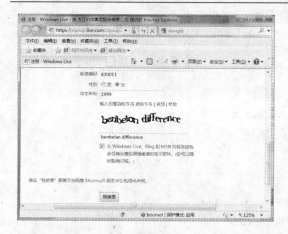

图 2.186　申请 Windows Live ID 号步骤 3　　　　图 2.187　申请 Windows Live ID 号步骤 4

 小贴士

在登录界面中的"登录状态"下拉列表中可以选择登录后的状态。

3. 添加联系人

登录 Windows Live Messenger 后，如果想与好友聊天，还需要将其添加为联系人。

【案例】添加联系人。

（1）登录 Windows Live Messenger 后，在操作界面中单击界面上方的"添加联系人或群"按钮，在弹出的下拉列表中选择"添加联系人"选项，如图 2.188 所示。

（2）弹出联系人添加对话框，在"即时消息地址"文本框中输入好友的 MSN 账号，然后单击"下一步"按钮，如图 2.189 所示。

图 2.188　添加联系人步骤 1　　　　　　　图 2.189　添加联系人步骤 2

（3）在弹出的对话框中输入请求信息，然后单击"发送邀请"按钮，等待对方同意后即可添加成功，如图 2.190 所示。

添加联系人之后，就可以利用 Windows Live Messenger 与好友进行聊天、传递文件等操作了，由于篇幅有限这里不再赘述。

图 2.190　添加联系人步骤 3

目标 5：收发电子邮件

电子邮件即 E-mail（Electronic Mail），是一种基于 Internet 的传统服务，也是使用最为广泛的 Internet 服务之一。电子邮件自 20 世纪 70 年代出现以来一直备受人们青睐，目前已逐渐成为流行的新型通信形式，在某些方面甚至有取代传统的信件和传真之势。

一、基础知识

（一）电子邮件的工作原理
电子邮件的工作原理如图 2.191 所示。

图 2.191　E-mail 的工作原理

电子邮件系统与大多数计算机网络系统一样采用"存储转发"数据交换技术。一封电子邮件从发送端计算机发出，在网络传输过程中，经过多台计算机中转，最后到达目的计算机，送到收信人的电子邮箱。在这个过程中，进行中转的计算机就像普通邮政系统中的邮局，它们都会在这封信上打下称之为"邮戳"的信息，这些 Internet 上的"邮局"称为电子邮件服务器，每封电子邮件都由 3 个部分组成，即邮戳部分、信头部分和信体。邮件服务器之间要遵循同样的规则才能正确地转达信息，这样的规则被称为协议。

（二）电子邮件的相关协议
在电子邮件的发送、传输和接收过程中，电子邮件系统要遵循一些基本的协议，这些协议有 SMTP、POP、IMAP 和 MIME 等，它们保证了电子邮件在不同的系统间顺利进行传输。

1. SMTP 协议
SMTP 协议即简单邮件传输协议，是基于 TCP/IP 应用层协议，它的目标是向用户提供高效、可靠的邮件传输。SMTP 协议的一个重要特点是它能够在传送中接力传送邮件，即邮件可以通过不同网络上的主机接力式传送。该协议在两种情况下工作：一是电子邮件从客户机传输到服务器；二是电子邮件从某一电子邮件服务器传输到另一个电子邮件服务器。

2. POP3 协议
POP 协议即邮局协议，用于电子邮件的接收，现在常用的是第 3 版，所以简称为 POP3。POP3

采用客户机/服务器的工作模式，使用该协议，客户端程序能够动态、有效地访问服务器上的邮件。也就是说，POP3 是一种能够让客户程序提取驻留于电子邮件服务器上邮件的协议。

3．IMAP 协议

IMAP 是 Internet Message Access Protocol 的缩写，主要提供的是通过 Internet 获取信息的一种协议。IMAP 像 POP3 那样提供了方便的邮件下载服务，让用户能进行离线阅读，但 IMAP 能完成的却远远不止这些。IMAP 提供的摘要浏览功能可以让用户在阅读完所有的邮件到达时间、主题、发件人、大小等信息后再做出是否下载的决定。另外，当客户程序访问 POP3 服务器时，邮箱中的邮件被复制到用户的客户机中，邮件服务器中不保留邮件的副本；当客户程序访问 IMAP 服务器时，用户可以决定是否将邮件复制到客户机中，以及是否在 IMAP 服务器中保留邮件副本，用户可以直接在服务器中阅读和管理邮件。

4．MIME 协议

MIME 协议即多目的 Internet 邮件扩展协议，解决了 SMTP 协议仅能传送 ASCII 码文本的限制。使用该协议，不但可以发送各种文字和结构的文本信息，而且还能以附件的形式发送语音、图像和视频等信息。正因为如此，我们才可以通过电子邮件为朋友发送一张精美的音乐贺卡。

（三）电子邮件的地址

在电子邮件传递过程中，电子邮件系统要清楚该邮件的目的地址，而该地址是由发信方提供的。电子邮件地址通常是以域名为基础的，常见的电子邮件地址格式为：

username@hostname

其中，username 是用户在 ISP 注册的用户名，不同的 ISP 对用户的用户名的命名规则有不同的要求；@作为分隔符号，代表英文"at"；hostname 是邮件服务器的域名。例如：txjxfak@sina.com，就是以用户名"txjxfak"在新浪网的邮件服务器上获得的邮件地址。由于域名具有全球唯一性，所以每一个申请成功的电子邮件地址也同样具有全球唯一性，这样才能保证每一封邮件的顺利到达。

（四）收发电子邮件的两种方式

收发电子邮件分为 Web 和 SMTP 两种方式，用户使用 Web 方式时，需要登录该电子邮件的网站，在 IE 浏览器中进行电子邮件的收发。使用 SMTP 方式，用户可以直接在本机使用电子邮件工具登录邮件服务器来实现邮件的收发。

（五）电子邮件的格式

一封电子邮件的信息包含两部分，即头部和主体。其中，头部包含发信人和收信人的地址等内容，它是邮件能否顺利传送的关键；主体部分是邮件信息的主要部分。两部分信息均由 ASCII 码组成，且它们之间用空行来分隔，如图 2.192 所示。

一封电子邮件的主体部分可以由发信人随意书写，但是邮件的头部信息是有严格要求的。以下是邮件的头部所包含的一些关键词和含义。

- 收信人（To）：表示邮件的收信人，可以填写一个或多个电子邮件地址，多个地址间用";"分隔符分开。
- 发信人（From）：表示邮件的发信人，填写发信人的邮件地址。
- 抄送（CC）："CC"是英文"Carbon Copy"的缩写，表示邮件在发送给收信人的同时抄送给另外的人，收信人在收到的邮件中可以查看出该邮件同时抄送给了哪些人。
- 暗送（BCC）："BCC"是英文"Blind Carbon Copy"的缩写，和"抄送"相似，"暗送"也表示邮件在发送给收信人的同时抄送给另外的人，但是所有收信人在收到的邮件中不能查看出该邮件同时抄送给了哪些人。
- 主题（Subject）：表示邮件的标题，通常是能代表邮件内容的简单短语。

● 回复（Reply-to）：表示邮件的回复地址，该地址可以和发信人地址不同。
● 日期（Date）：表示邮件的日期，一般由邮件系统自动填写。

图 2.192　电子邮件的格式

二、能力训练

 能力点

● 免费邮箱的申请。
● 使用 Web 电子邮箱中收发邮件（登录免费电子邮箱；收取信件；编写及发送信件；添加联系人；整理邮件；设置黑名单；删除与还原邮件）。
● 使用 Windows Live Mail 收发邮件（配置 Windows Live Mail 邮件账户；使用 Windows Live Mail 收发电子邮件）。

（一）免费邮箱的申请

要进行邮件的收发，必须获得自己的邮箱。网络上提供的邮箱通常分为两种，即收费邮箱和免费邮箱。收费邮箱一般容量较大，功能齐全，可靠程度较高，但是要收取一定的费用。免费邮箱相对而言容量较小，服务也较少，但由于它的免费性，所以受到更多用户的青睐。

【案例】以"lstxfak"为用户名，在搜狐邮箱申请一个免费邮箱。

（1）打开 IE 窗口，在地址栏中输入搜狐邮箱网址http://mail.sohu.com，然后按【Enter】键，如图 2.193 所示。

（2）在打开的注册页面中，单击"现在注册"链接，如图 2.194 所示。

图 2.193　申请免费邮箱步骤 1

图 2.194　申请免费邮箱步骤 2

（3）弹出"通行证"页面，输入用户名、密码及验证码等注册信息，并仔细阅读下方的《搜狐网络服务使用协议》，若同意服务条款，单击"提交注册信息"按钮，如图 2.195 所示。

（4）界面中将显示注册成功的提示信息，并显示用户设置的所有个人信息，记住个人信息后关闭网页即可，如图 2.196 所示。

图 2.195　申请免费邮箱步骤 3

图 2.196　申请免费邮箱步骤 4

 小贴士

　　输入用户名时，系统会自动检测，若网站数据库中已注册的邮箱中没有重名的，"用户名"前将出现一个绿色的钩号，表示用户名可用。

（二）使用 Web 电子邮箱中收发邮件

1．登录免费电子邮箱

在网站中必须先登录到相应的电子邮箱才能进行所需操作。以搜狐为例，可通过下面两种方法登录免费电子邮箱。

1）通过网站首页登录

【案例】通过网站首页登录邮箱。

（1）打开 IE，在地址栏中输入网址 www.sohu.com 后按【Enter】键，如图 2.197 所示。

（2）在打开的网站首页上部的"通行证"文本框中输入用户名和密码，然后单击"登录"按钮，如图 2.198 所示。

图 2.197　通过网站首页登录邮箱步骤 1

图 2.198　通过网站首页登录邮箱步骤 2

（3）稍等片刻，即可进入搜狐的免费电子邮箱了，如图 2.199 所示。

图 2.199　通过网站首页登录邮箱步骤 3

2）通过搜狐邮箱界面登录

【案例】通过搜狐邮箱界面登录邮箱。

（1）打开 IE，在地址栏中输入搜狐邮箱网址http://mail.sohu.com，然后按【Enter】键，如图 2.200 所示。

（2）在打开的搜狐免费邮箱通行证页面中输入邮箱和密码，然后单击"登录"按钮即可，如图 2.201 所示。

图 2.200　通过搜狐邮箱界面登录邮箱步骤 1

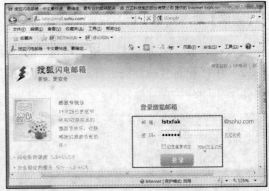

图 2.201　通过搜狐邮箱界面登录邮箱步骤 2

2．收取邮件

登录搜狐免费的电子邮箱，若发现有新邮件，应该及时查看，并根据需要进行回复。

【案例】查看邮件。

（1）单击邮件夹列表中的"收件箱"链接，进入收件夹，然后单击需要阅读的邮件的主题，即可进行阅读，如图 2.202 所示。

（2）如果好友在发送的电子邮件中包含了附件，单击"附件预览"中的"下载"链接，如

图 2.203 所示。

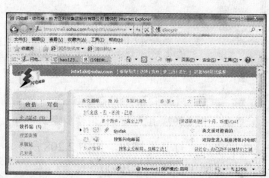

图 2.202　收取邮件步骤 1

图 2.203　收取邮件步骤 2

（3）弹出"文件下载"对话框，单击"保存"按钮，如图 2.204 所示。

（4）弹出"另存为"对话框，设置下载附件的保存路径和文件名，然后单击"保存"按钮即可，如图 2.205 所示。

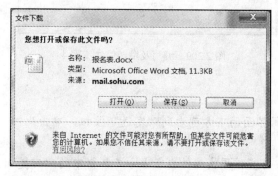

图 2.204　收取邮件步骤 3

图 2.205　收取邮件步骤 4

 小贴士

单击邮件夹列表中的"未读邮件"链接，进入未读邮件夹，其中没有阅读的邮件的主题将以粗体显示，单击邮件主题链接，即可打开邮件窗口阅读新邮件。

若没有收到朋友刚发来的电子邮件，可以稍等片刻，然后按【F5】键刷新页面即可。

3. 编写及发送信件

登录电子邮箱后，就可以撰写并发送邮件给好友了。

【案例】编写并发送信件。

（1）在邮箱页面中单击"写信"按钮，打开编辑邮件页面，如图 2.206 所示。

（2）在显示的"写邮件"页面中输入收件人的地址、邮件主题和邮件内容，若要在电子邮件中添加其他文件作为附件发送，单击"主题"文本框下方的"上传附件"链接，如图 2.207 所示。

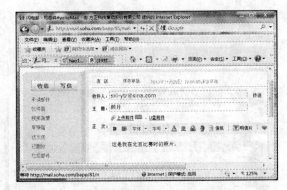

图 2.206　编写及发送信件步骤 1　　　　　　　图 2.207　编写及发送信件步骤 2

（3）在弹出的对话框中选中需要发送的附件，然后单击"打开"按钮，如图 2.208 所示。

（4）正文编辑和添加附件结束后，单击"发送"按钮即可，如图 2.209 所示。

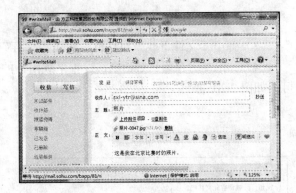

图 2.208　编写及发送信件步骤 3　　　　　　　图 2.209　编写及发送信件步骤 4

 小贴士

　　若以全屏方式打开浏览器窗口，在邮件编辑界面的下方可看到"发送"按钮，单击此按钮也可发送邮件。

　　如果在查看邮件后需要对该邮件进行回复，可直接单击邮件内容上方工具栏中的"回复"按钮，打开邮件编辑页面，且该好友的邮箱地址会自动导入到"收件人"文本框中。

　　对于免费电子邮箱，许多网站对普通用户都进行了附件容量限制，即限制了可发送的邮件大小。搜狐免费电子邮箱的附件大小限制为 10MB。若想突破容量大小限制，可使用收费邮箱。

4．添加联系人

　　在网络飞速发展的现今社会中，通过电子邮件进行联系的用户越来越多，如果每次发邮件都手动输入联系人地址，难免会遇到不能正确"对号入座"的情况。

　　针对上述情况，同时也为更加方便、快捷地输入收件人地址，可将常联系的朋友邮箱地址添加到地址簿中。每次发送邮件时，只需通过简单的操作将其调出来即可。下面以搜狐邮箱为例，介绍添加联系人的方法。

1）直接保存联系人

　　收到陌生人的邮件后，在打开的邮件窗口中可看到"发件人"右侧有个"保存到地址簿"链接，通过单击此链接可快速将该联系人添加到地址簿中，具体操作如下。

【案例】将联系人地址保存到地址簿。

（1）打开需要直接保存地址的邮件，单击"发件人"右侧的"保存到地址簿"链接，如图2.210所示。

（2）弹出"联系人基本信息"表单，在"昵称"文本框中输入好友昵称，然后单击"确定"按钮即可，如图2.211所示。

图 2.210　直接保存联系人步骤1　　　　　图 2.211　直接保存联系人步骤2

2）通过地址簿添加联系人

登录搜狐邮箱后，可看到邮件夹列表上方有个名为"地址簿"的按钮，通过单击此按钮可将地址添加到地址簿中。

【案例】将好友地址保存到地址簿。

（1）登录搜狐邮箱，单击邮件夹列表中的"地址簿"链接，如图2.212所示。

（2）在打开的"地址簿"页面中单击"新建联系人"链接，如图2.213所示。

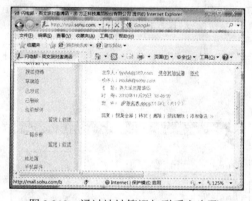

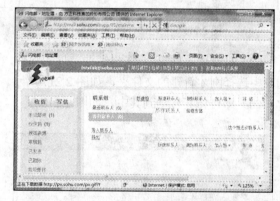

图 2.212　通过地址簿添加联系人步骤1　　　　图 2.213　通过地址簿添加联系人步骤2

（3）打开联系人页面，在"基本信息"选项区域中输入需要添加的联系人的昵称和常用邮箱，并根据需要设置该联系人的其他详细信息，然后单击"确定"按钮即可，如图2.214所示。

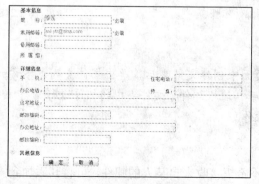

图 2.214　通过地址簿添加联系人步骤3

小贴士

　　添加联系人后，再次打开"写邮件"页面，在右侧的"地址簿"中即可看到添加的所有地址和最近联系过的联系人昵称，单击某个联系人，即可将该联系人的邮箱地址快速添加到"收件人"文本框中。

5. 整理邮件

　　当来往的邮件较多时，用户查阅起来很不方便，此时可通过下面的方法对邮件进行分类整理。

【案例】整理收到邮件。

　　（1）登录搜狐邮箱，单击邮件夹列表下方的"新建"链接，如图 2.215 所示。

　　（2）在打开的"文件夹管理"页面中输入新建文件夹的名称，然后单击"添加文件夹"按钮，如图 2.216 所示。

图 2.215　整理邮件步骤 1　　　　　　　　　　　图 2.216　整理邮件步骤 2

　　（3）打开"收件箱"，选择需要整理的邮件，单击工具栏中的"移至"按钮，在弹出的下拉列表中选择刚才新建的文件夹，如图 2.217 所示。

　　（4）即可将其移动到其中，如图 2.218 所示。

图 2.217　整理邮件步骤 3　　　　　　　　　　　图 2.218　整理邮件步骤 4

 小贴士

　　在"新建文件夹"页面中创建文件夹后，单击邮件夹列表下方的"管理"链接，在打开的页面中可对"回收站"和"垃圾邮件"文件夹中的邮件进行清空，还可对自定义创建的文件夹进行重命名和删除等操作。

6. 设置黑名单

　　在网页邮箱中，如果不希望接收来自某人的邮件，可将其添加到"黑名单"中。设置黑名单后，系统将拒收来自"黑名单"清单中的联系人发来的所有邮件。

【案例】将陌生人添加至黑名单。

（1）登录搜狐邮箱，单击"选项"链接，如图 2.219 所示。

（2）在打开的"配置选项"界面中单击"反垃圾过滤功能"中的"黑名单"链接，如图 2.220 所示。

图 2.219　设黑名单步骤 1

图 2.220　设黑名单步骤 2

（3）在"黑名单"页面的"添加邮件地址"文本框中输入需要添加到"黑名单"中的邮箱地址，然后单击"确定"按钮即可，如图 2.221 所示。

（4）设置黑名单后，"添加邮件地址"文本框下方的"黑名单列表"中将显示拒绝接收邮件的电子邮箱地址。若要取消某个黑名单地址，可单击其右侧"操作"列中对应的"删除"链接，如图 2.222 所示。

图 2.221　设黑名单步骤 3

图 2.222　设黑名单步骤 4

7．删除与还原邮件

使用网页免费邮箱时，系统对邮箱的容量有限制。当接收和存储的邮件过多时，势必会影响用户对邮箱的管理，因此需要定期对邮箱进行整理，将不需要的邮件删除。

1）删除邮件

在网页邮箱中删除电子邮件的操作十分简单，以搜狐邮箱为例，删除方法如下。

【案例】删除不需要的邮件。

登录电子邮箱，单击左侧邮件夹列表中的"收件箱"链接，在右侧的收件箱列表中选择需要删除的邮件，然后单击"删除"按钮即可，如图 2.223 所示。

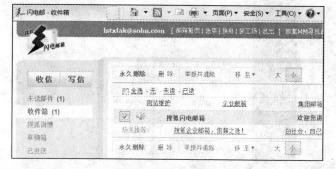

图 2.223　删除邮件

小贴士

通过上述方法删除邮件，实际上并没有将电子邮件彻底地从邮箱中删除，而是将其移到"已删除"邮件夹中了，因此仍占用邮箱空间。若要彻底删除电子邮件，可进入"已删除"界面，选择邮件前的复选框，然后单击工具栏中的"删除"按钮即可。

2）还原邮件

在邮件管理过程中，如果不小心误删除了重要的电子邮件，只要没有彻底删除该邮件，是有方法将其找回来的。

【案例】还原删除的邮件。

（1）登录电子邮箱，单击邮件夹列表中的"已删除"链接，如图 2.224 所示。

（2）在打开的邮箱回收站中，选择需要还原的邮件，单击工具栏中的"移至"按钮，然后在弹出的下拉列表中选择"收件箱"选项即可，如图 2.225 所示。

图 2.224　还原邮件步骤 1　　　　　　图 2.225　还原邮件步骤 2

（三）使用 Windows Live Mail 收发邮件

除了通过 Web 方式直接使用电子邮件以外，收发、管理电子邮件还可以使用特定的软件，如微软公司的 Windows Live Mail。Windows Live Mail 是 Windows Live 套件中附带的一款优秀的电子邮件收发和管理软件。通过此软件，用户可将网页邮箱中的电子邮件导入到本地电脑中进行查看、回复和管理。

1．配置 Windows Live Mail

与其他大多数邮件客户端软件一样，Windows Live Mail 在运行之前需要由用户设置必要的账户信息。

【案例】配置 Windows Mail 邮件账户。

（1）选择"开始"→"所有程序"→"Windows Live Mail"命令，如图 2.226 所示。

（2）弹出账户配置对话框，在该对话框中输入"电子邮件地址"、"密码"及"发件人显示名称"，然后单击"下一步"按钮，如图 2.227 所示。

图 2.226　配置 Windows Live Mail 步骤 1　　　图 2.227　配置 Windows Live Mail 步骤 2

（3）在弹出的对话框中单击"完成"按钮结束设置，如图 2.228 所示。

（4）如果用户已连接到互联网，Windows Live Mail 会自动连接到用户邮箱并将邮箱中的邮件下载至本地电脑中，如图 2.229 所示。

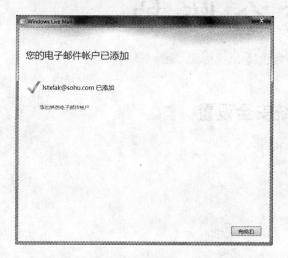

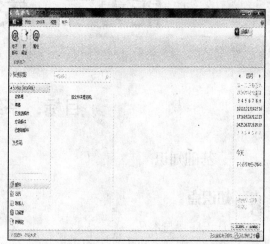

图 2.228　配置 Windows Live Mail 步骤 3　　　　　图 2.229　配置 Windows Live Mail 步骤 4

2．使用 Windows Live Mail 收发电子邮件

使用 Windows Live Mail 收发电子邮件与在 Web 电子邮箱中收发邮件类似，这里不再赘述。

能力三：安全防护

目标：系统安全设置

一、基础知识

 知识点

- 认识病毒与木马。
- 如何判断计算机中是否有病毒。
- 感染病毒后的应急措施。
- 养成良好的上网习惯。

（一）认识病毒和木马

病毒与木马对计算机来说有着强大的控制和破坏能力，同时还有盗取密码、偷窥重要信息、控制系统操作、进行文件操作等能力。虽然目前大多数杀毒软件都有查杀病毒与木马的能力，但不能完全查杀一些最新的或者变种的病毒与木马。因此对计算机用户来说必须要掌握一些关于它们的基础知识。

1. 什么是病毒

计算机病毒在《中华人民共和国计算机信息系统安全保护条例》中被明确定义为："指编制或者在计算机程序中插入的破坏计算机功能或者毁坏数据、影响计算机使用，并能自我复制的一组计算机指令或者程序代码"。

2. 什么是木马

特洛伊木马是一种基于远程控制的黑客工具，具有隐藏性和非授权性的特点。所谓隐藏性，是指木马的设计者为了防止木马被发现，会采取多种手段隐藏木马，这样，服务端即使发现感染了木马，由于不能确定其具体位置，也不能将其清除。所谓非授权性，是指一旦控制端与服务端连接后，控制端将享有服务端的大部分操作权限，包括修改文件、修改注册表、控制鼠标和键盘等，而这些权力并不是服务端赋予的，而是通过木马程序窃取的。

3. 病毒与木马的传播途径

要想更好地保护计算机不感染病毒及不被木马攻击，就必须对它们的传播途径和方式有深入的了解，只有这样才能更有效、更具针对性地进行主动防护。

- 移动存储设备传播：随着时代的发展，U 盘、移动硬盘等移动存储设备成为病毒传播的方式。
- 局域网传播：在局域网中如果访问了一台含有病毒的计算机，则访问的计算机极有可能也被感染上病毒。
- Internet 传播：当人们在使用电子邮件、浏览网页、下载软件时都可能感染病毒。

● 无线设备传播：随着智能手机的普及、通过彩信、上网浏览与下载到手机中的程序不可避免地对手机安全产生隐患，手机病毒会成为新一轮计算机病毒危害的"源头"。

（二）如何判断计算机中是否有病毒

（1）计算机运行缓慢，CPU 使用率 100%，如图 3.1 所示。

（2）弹出许多 IE 窗口，如图 3.2 所示。

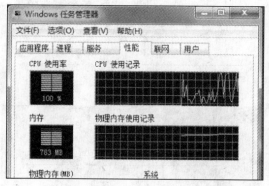

图 3.1　判断计算机中是否有病毒方法 1

图 3.2　判断计算机中是否有病毒方法 2

（3）系统时间被更改，如图 3.3 所示。

（4）双击变为自动播放，如图 3.4 所示。

图 3.3　判断计算机中是否有病毒方法 3

图 3.4　判断计算机中是否有病毒方法 4

（5）无故蓝屏，如图 3.5 所示。

图 3.5　判断计算机中是否有病毒方法 5

小贴士

判断计算机是否感染病毒的小技巧

有些计算机在感染某些病毒后会出现这些病毒特有的症状，如感染了"冲击波"病毒后计算机会不定时地自动关闭；感染"熊猫烧香"病毒后计算机中所有文件的图标都会变为"熊猫烧香"的样式，总之在未更改任何设置的情况下，如果计算机出现了异常，基本上可以断定计算机感染病毒了。

（三）感染病毒后的应急措施

（1）确认计算机是否感染病毒，如图 3.6 所示。

（2）断开网络，如图 3.7 所示。

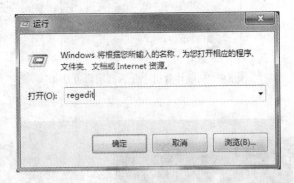

图 3.6　应急措施步骤 1

图 3.7　应急措施步骤 2

（3）启动注册表，删除启动项中的可疑程序，如图 3.8 所示。

（4）在安全模式下杀毒，如图 3.9 所示。

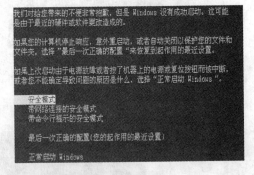

图 3.8　应急措施步骤 3

图 3.9　应急措施步骤 4

小贴士

格式化硬盘并重做系统

对于某些中毒太深的计算机，杀毒软件可能会被屏蔽，而且在安全模式下也无法运行，此时可以考虑格式化硬盘并重做系统。

（四）养成良好的上网习惯，远离病毒

（1）打开 U 盘前先扫描病毒，如图 3.10 所示。

（2）不要随意打开网页中的广告链接，如图 3.11 所示。

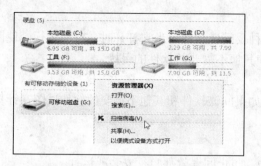

图 3.10　养成良好的上网习惯远离病毒方法 1

图 3.11　养成良好的上网习惯远离病毒方法 2

（3）在正规网站下载，比如驱动之家、天空软件站等，如图 3.12 所示。

（4）不要随意打开 QQ 群中某个人发出的一些诱惑性很强的网站链接，如图 3.13 所示。

图 3.12　养成良好的上网习惯远离病毒方法 3

图 3.13　养成良好的上网习惯远离病毒方法 4

（5）不要轻易打开不明身份的邮件，如图 3.14 所示。

（6）设置显示文件的扩展名，如图 3.15 所示。

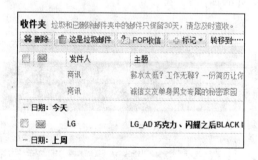

图 3.14　养成良好的上网习惯远离病毒方法 5

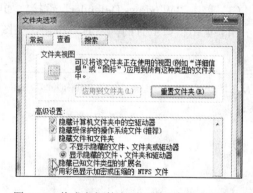

图 3.16　养成良好的上网习惯远离病毒方法 6

二、能力训练

 能力点

- Windows Defender 程序的使用（使用 Windows Defender 程序保护计算机；自定义 Windows Defender 程序的配置；用 Windows Defender 程序手动扫描软件）。
- 更新 Windows 7（开启或关闭自动更新功能；安装自动更新程序）。

● 使用杀毒软件保护计算机。

（一）Windows Defender 程序的使用

Windows Defender 程序是 Windows 附带的一种反间谍软件，当它打开时会自动运行，使用反间谍软件可帮助用户保护计算机免受间谍软件和其他不需要的软件的侵扰。

1. 使用 Windows Defender 程序保护计算机

用户可以打开 Windows Defender 程序，这样如果间谍软件和其他不需要的软件试图在计算机上自行安装或运行时，程序会发出警报。

1）打开 Windows Defender 程序

【案例】打开本机上的 Windows Defender 程序，防止间谍软件自行安装或运行。

（1）选择"开始"→"控制面板"命令，如图 3.16 所示。

（2）在弹出的窗口中单击"查看方式"右侧的下三角按钮，在弹出的下拉列表中选择"小图标"选项，如图 3.17 所示。

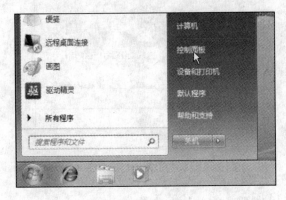
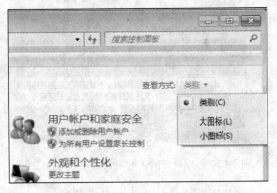

图 3.16　使用 Windows Defender 程序保护计算机步骤 1　　图 3.17　使用 Windows Defender 程序保护计算机步骤 2

（3）单击"Windows Defender"链接，如图 3.18 所示。

（4）单击窗口上方的"工具"按钮，如图 3.19 所示。

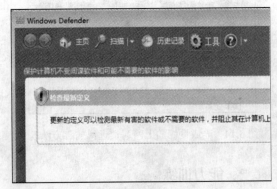

图 3.18　使用 Windows Defender 程序保护计算机步骤 3　　图 3.19　使用 Windows Defender 程序保护计算机步骤 4

（5）单击"选项"链接，如图 3.20 所示。

（6）在左侧窗格中选择"管理员"选项，在右侧选择"使用此程序"复选框，单击"保存"按钮，如图 3.21 所示。

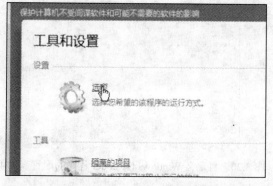

图 3.20　使用 Windows Defender 程序保护计算机步骤 5　　图 3.21　使用 Windows Defender 程序保护计算机步骤 6

2）打开 Windows Defender 程序的实时保护功能

【案例】打开本机上的 Windows Defender 程序的实时保护功能。

在 Windows Defender 程序窗口的"选项"界面中，选择左侧的"实时保护"选项，在右侧选择"使用实时保护（推荐）"复选框，选择所需选项后单击"保存"按钮，如图 3.22 所示。

2．自定义 Windows Defender 程序的配置

用户可以设置 Windows Defender 程序自动扫描计算机，还可以设置它扫描到间谍软件后的处理办法。对于一些安全的文件可以设置为无须扫描。

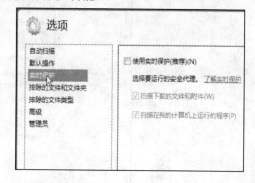

图 3.22　打开 Windows Defender 程序的实时保护功能

【案例】将 G 盘下的"风景图片"文件夹设为无须扫描的文件夹，将扩展名为.doc 的文件设为"排除的文件类型"。

（1）进入"选项"界面，选择左侧的"自动扫描"选项，选择"自动扫描计算机"复选框，设置扫描的频率为"每天"，时间为"12:00"，类型为"快速扫描"，如图 3.23 所示。

（2）选择左侧的"排除的文件和文件夹"选项，单击右侧的"添加"按钮，如图 3.24 所示。

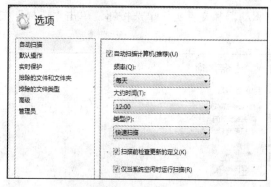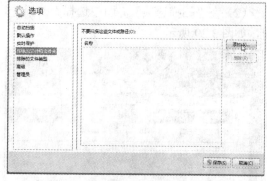

图 3.23　自定义 Windows Defender 程序的配置步骤 1　　图 3.24　自定义 Windows Defender 程序的配置步骤 2

（3）在弹出的对话框中选择"G:风景图片"，单击"确定"按钮，如图 3.25 所示。

（4）选择左侧的"排除的文件类型"选项，在右侧最上方的文本框中输入".doc"，单击"添加"按钮，如图 3.26 所示。

图 3.25　自定义 Windows Defender 程序的配置步骤 3　　图 3.26　自定义 Windows Defender 程序的配置步骤 4

（5）在左侧选择"高级"选项，然后在右侧选择要扫描的特殊文件或区域，如 U 盘等，单击"保存"按钮，如图 3.27 所示。

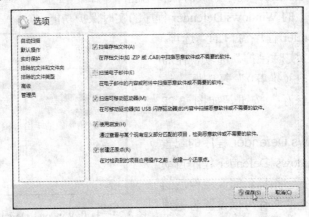

图 3.27　自定义 Windows Defender 程序的配置步骤 5

3. 用 Windows Defender 程序手动扫描软件

与使用杀毒软件扫描病毒的原理类似，用户也可以使用 Windows Defender 程序来扫描计算机中的间谍软件。

【案例】使用 Windows Defender 程序自动扫描计算机中的间谍软件。

（1）在 Windows Defender 程序工具栏中单击"扫描"按钮右侧的下三角按钮，在弹出的下拉列表中选择"自定义扫描"选项，如图 3.28 所示。

（2）在"扫描选项"界面中选择"扫描选定的驱动器和文件夹"单选按钮，单击"选择"按钮，如图 3.29 所示。

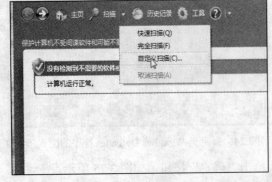 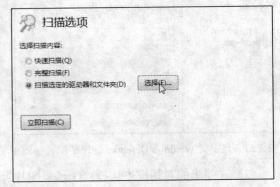

图 3.28　使用 Windows Defender 程序自动扫描　　图 3.29　使用 Windows Defender 程序自动扫描
　　　　　　间谍软件步骤 1　　　　　　　　　　　　　　　间谍软件步骤 2

（3）在弹出的对话框中选择要扫描文件夹，单击"确定"按钮，如图3.30所示。

（4）返回到"扫描选项"界面后，单击"立即扫描"按钮，如图3.31所示。

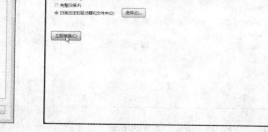

图3.30　使用Windows Defender程序自动扫描　　　图3.31　使用Windows Defender程序自动扫描
　　　　　间谍软件步骤3　　　　　　　　　　　　　　　　间谍软件步骤4

（5）此时，Windows Defender程序会开始扫描用户所选的文件夹，请耐心等待，如图3.32所示。

（6）扫描完成后会进入新的界面，如果计算机安全则会提示"没有检测到不需要的软件或有害的软件"，如图3.33所示。

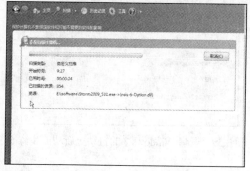

图3.32　使用Windows Defender程序自动扫描　　　图3.33　使用Windows Defender程序自动扫描
　　　　　间谍软件步骤5　　　　　　　　　　　　　　　　间谍软件步骤6

（二）更新Windows 7

1．开启或关闭Windows 7的自动更新功能

【案例】开启Windows 7的自动更新功能。

（1）选择"开始"→"控制面板"命令，如图3.34所示。

（2）在弹出的窗口中单击"查看方式"右侧的下三角按钮，在弹出的下拉列表中选择"小图标"选项，如图3.35所示。

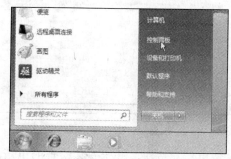
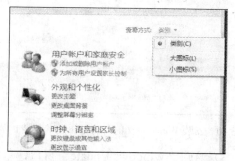

图3.34　开启Windows 7的自动更新功能步骤1　　　图3.35　开启Windows 7的自动更新功能步骤2

（3）单击"Windows Update"链接，如图 3.36 所示。

（4）单击"更改设置"链接，如图 3.37 所示。

图 3.36　开启 Windows 7 的自动更新功能步骤 3　　　图 3.37　开启 Windows 7 的自动更新功能步骤 4

（5）在"重要更新"选项区域中的下拉列表中选择"检查更新，但是让我选择是否下载和安装更新"选项，单击"确定"按钮，如图 3.38 所示。

（6）返回"Windows Update"窗口，Windows 7 系统即会自动检测更新，如图 3.39 所示。

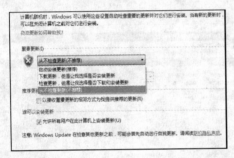

图 3.38　开启 Windows 7 的自动更新功能步骤 5　　　图 3.39　开启 Windows 7 的自动更新功能步骤 6

2．安装 Windows 7 的自动更新程序

【案例】手动安装下载的 Windows 7 自动更新程序。

（1）在系统检查到更新后，将会在"Windows Update"窗口中显示出可用的更新，用户单击任意更新的链接即可选择，如图 3.40 所示。

（2）在弹出的界面中选择"重要"或"可选"等更新类型，然后选择想要安装更新的复选框，单击"确定"按钮，如图 3.41 所示。

图 3.40　安装 Windows 7 的自动更新程序步骤 1　　　图 3.41　安装 Windows 7 的自动更新程序步骤 2

（3）返回"Windows Update"窗口，单击"安装更新"按钮，开始安装检查的更新，如图 3.42 所示。

（4）系统即会开始下载并安装这些更新，如图3.43所示。

图3.42　安装Windows 7的自动更新程序步骤3

图3.43　安装Windows 7的自动更新程序步骤4

（5）经过一段时间，更新安装完成，系统会弹出"成功地安装了更新"提示，关闭窗口完成更新操作，如图3.44所示。

（三）使用杀毒软件保护计算机

1. 安装360安全卫士

【案例】安装360安全卫士。

打开IE浏览器，在地址栏中输入http://www.360.cn并按【Enter】键，在打开的主页中选择360安全卫士，单击"立即下载"链接，在弹出的"文件下载"对话框中单击"运行"按钮在线安装，如图3.45所示。

图3.44　安装Windows 7的自动更新程序步骤5

2. 系统安全体检

【案例】系统安全体检。

当用户安装360安全卫士后，默认将自动启动360安全卫士并执行电脑体检，在体检后为系统健康状况打分，如图3.46所示。

图3.45　安装360安全卫士

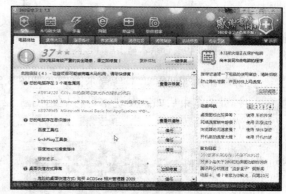

图3.46　系统安全体检

3. 清理恶意插件

【案例】清理恶意插件。

在360安全卫士主界面中选择"清理插件"选项卡，单击"开始扫描"按钮，在扫描后将列出系统中所安装的插件，选择需要清理的插件，然后单击"立即清理"按钮将插件清除，或者单击"信任插件"按钮，如图3.47所示。

4．修复系统漏洞

【案例】修复系统漏洞。

360 安全卫士提供了检测并修复系统漏洞功能，选择"修复漏洞"选项卡检测并安装补丁程序，如图 3.48 所示。

图 3.47　清理恶意插件　　　　　　　　图 3.48　修复系统漏洞

5．查杀木马

【案例】查杀木马。

（1）选择 360 安全卫士主界面中的"查杀木马"选项卡，如图 3.49 所示。

（2）单击"快速扫描"链接，如图 3.50 所示。

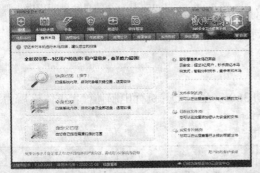

图 3.49　查杀木马步骤 1　　　　　　　图 3.50　查杀木马步骤 2

（3）单击后即可开始木马查杀操作，如图 3.51 所示。

（4）查杀结束后如未发现木马将显示图 3.52 所示的提示，如发现木马，单击"立即处理"按钮，清除木马程序。

图 3.51　查杀木马步骤 3　　　　　　　图 3.52　查杀木马步骤 4

6. 360杀毒

【案例】360杀毒。

（1）打开"360杀毒"窗口，这里提供了3种杀毒方式，即"快速扫描"、"全盘扫描"或"指定位置扫描"，在此选择"快速扫描"，如图3.53所示。

（2）此时"360杀毒"便会对注册表、内存映像及系统文件夹等关键位置执行扫描操作，以检查上述位置是否被病毒感染，如图3.54所示。

图3.53　360杀毒步骤1

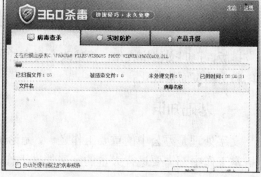

图3.54　360杀毒步骤2

能力四：文 档 处 理

目标 1：段 落 排 版

排版，也叫文档格式化，就是改变文本的外观，使之美观、规范，包括字符格式化、段落格式化和文档页面格式化。

一、基础知识

文字处理是办公中的重要工作之一，无论是管理人员、专业技术人员，还是一般的辅助人员，在日常工作中都需要进行大量的文字处理工作，如起草报告、文件、信函和通知等。

知识点

- 启动 Word 2007。
- 启动 Excel 2007。
- 启动 PowerPoint 2007。
- 视图模式。
- 创建、保存、打开、关闭各类文档。
- 选择文本。
- 复制或移动文本。
- 查找与替换文本。
- 删除文本。
- 文本格式的设置（字体，字号，字形，字符间距）。
- 样式。
- 模板。
- 录入文本（自动更正，拼写检查）。
- 加密文档。
- 段落格式的设置（缩进，对齐方式，间距）。
- 项目符号和编号。
- 设置边框和底纹。
- 特殊格式（分栏，首字下沉，中文版式）。

（一）启动 Word 2007、Excel 2007、PowerPoint 2007

方法 1：从"开始"菜单中启动。

选择"开始"→"所有程序"→"Microsoft Office"→"Microsoft Office Word 2007"命令，如图 4.1 所示。

方法 2：利用现有文档启动。

方法 3：从桌面快捷方式启动。

双击该文档的图标或快捷方式图标，如图4.2所示。

图4.1　从"开始"菜单启动

图4.2　双击图标或快捷方式

 练一练

试着用这几种启动方式来启动 Word 2007、Excel 2007、PowerPoint 2007。选一种适合你的方法，同时比较3个窗口有何差异。

 提示

建立各种文档的应用程序的打开方式除以上 3 种外，还可以直接运行应用程序，如图 4.3 所示。

图4.3　直接运行应用程序

 小贴士

文字处理的操作流程

文字录入	文本编辑	格式排版	页面设置	打印预览	打印输出
•文字录入 •符号录入 •图片录入 •声音等多媒体对象采集录入	•选取 •复制、移动 •修改 •删除 •查找、替换	•字体设置 •段落排版 •分页、分节、分栏排版 边框、底纹设置	•纸张设置 •页边距设置 •装订线设置 页眉、页脚设置	•模拟显示文档的打印效果	•打印机选择 •打印范围确定 •打印份数设置 缩放打印设置

（二）Word 2007 工作界面

Word 2007 工作界面如图 4.4 所示。

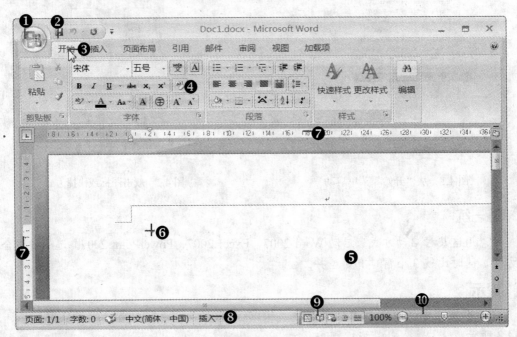

图 4.4　Word 2007 工作界面

❶——Microsoft Office 按钮

下列 2007 Microsoft Office System 程序中的用户界面已经全面重新设计：Word、Excel、PowerPoint、Access 和 Outlook（撰写和阅读窗口）。"Microsoft Office"按钮取代了"文件"菜单，它位于上述 Microsoft Office 程序的左上角。单击按钮时，将看到与 Microsoft Office 早期版本相同的打开、保存和打印文件等基本命令。

❷——快速访问工具栏

该工具栏包含用户日常工作中频繁使用的命令"保存"、"撤销"和"重复"，如图 4.5 所示。

❸——选项卡栏

单击选项卡中的名称就会出现完整的工具栏，如图 4.6 所示。

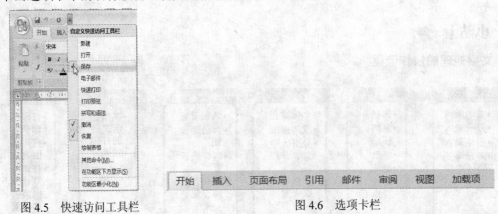

图 4.5　快速访问工具栏　　　　　　　　图 4.6　选项卡栏

❹——功能区

功能区如图 4.7 所示。

图4.7　功能区

❺——文档编辑区

操作界面中部最大的区域是文档编辑区。用户的文档输入、排版处理等均在编辑区中完成。

❻——插入点

在编辑区中有一条闪烁的"|"，称为"插入点"，表示当前输入文字将要出现的位置。

❼——标尺

标尺位于文档窗口的上侧（水平标尺）和左侧（垂直标尺）。利用水平标尺还可以改变段落的缩进、调整页边距、改变栏宽、设置制表栏等；其次在页面视图和打印预览时，可以使用纵横标尺调整页边距或在页面上设置某些项目；垂直标尺主要用于制作表格时准确调整各行表格的行高。

❽——状态栏

状态栏位于窗口底端，它显示了文档当前页的页码、页数与总页数、字数及一些编辑控制按钮，当鼠标指针移到某项上停留时，在状态栏上显示出关于该项的功能信息。右侧还有校正按钮，两种Word编辑状态（插入、改写）、"语言"状态（如中文（中国））等。单击按钮可启动或关闭这些功能。

❾——视图切换按钮

视图就是文档的某种表现形式，是同一份文档以不同角度解读所得的不同画面，如图4.8所示。

❿——显示比例

拖动滑块调节显示比例，如图4.9所示。

图4.8　视图切换按钮

图4.9　显示比例

 练一练

启动Word，在新建的空白文档中输入一篇名为的"失物招领"文章。

使用"平衡传真"模板新建一篇传真文档。

📕 能力基础

用户必须能够在Word之中控制鼠标，知道鼠标左、右键的用途，知道单击、双击和圈选的作用，知道如何开关文件、如何圈选一段文字。

 小贴士

操作口决：先选定操作对象，再选定相应操作。

页操作方式：鼠标拖曳、 快捷菜单、 菜单栏菜单（工具栏按钮）、快捷键。

（三）Word 2007 视图模式

Word 2007提供了页面视图、阅读版式、Web 版式、大纲和普通视图5 种视图模式。

1. 页面视图

页面视图用于显示整个页面的分布状况和整个文档在每一页上的位置，包括文本、图片、表格、图文框、页眉页脚、页码等全部 Word 2007 支持的内容，并对它们进行编辑。它具有"所见即所得"的显示效果，与打印效果完全相同。可以预先看见整个文档会以什么样的形式输出到打印纸上。

2. 阅读版式视图

阅读版式视图能以全屏及两页方式显示文档内容，单击其中的"跳转至文档中的页或节"按钮会弹出下拉列表，以便用户对阅读范围进行准确定位。也可单击左上方的"工具"按钮打开相关的文本信息列表，通过它可以对文档中的指定内容进行标注、翻译、检索及查找等操作。

3. Web 版式视图

Web 页面是以 Web 浏览器浏览网页的形式来显示。Web 版式视图方式使用户可以处理使用了着色背景、声音、视频剪辑和其他 Web 特性的 Web 页上的文字和图形，但对文档不进行分页处理，不能查看文档的页眉、页脚、脚注等。因此，适合于网页制作、浏览远程 Web 网页等场合，而一般的文字处理很少使用它。

4. 大纲视图

大纲视图用于显示文档的框架，可以用它来组织文档并观察文档的结构。也为在文档中进行大块文本移动。为生成目录和其他列表提供了一个方便的途径。

大纲显示提供了工具栏，可给用户调整文档的结构提供方便，比如移动标题及下属标题与文本的位置、提升或降低标题的级别等。在这种方式下用户先将文档标题的格式对应为一级标题，而将其中各章的标题格式定义为二级标题，每章的各小节的标题定义为三级标题，依次下去，将文档的各标题分组定义。在组织文档或观察文档结构时可只显示所需要级别的标题，而不必将下级标题及文本一同显示出来。

5. 普通视图

普通视图是最常用的视图方式。在普通视图方式下，可以键入、编辑和设置格式等。在该视图方式下，排版格式（字形、字号等）都接近于打印结果。但普通视图不能显示文档中的图形、图像、分栏效果、页眉、页脚、脚注、页码和页边距等排版效果。当输入的内容多于一页时，系统自动加虚线表示分页线。

【案例】分别以 5 种视图模式显示"雪峰公司黄金周旅游安排"

（1）页面视图（显示比例 42%），如图 4.10 所示。

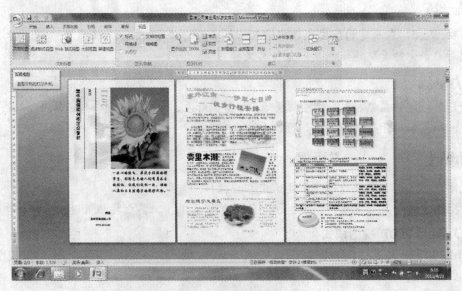

图 4.10　页面视图

（2）阅读版式视图，如图4.11所示。

图4.11 阅读版式视图

（3）Web版式视图，如图4.12所示。

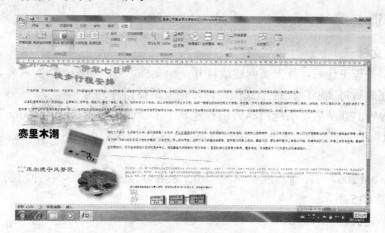

图4.12 Web版式视图

（4）大纲视图，如图4.13所示。

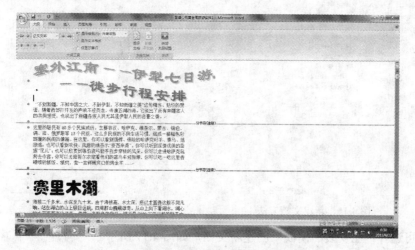

图4.13 大纲视图

（5）普通视图（有分栏效果），如图 4.14 所示。

图 4.14　普通视图

二、能力训练

（一）新建文档

在进行文字处理工作时，首先需创建或打开一个文档，用户输入文档的内容，然后进行编辑和排版，工作完成后将文档以文件形式保存，以便今后使用。

每次启动 Word 2007 后，系统自动为用户建立一个以通用模板"Normal.doc"为基准模板的名字为"文档 1"的新空文档，此时，用户就可在文本区输入文本，然后存入磁盘，这样就建立了一个新文档。

（1）单击 Word 2007 程序窗口左上角的"Microsoft Office"按钮，在弹出的菜单中选择"新建"命令，如图 4.15 所示。

（2）在"新建文档"对话框中选中"空白文档"选项，单击"创建"按钮，或按【Ctrl+N】组合键，Word 即可创建一个空白文档，如图 4.16 所示。

图 4.15　新建文档方法 1

图 4.16　新建文档方法 2

（3）也可选择"已安装的模板"创建新文档，如图 4.17 所示。

（4）采用"平衡报告"模板创建新文档，如图 4.18 所示。

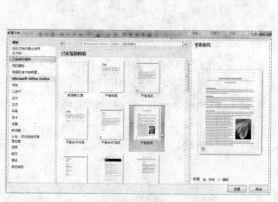

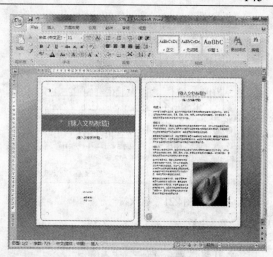

图 4.17　新建文档方法 3　　　　　　　　图 4.18　新建文档方法 4

（二）录入文档

【案例】启动 Word，在新建的空白文档中输入一篇"毕业生校园招聘会邀请函"文档。使用插入符号的方法在前面输入关于"毕业生校园招聘会邀请函"文档中的文本"其他有关事宜"使用插入"符号"对话框在其他相关事宜内容前插入符号"※"，并在其中"一、时间"后插入时间"2010 年 5 月 15 日星期六"。

（1）单击 Word 2007 程序窗口左上角的"**Microsoft Office**"按钮，在弹出的菜单中选择"新建"命令，新建一个空白文档，如图 4.19 所示。

（2）进入编辑区，就可以选择选择一种用户熟悉的中文输入法在插入点输入文本内容了。

在新建文档中，我们可以看见一条闪烁的黑色短线"|"，它就是插入点，不论输入的文本是哪一种文字、符号或者图形，文本的输入都是从它开始的。输入字符后，插入点自动向右移动一个字符位置。

在文档编辑区的任意位置双击鼠标左键，插入点便会移动到该处，方便用户输入文本，该功能被称为"即点即输"。

（3）插入符号和日期，如图 4.20 所示。

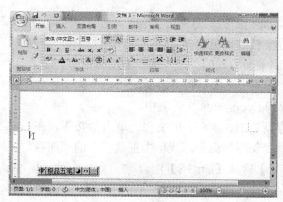

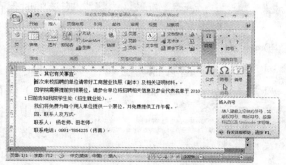

图 4.19　新建 Word 2007　　　　　　　图 4.20　插入符号和日期

（4）插入符号。打开"符号"对话框，选择符号"※"，单击"插入"按钮，如图 4.21 所示。

（5）插入符号后的效果如图 4.22 所示。

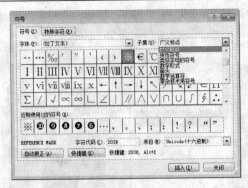

图4.21　插入符号

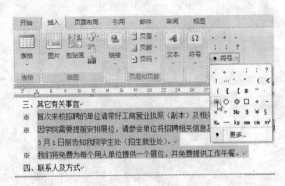

图4.22　插入符号后的结果

 试一试:

使用软键盘按钮 ⌨ 插入符号。

 小贴士

● 为了排版方便起见,各行结尾处要按【Enter】键,开始一个新段落时才可按此键。

● 对齐文本时不要用空格键,用以后讲的制表符、缩进等对齐方式。

(6)插入日期,如图4.23所示。

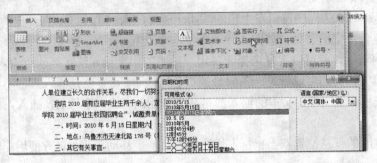

图4.23　插入日期

(三)保存文档

对于正在编辑的文档,一旦出现非正常关闭,文档中的信息就会丢失,为了保护劳动成果,应该随时保存文档,以免遗失。

【案例】将前面输入的关于"毕业生校园招聘会邀请函"的新文档以"毕业生校园招聘会邀请函.docx"为文件名保存到 E 盘中的 My Documents 文件夹中。

(1)保存新建的、未命名的文档。单击 按钮,在弹出的菜单中选择"保存"命令,或单击工具栏上的"保存"按钮,或按【F12】键或【Ctrl+S】组合键。

(2)保存已存在的文档。单击"保存"按钮 或单击 按钮,在弹出的菜单中选择"保存"命令。

(3)更改文件名或文档保存路径:

a. 单击 按钮,在弹出的菜单中选择"另存为"命令或按【F12】键,打开"另存为"对话框,如图4.24所示。

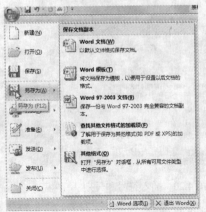

图 4.24　另存文件

　　b. 设置文档保存位置、名称及类型，如图 4.25 所示。

　　（4）设置定时自动保存文档。单击 按钮，在弹出的菜单中单击 按钮，打开"Word 选项"对话框进行设置，如图 4.26 所示。

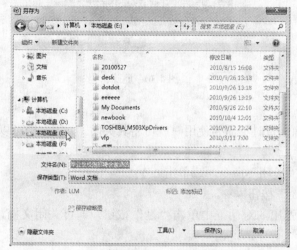

图 4.25　设置文档保存位置名称及类型　　　　　图 4.26　设置定时自动保存文档

（四）加密文档

　　（1）单击 Word 2007 程序窗口左上角的"Microsoft Office"按钮，在弹出的菜单中选择"准备"→"加密文档"命令，如图 4.27 所示。

　　（2）在"加密文档"对话框中输入密码，单击"确定"按钮，如图 4.28 所示。

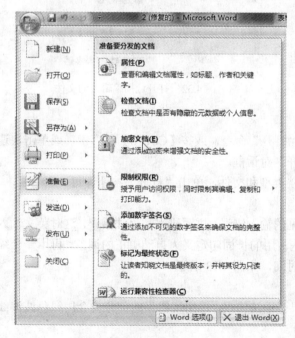

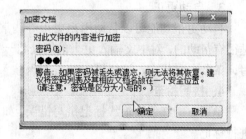

图 4.27　加密文档步骤 1　　　　　　　　图 4.28　加密文档步骤 2

　　（3）在"确认密码"对话框中重新输入密码，单击"确定"按钮，如图 4.29 所示。

　　（4）选定密码并删除，确定后即可取消密码，如图 4.30 所示。

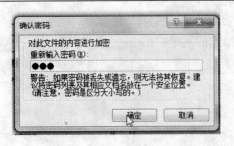
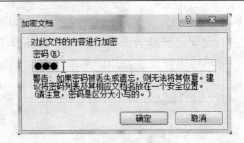

图 4.29　加密文档步骤 3　　　　　　　　　　　图 4.30　删除密码

（五）关闭文档

文档编辑完成后，先要对其保存，然后确定暂时不需要使用时就可将其关闭。关闭文档可以用以下 3 种方法。

（1）单击  按钮，在弹出的菜单中选择"关闭"命令，或单击 ╳ 退出 Word(X) 按钮。

（2）单击 Word 工作窗口右上角的"关闭"按钮 ╳。

（3）直接按【Alt+F4】组合键，然后在弹出的对话框中单击"是"按钮，即可关闭文档，如图 4.31 所示。

（六）打开文档

1．打开近期编辑过的文件

选择左侧"最近使用的文档"列表中的文件名或输入该文件名左边对应的数字，如图 4.32 所示。

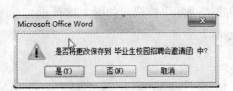
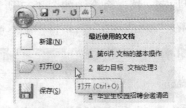

图 4.31　确认关闭　　　　　　　　　　　图 4.32　打开近期编辑过的文件

2．打开其他文档

（1）单击  按钮，在弹出的菜单中选择"打开"命令，或按【Ctrl+O】组合键，或单击快速访问工具栏中的"打开"按钮，将弹出"打开"对话框。

（2）选择要打开的文件的存放路径、文档类型和文件，单击"打开"按钮即可。

3．自动更正

自动更正功能可以帮助用户更正一些常见的输入错误、拼写错误和语法错误，这对英文输入是很有帮助的，对中文输入更大的用处将一些常用的长词句定义为自动更正的词条，再用一个缩写词条名来取代它，这样可以节省不少输入时间，如图 4.33 所示。

4．拼写检查

单词下的红色波浪线标记拼写错误。如果是语法错误，在出现错误的部分就会用绿色波浪线进行标记。

首先打开要检查的文档，可以选择整篇文档或者选择文档中的一段文字，然后单击"审阅"→"校对"→"拼写和语法"按钮（或者按【F7】键），Word 2007 中文版就会启动拼写和语法检查，如图 4.34 所示。

图 4.33　自动更正

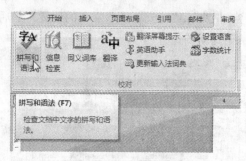

图 4.34　拼写检查

（七）选择文本

要对文本进行各种操作之前，需先掌握选择文字的方法。

（1）选择任意数量的文字，如图 4.35 所示。

（2）选择一行文字。将鼠标移动到该行的左侧，直到鼠标变成一个指向右边的箭头，然后单击，则该行被选中。

（3）选择一段文字。将鼠标移动到该段落的左侧，直到鼠标变成一个指向右边的箭头，然后双击。或者在该段落的任何地方三击鼠标。

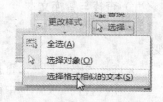

图 4.35　选择任意数量的文字

（4）选择整篇文档。将鼠标移动到任何文档正文的左侧，直到鼠标变成一个指向右边的箭头，然后三击鼠标，或按【Ctrl+A】组合键。

小贴士

1．选择一个矩形块

将光标移动到需要选择区域的一角并单击，按住【Alt】键，然后拖动鼠标至矩形区域的对角，则该区域被选中。

2．利用扩展功能选取较长的任意文本内容

将光标插入要选取区域的开始位置处，按【F8】键启用扩展功能，再在要选定区域的结尾处单击即可选中该区域之间的所有文本内容；连续按键盘上的不同方向键即可选定光标位置处至上面的行、下面的行、左侧或右侧的字符。不使用扩展功能时，再次按【F8】键或【Esc】键关闭该功能。

（八）复制或移动文本

【案例】将"入会申请"文档中的"贵会是我国高等院校从事写作教学和写作学研究的教师的学术团体。"选取后复制到"我从事写作教学多年"前。将"入会申请"文档中前面复制后的"贵会是我国高等院校从事写作教学和写作学研究的教师的学术团体。"选取后移到"我愿意遵守协会章程"前。

1．使用拖曳鼠标的方法复制与移动文本

（1）选择要复制或移动的文本，如图 4.36 所示。

（2）复制按住【Ctrl】键而移动则按住【Shift】键，按下鼠标左键将选定的文本拖曳到要粘贴的位置，然后释放鼠标左键，如图 4.37 所示。

2．使用快速访问工具栏的工具按钮来复制和移动文本

（1）将"复制"、"移动"和"粘贴"命令的按钮添加到快速访问工具栏中。

（2）选中要复制或移动的文本，单击快速访问工具栏中的"复制"或"移动"按钮。

（3）把光标移动到要插入文本的位置，然后单击快速访问工具栏中的"粘贴"按钮，文本就会被粘贴到新的位置。

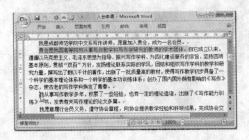

图4.36　选择文本

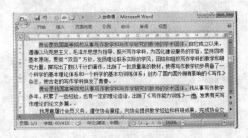

图4.37　粘贴

（九）查找与替换文本

【案例】将"入会申请"文档中的第1、3、4处的文本"我"替换为"本人"，其他位置保持不变。

（1）选择"编辑"→"查找"命令，弹出"查找和替换"对话框，选择"查找"选项卡。

（2）在"查找"文本框中键入要查找的文本。

（3）单击"查找下一处"按钮或按【Enter】键，Word自动在文本中从插入点位置开始查找。当Word找到后，将查找到的内容反色显示。

再次单击"查找下一处"按钮继续向下查找，如图4.38所示。

（4）在"替换为"文本框中输入替换字符的内容。

（5）单击"查找下一处"按钮，跳过查找到的这一处文本，即不对该文本进行替换，继续开始搜索，如图4.39所示。

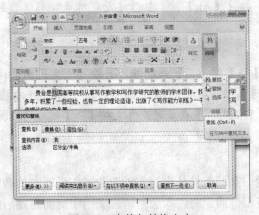

图4.38　查找与替换文本

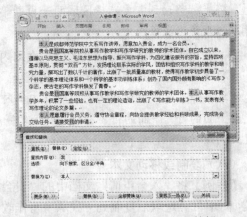

图4.39　单击"查找下一处"按钮

 小贴士

● 单击"替换"按钮，则将指定的文本替换为新的字符。

● 单击"全部替换"按钮，将一次使所有规定的文字全部替换为指定的字符。

● 单击"高级"按钮，将显示高级设置选项，与"查找"选项卡中的设置选项相同，在其中可设置查找方法、查找时区分大小写、使用通配符等。

● 单击"查找下一处"按钮，跳过查找到的这一处文本，即不对该文本进行替换，继续开始搜索。

（十）删除文本

【案例】将"入会申请"文档中的"遵循以马克思主义、毛泽东思想为指导、振兴写作学科、为四化建设服务的宗旨，坚持四项基本原则，"删除。

（1）选中需要删除的文本。

（2）按【Delete】键或单击鼠标右键，在弹出的快捷菜单中选择"剪切"命令，如图 4.40 所示。

（3）删除文本后的效果如图 4.41 所示。

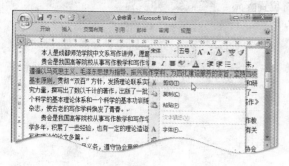
图 4.40　删除文本

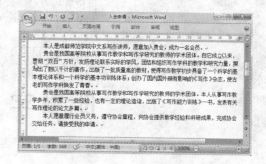
图 4.41　删除后的效果

（十一）撤销、恢复操作

（1）当需要撤销上一步操作时，单击 按钮即可进行撤销；或按【Ctrl+Z】组合键，就可撤销前一次的误操作。

当需要对前面多步操作进行撤销时，单击 按钮旁边的下三角按钮，在弹出的下拉列表中选择需要撤销到的某一步操作。

（2）单击"恢复"按钮，恢复撤销前一步操作状态，当需要对前面多步操作进行恢复时，单击 按钮旁边的下三角按钮，在弹出的下拉列表中选择需要恢复到的某一步操作。

试一试：

先将"入会申请"文档中的"我愿意履行会员义务，遵守协会章程，"通过移动、删除、插入改成"我愿意遵守协会章程并履行会员义务"，然后撤销这几步操作。

（十二）文本格式的设置

通过对文本的字体、字号等进行设置，让文档重点突出、主次分明。

（1）在 Word 2007 中有 3 种设置字符格式的方法。

● "字体"组：直接单击"开始"选项卡"字体"组中的按钮为字符设置格式。

● "字体"对话框：单击"字体"组右下角的"对话框启动器"按钮 ，打开"字体"对话框，在"字体"对话框中设置字符格式。

● 选择 ，为选择的字符设置格式。

（2）字符的格式选项包括字体、字号、字形（如粗体、斜体或下画线）、字符间距或位置等，如图 4.42 所示。

（3）字号是指文字的大小。字号表示方法：一种是中文标准，最大是初号，最小是八号；另一种是西文标准，最小的是"5"。

按【Ctrl+>】组合键或单击 按钮可以增大选中文字的字号；按【Ctrl+<】键或单击 按钮可以减小选中文字的字号。

可直接在"字号"下拉列表框中输入文字的字号，按【Enter】键即可。

宋体　▾　五号　▾　五号宋体　**三**

号隶书　**字符加粗**　*倾斜*　<u>加下画线</u>

~~删除线~~　<u>波浪线</u>　┌标┐下标　字符

缩放　间距加宽　间距紧缩　字

符位置提升　字符位置降低　字符底纹

字符加边框　空心字

阴影字

图 4.42　字符格式

 知识点

常用字号磅值对应表

号　数	磅　值	号　数	磅　值
初号	42 磅	一号	26 磅
二号	22 磅	三号	16 磅
四号	14 磅	小四	12 磅
五号	10.5 磅	八号	5 磅

（4）字符间距。"字符间距"标签用来设置字符的缩放、间距及位置。缩放有：缩放%；间距有：标准、加宽、紧缩；位置有：标准、提升、下降（注意：文本基线的提升/降低与上标/下标不同）。用户可根据需要输入磅值，也可以通过"磅值"微调框右边的微调按钮来微调，如图 4.43 所示。

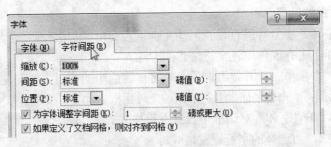

图 4.43　字符间距

 小贴士

使用格式刷复制格式：

（1）选择已设置格式的文本或将插入点放置在此文本上。

（2）双击或单击 格式刷 按钮。

（3）然后在需要设置新格式的文本处拖过即可。

试一试

打一张日用品"借条"，将"借条"文档的标题部分字体格式设置为"黑体、加粗、二号"，将正文部分字体格式设置为"楷体、小四"。将"借条"文档的标题缩放 150%；字间距加宽 1.5 磅；位置提升 6 磅。

 提示：

如果觉得自己电脑中的字体不够，可以购买字体光盘，然后将光盘中的所有字体复制到用户计算机中 C:\Windows\Fonts 文件夹下即可增加字体文件。

（十三）段落格式的设置

在 Word 文档中，段落是指任意数量的文本、图形、图像或其他项目、对象，并以回车符作为结束标记（称段落标记），所以每按一次回车键就表示在文档中加一段落。

 小贴士

如果对一个段落操作，只需在操作前将插入点置于段落中即可。倘若是对几个段落操作，首先应当选定这几个段落，再进行各种段落排版操作。

1. 段落对齐与缩进

【案例】通过"段落"中的工具按钮将"毕业生校园招聘会邀请函"标题设为居中对齐，正文设为两端对齐，落款设为右对齐。通过"段落"中的对话框启动器将正文设为首行缩进 2 字符，其中"尊敬的用人单位："无缩进，"具体事项安排如下："内容左右各缩进 2 厘米。

（1）选中标题，如图 4.44 所示。

（2）单击 按钮，居中对齐，如图 4.45 所示。

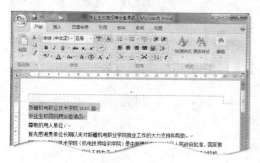　　

图 4.44　设置段落对齐与缩进步骤 1　　　　图 4.45　设置段落对齐与缩进步骤 2

（3）选中正文，如图 4.46 所示。

（4）单击 按钮，两端对齐，如图 4.47 所示。

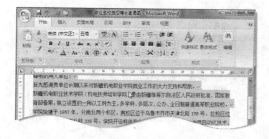　　

图 4.46　设置段落对齐与缩进步骤 3　　　　图 4.47　设置段落对齐与缩进步骤 4

（5）选中落款，如图 4.48 所示。

（6）单击 ≡ 按钮，右对齐，如图 4.49 所示。

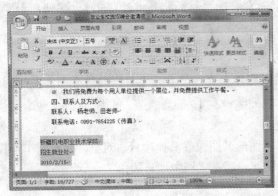

图 4.48　设置段落对齐与缩进步骤 5

图 4.49　设置段落对齐与缩进步骤 6

（7）选中正文，然后单击段落中的对话框启动器，如图 4.50 所示。

（8）在"段落"对话框中设置首行缩进 2 字符，如图 4.51 所示。

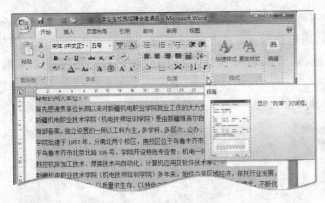

图 4.50　设置段落对齐与缩进步骤 7

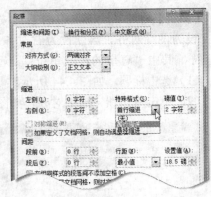

图 4.51　设置段落对齐与缩进步骤 8

（9）选中文本"尊敬的用人单位"，如图 4.52 所示。

（10）设置"缩进"的"特殊格式"为"无"，如图 4.53 所示。

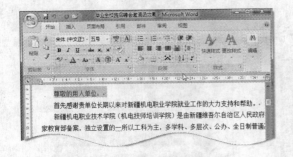

图 4.52　设置段落对齐与缩进步骤 9

图 4.53　设置段落对齐与缩进步骤 10

（11）选中"具体事项安排如下："以下的内容，如图 4.54 所示。

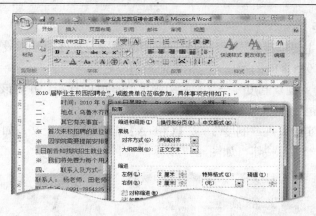

图 4.54　设置段落对齐与缩进步骤 11

（12）设置"缩进"为左侧、右侧各 2 厘米，直接在组合框中录入汉字"厘米"完成设置，如图 4.55 所示。

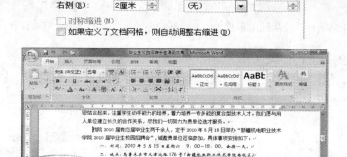

图 4.55　设置段落对齐与缩进步骤 12

小贴士

- 居中对齐 ：段落中的每一行文本距页面的左边距离和右边距离相等。
- 左对齐 ：段落中所有的行左边对齐，右边根据长短允许参差不齐。
- 右对齐 ：段落中所有的行右边对齐，左边根据长短允许参差不齐。
- 两端对齐 ：段落中每一行首尾对齐，但不满一行的实行左对齐方式。
- 分散对齐 ：段落中所有行拉成左边和右边一样齐，当不满一行时，自动拉开字符间距使该行均匀分布。

试一试

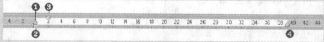

❶ —— 悬挂缩进：拖动该标记可以设置段落中除首行以外的其他行的起始位置。
❷ —— 左缩进：拖动该标记可以设置整个段落左边界的缩进位置。
❸ —— 首行缩进：拖动该标记可以设置段落中第 1 行的起始位置。
❹ —— 右缩进：拖动该标记可以设置整个段落右边界的缩进位置。

2．设置段落间距

段落间距的设置主要是指文档行间距与段间距的设置。行间距是指段落中行与行之间的距离，段间距是指相邻段落之间的距离，包括段前距和段后距。

【案例】将"实验室规章制度"全文设置为固定值，20磅行距。并将该文档中的标题的段前距设置为8磅、段后距设置为12磅。

（1）打开文档"实验室规章制度"，按【Ctrl+A】组合键选中全文，如图4.56所示。

（2）单击"行距"工具按钮，如图4.57所示。

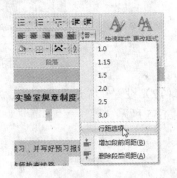

图4.56　设置段落间距步骤1　　　　　　　图4.57　设置段落间距步骤2

（3）设置相应的数值，如图4.58所示。

（4）选中标题，通过"段落"中的对话框启动器，在"段前"、"段后"数值框中输入需要设置的间距，如图4.59所示。

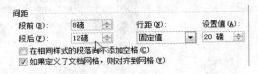

图4.58　设置段落间距步骤3　　　　　　　图4.59　设置段落间距步骤4

3．项目符号和编号

【案例】将"实验室规章制度"文档先设置项目符号，再将已有的项目符号更改为"第×条"。

（1）创建带项目符号的列表，如图4.60所示。

（2）创建带编号的列表，如图4.61所示。

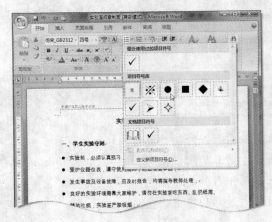

图4.60　设置符号和编号步骤1　　　　　　图4.61　设置符号和编号步骤2

（3）定义新的编号格式，如图 4.62 所示。

（4）效果如图 4.63 所示。

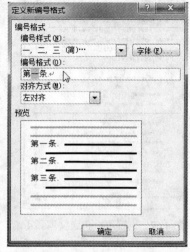

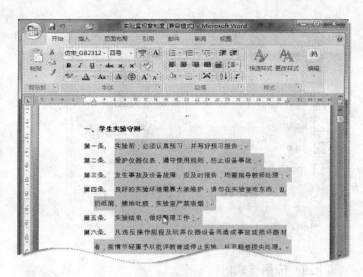

图 4.62　设置符号和编号步骤 3　　　　图 4.63　设置符号和编号步骤 4

4．设置边框和底纹

【案例】将"实验室规章制度"文档中标题加上双线型、宽度为 2.5 磅的方框作为文字边框，并添加艺术边框。

（1）选取标题，单击"段落"→"边框和底纹"按钮，如图 4.64 所示。

（2）弹出"边框和底纹"对话框，选择"边框"选项卡，进行边框样式、线型、颜色和宽度等设置，如图 4.65 所示。

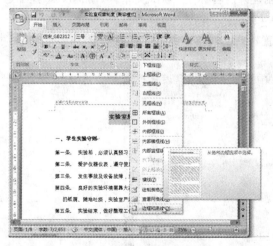

图 4.64　设置边框和底纹步骤 1　　　　图 4.65　设置边框和底纹步骤 2

（3）再打开"边框和底纹"对话框，在"页面边框"选项卡中对页面边框的样式、线型和颜色等进行设置，如图 4.66 所示。

（4）效果如图 4.67 所示。

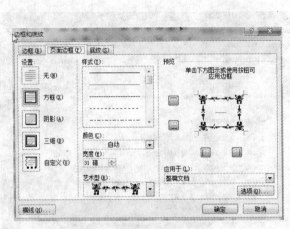

图 4.66　设置边框和底纹步骤 3　　　　　　图 4.67　设置边框和底纹步骤 4

（十四）应用样式

在 Word 文档中，将标题、正文、标号、图片和表格等对象进行格式化的具体操作保存起来，就形成了样式。应用样式时，将同时应用该样式中所有的格式设置指令。样式就是由多个格式排版命令组合而成的集合，或者说样式是一系列预置的排版指令。

样式分为以下两种类型：

● 字符样式：包括字符格式选项，如字体、字号、字形、位置和间距。

● 段落样式：包括段落格式选项，如行距、缩进、对齐方式和间距。

【案例】在"办公自动化比赛说明"文档中，创建"1 级标题"样式：段落样式，黑体、四号、加粗、绿色。在"办公自动化比赛说明"文档中，创建"2 级标题"样式：字符样式，宋体、加粗、下画线，并将样式应用于考试内容说明。创建"内容标题"样式，宋体、加粗、悬挂缩进：4.25 字符，段落间距段前：6 磅，段后：6 磅，

（1）对于应用段落样式，移动插入点到要设置样式的段落，也可选取多个段落；对于应用字符样式，则选定所要设置的文字，如图 4.68 所示。

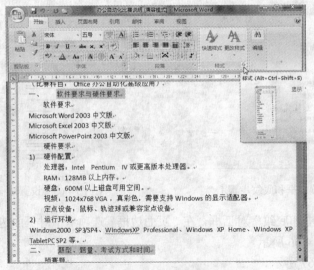

图 4.68　应用样式步骤 1

（2）新建样式，如图 4.69 所示。

（3）根据要求设置参数，如图 4.70 所示。

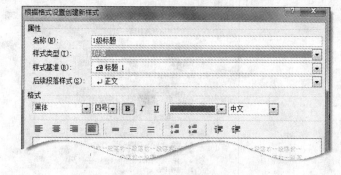

图 4.69　应用样式步骤 2　　　　　　　　　　图 4.70　应用样式步骤 3

（4）完成设置，如图 4.71 所示。

（5）同样的方法设置 2 级标题，结果如图 4.72 所示。

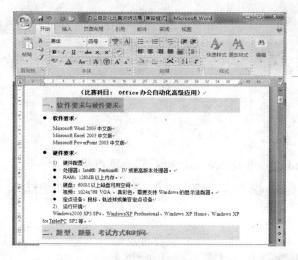

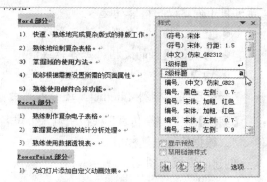

图 4.71　应用样式步骤 4　　　　　　　　　图 4.72　设置 2 级标题

 练一练

　　设置"内容标题"样式并修改，如图 4.73 所示。

　　（1）打开"毕业生校园招聘会邀请函"文档，对标题应用 Word 自带的"标题 1"样式、红色、居中。

　　（2）创建样式：名称为"邀请函正文"，段落样式，格式为宋体、加粗、小四、紫色、首行缩进两个字符、1.2 倍行距，并进行应用。

　　（3）创建样式：名称为"邀请函称呼"，段落样式，格式为隶书、加粗、四号、深红色、阴文、字符缩放 150%、加宽 3 磅、提升 3 磅，并进行应用。

（十五）模板的应用

　　模板就是将各种类型的文档预先编排好一种文档框架，文档框架中包括一些固定的文字、段落格式等。当以某模板为基础生成新文档时，所包含的格式就将自动有效，把用户所做的工作简化到只需输入相应的内容，从而提高了工作效率。Word 提供有许多预先定义好的模板（如备忘录等），能帮助用户快速建立文档。

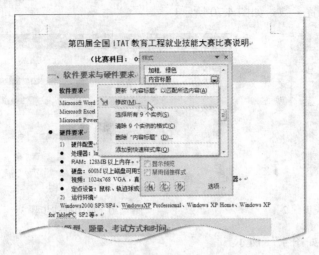

图 4.73　设置样式并修改

 小贴士

单击"Microsoft Office"按钮，在弹出的菜单中选择"新建"命令。在"模板"下会显示可用于创建以下内容的选项：

● 空白文档、工作簿或演示文稿。

● 由模板提供的文档、工作簿或演示文稿。

● 由现有文件提供的新文档、工作簿或演示文稿。

如果已经连接到 Internet，还会看到由 Microsoft Office Online 提供的可用模板。

【案例】在"平衡传真"模板中输入公司名称和联系信息创建成名为"黎明家私传真"的模板。

1．根据模板创建模板

创建的模板如图 4.74 所示。

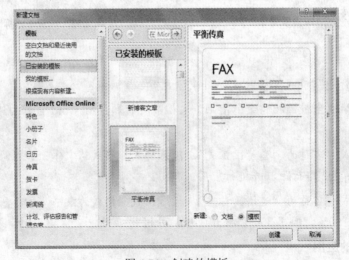

图 4.74　创建的模板

2．步骤

（1）单击"Microsoft Office"按钮，在弹出的菜单中选择"新建"命令。

（2）在"模板"下单击"已安装的模板"。

（3）选择"平衡模板"，然后单击"创建"按钮。

（4）根据需要，对边距设置、页面大小和方向、样式及其他格式进行更改。

（5）单击"Microsoft Office"按钮，在弹出的菜单中选择"另存为"命令。

（6）在"另存为"对话框中指定新模板的文件名，设置"保存类型"为"Word 模板"，然后单击"保存"按钮。

（十六）特殊格式的排版

1. 分栏排版

【案例】将"雪峰公司黄金周旅游安排"文档第 4～13 段分为 3 栏，第 1 栏为 3 厘米，第 2 栏为 4 厘米，第 3 栏为 4.58 厘米，并用分隔线分隔开。

（1）选择 "页面布局"→"页面设置"→"分栏"→"更多分栏"命令，打开"分栏"对话框，如图 4.75 所示。

（2）在对话框中设置将文本分为多少栏、每栏的宽度、间距及是否使用分隔线等，如图 4.76 所示。

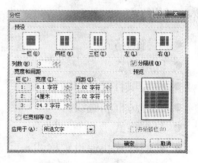

图 4.75　设置分栏步骤1　　　　　　　　　　图 4.76　设置分栏步骤2

2. 首字下沉

【案例】将"雪峰公司黄金周旅游安排"文档中的第一段设置首字下沉，位置为下沉，字体为楷体，下沉行数为 2，距正文 0.5 厘米。

（1）在创建首字下沉的段落的任意位置单击。单击"插入"→"文本"→"首字下沉"→"下沉"按钮，如图 4.77 所示。

（2）打开"首字下沉"对话框选择下沉选项，如图 2.78 所示。

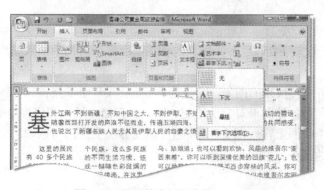

图 4.77　设置首字下沉步骤1　　　　　　　图 4.78　设置首字下沉步骤2

3. 中文版式

（1）选定需要添加拼音的文字，单击"开始"→"字体"→"拼音指南"按钮，打开"拼音指南"对话框，结果如图 4.79 所示。

（2）选定需要添加圈的文字，单击"开始"→"字体"→"带圈字符"按钮 ，打开"带圈字符"对话框。在该对话框中选择样式和圈号等，结果如图 4.80 所示。

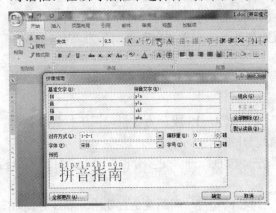

图 4.79　添加拼音

图 4.80　添加圈号

 能力点

- 字符的格式。
- 段落的格式。
- 设置项目符号和编号。
- 设置边框和底纹。
- 复制格式。
- 使用样式快速设置格式。
- 使用模板快速创建文档。
- 首字下沉。
- 中文排版。
- 分栏排版。

目标 2：图 文 混 排

一、基础知识

Word 之所以能够成为一个优秀的文字处理软件，最大的优点是能够在文档中插入图形，并能实现图文混排。

图像是对图片、图形和电子表格中转换来的图表，以及艺术字、公式和组织结构图等图形对象的总称。应用 Word 2007 可以实现对各种图形对象的绘制、缩放、存储、插入和修饰等操作，还可以把图形对象与文字结合在一个版面上实现图文混排。通过给文件加上图形可以增加文件的可读性；使文档更加生动有趣，以达到图文并茂的效果。

（一）图片来源

可以将多种来源（包括从剪贴画网站提供者下载、从网页上复制或从保存图片的文件插入）的图片和剪贴画插入或复制到文档中。也可用扫描仪、数码相机、摄像机、光笔、磁性字符阅读器等设备把图片传入到计算机中，以图片文件的形式存储起来备用。

（二）图片处理

包括图片的扩大、缩小、旋转、平移等转换，多张图片的重叠，图片的剪裁，闭合图形的顶点编辑、填充效果，或者向其添加效果（如阴影、发光、反射、柔化边缘、棱台和三维（3-D）旋转）来更改形状的外观等处理。

（三）图片与正文及其他对象的层次关系

默认插入到 Word 文档中的图片都是嵌入式插入的，用户可以为其设置段落格式，如对齐方式、段间距等。为了能使版面更加灵活，可以调整图片的版式。Word 2007 提供了 7 种环绕方式，分别为嵌入型、四周型环绕、紧密型环绕、衬于文字下方、浮于文字下方、上下型环绕、穿越型环绕。

知识点

- 图像的类型（图片，剪贴画，形状，SmartArt，图表）。
- 文本框。
- 主题。
- 页面设置（页边距，纸张方向，纸张大小）。
- 图像操作（调整，排列，大小，阴影效果，边框）。
- 艺术字。
- 页码。
- 页眉页脚。
- 水印。
- 公式。

二、能力训练

（一）图像操作

以下操作均可在"插入"选项卡中找到相应的按钮。

1．插入来自文件的图片

【案例】在"雪峰公司黄金周旅游安排"插入赛里木湖等图片。

（1）单击要插入图片的位置。

（2）单击"插入"→"插图"→"图片"按钮，如图 4.81 所示。

（3）找到要插入的图片，双击要插入的图片，如图 4.82 所示。

图 4.81　单击"图片"按钮　　　　　　　　　　图 4.82　插入图片

（4）对插入的图片设置合适的图片样式和位置，如图 4.83 所示。

（5）编辑图片的大小。Word 2007 提供了 3 种缩放图像（即改变图像大小）的方法：鼠标调整、选项卡调整、对话框调整，如图 4.84 所示。

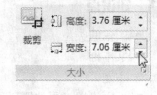

图 4.83　设置图片　　　　　　　　　　　　　图 4.84　编辑图片大小

 试一试

　　如图 4.85 所示，调整图片的大小、裁剪图片、调整图片的位置、旋转图片、调整图片的亮度、对比度、着色、设置图片的样式、阴影效果、图片的边框、设置图片相对于文档的对齐方式、设置文字环绕、设置图片版式。

图 4.85　设置图片格式

（6）插入图片后将图片的形状设置为"云形"，如图 4.86 所示。

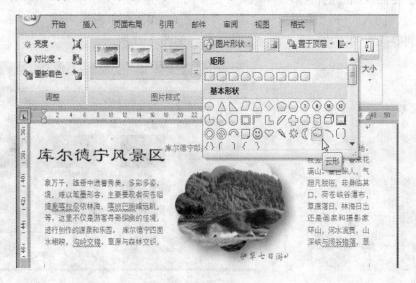

图 4.86　设置"云形"

（7）插入图片后，图片柔化边缘后衬于文字下方的效果，如图 4.87 所示。

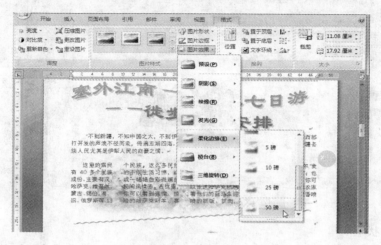

图 4.87　衬于文字下方

2. 插入剪贴画

【案例】在"雪峰公司黄金周旅游安排"插入名为 backpackers 的剪贴画，并将其水平翻转形成对称的两幅画。

（1）单击"插入"→"插图"→"剪贴画"按钮，如图 4.88 所示。

图 4.88　插入剪贴画

（2）在"剪贴画"任务窗格的"搜索"文本框中键入描述所需剪贴画的单词或词组，或键入剪贴画文件的全部或部分文件名。

（3）单击"搜索"按钮，在结果列表中单击剪贴画将其插入。

（4）复制所插入的剪贴画。

（5）将其中一个水平翻转，如图 4.89 所示。

图 4.89　复制剪贴画并水平翻转

3．插入形状

【案例】 在"雪峰公司黄金周旅游安排"文档中插入椭圆形状，并在其中添加文字"友情提示"。

（1）单击"绘图工具"→"格式"→"插入形状"→"其他"按钮，如图 4.90 所示。

（2）选择所需形状，接着单击文档中的任意位置，然后拖动以放置形状，如图 4.91 所示。

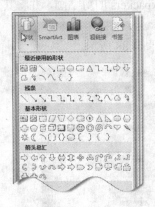

图 4.90　插入形状步骤 1

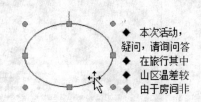

图 4.91　插入形状步骤 2

（3）单击"绘图工具"→"格式"→"形状样式"→"形状填充"旁边的下三角按钮，如图 4.92 所示，然后执行下列操作之一。

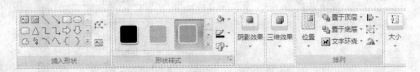

图 4.92　插入形状步骤 3

（4）选择要向其添加效果的形状，如图 4.93 所示。

图 4.93　插入形状步骤 4

（5）在形状中添加文字，既是一个圆形文本框，也可以直接插入文本框，如图 4.94 所示。

4. 插入图表

（1）单击"图表"按钮，如图 4.95 所示。

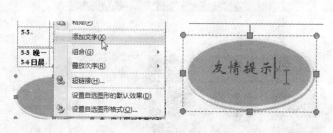

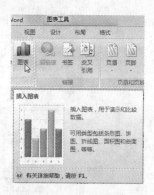

图 4.94　插入形状步骤 5

图 4.95　插入图表步骤 1

（2）编辑数据，如图 4.96 所示。

（3）插入图表，如图 4.97 所示。

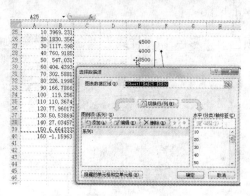

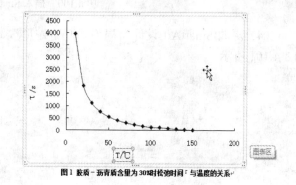

图 4.96　插入图表步骤 2

图 4.97　插入图表步骤 3

5. 插入 SmartArt

【案例】在"雪峰公司黄金周旅游安排"文档插入旅游安排流程图。

（1）单击"SmartArt"按钮，如图 4.98 所示。

（2）选择 SmartArt 布局，如图 4.99 所示。

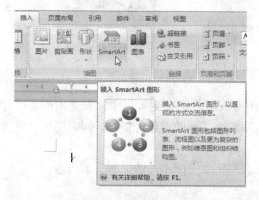

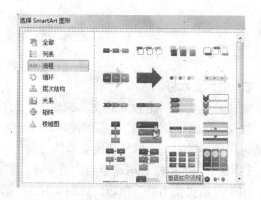

图 4.98　插入 SmartArt 步骤 1

图 4.99　插入 SmartArt 步骤 2

（3）在 SmartArt 中输入文字，插入形状，如图 4.100 所示。

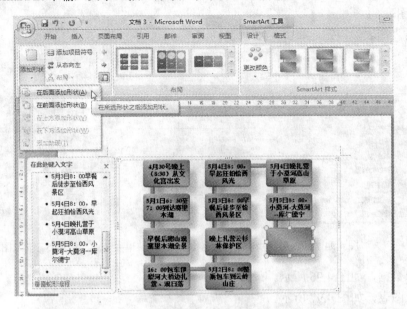

图 4.100　插入 SmartArt 步骤 3

（4）更改 SmartArt 设计布局为"基本蛇形"，颜色为"彩色 1"，样式为"金属场景"，如图 4.101 所示。

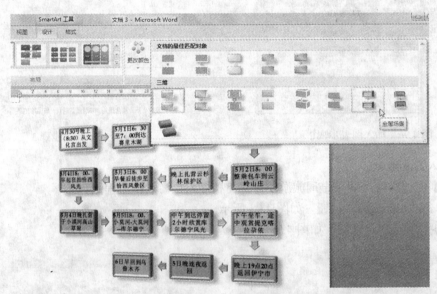

图4.101　插入SmartArt步骤4

6. 插入文本框

文本框其实是一个独立的文本编辑区，可以用常规的方法在文本框中输入文本或者进行选择、移动、复制和删除文本等编辑操作，以及插入图片或其他的对象等操作，同时还可以更改文字的方向而不影响文本框外其他文本的方向。

【案例】在"雪峰公司黄金周旅游安排"插入本次旅游安排"友情提示"的内容。

（1）单击"文本框"按钮，如图 4.102 所示。

（2）绘制文本框，在文本框中编辑文字，如图 4.103 所示。

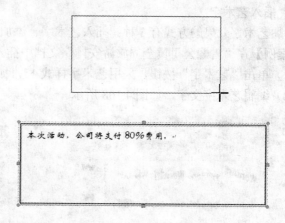

图 4.102　插入文本框步骤 1　　　　　　　　　图 4.103　插入文本框步骤 2

（3）选中文字后单击鼠标右键，在弹出的快捷菜单中选择"文字方向"命令，如图 4.104 所示。

图 4.104　插入文本框步骤 3

（4）改变文字方向，如图 4.105 所示。

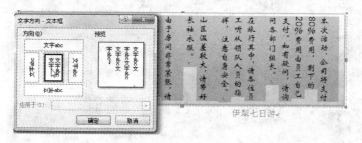

图 4.105　插入文本框步骤 4

（5）设置文本框样式并更改形状，如图 4.106 所示。

图 4.106　插入文本框步骤 5

7. 插入艺术字

添加艺术字效果的方式有 3 种：插入艺术字、添加默认艺术字效果、自定义艺术字效果。

【案例】在"雪峰公司黄金周旅游安排"文档中插入标题，采用艺术字样式 17 形式。

（1）单击"艺术字"按钮，采用艺术字样式 17，如图 4.107 所示。

（2）编辑艺术字文字，如图 4.108 所示。

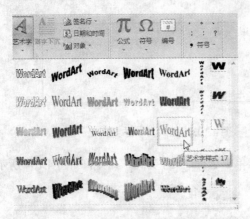

图 4.107　插入艺术字步骤 1

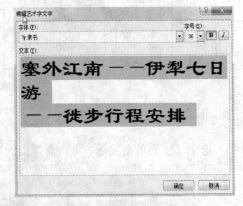

图 4.108　插入艺术字步骤 2

（3）设置艺术字文字环绕效果，如图 4.109 所示。

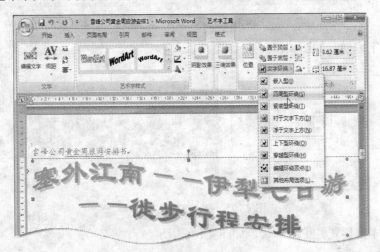

图 4.109　插入艺术字步骤 3

8. 插入公式

（1）单击"公式"按钮，如图 4.110 所示。

（2）插入所需要的样式，如图 4.111 所示。

图 4.110　插入公式步骤 1

$$(x+a)^n = \sum_{k=0}^{n} \binom{n}{k} x^k a^{n-k}$$

图 4.111　插入公式步骤 2

（二）长文档编排处理

【案例】设置各级标题的样式格式，要求如下：

（1）标题1：中文字符 黑体，英文字母 Times New Roman，小初，加粗，段前 0 行，段后 0 行，单倍行距。

（2）标题2：黑体 小二，加粗，段前 1 行，段后 0.5 行，1.2 倍行距。

（3）标题3：宋体 三号，段前 1 行，段后 0.5 行，1.73 倍行距。

（4）标题4：黑体 四号，段前 7.8 磅，段后 0.5 行，1.57 倍行距。

（5）正文：中文字符与标点符号 宋体，英文字母 Times New Roman，小四，段前 7.8 磅，段后 0.5 行，1.2 倍行距。

（6）由标题 2、标题 3、标题 4、生成目录。

1. 插入目录与索引

（1）选中正文中的标题部分，设置标题样式，如图 4.112 所示。

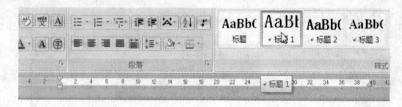

图 4.112　插入目录与索引步骤 1

（2）修改样式，如图 4.113 所示。

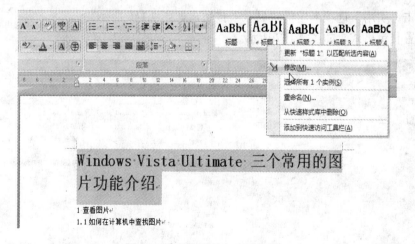

图 4.113　插入目录与索引步骤 2

（3）更改字体、段落等格式，如图 4.114 所示。

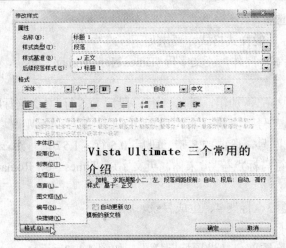

图 4.114　插入目录与索引步骤 3

（4）更改样式中的编号，如图 4.115 所示。

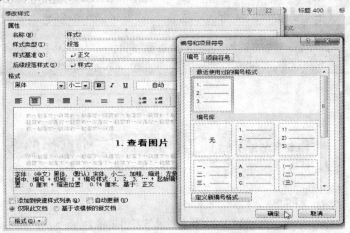

图 4.115　插入目录与索引步骤 4

（5）单击"引用"选项卡中的"目录"按钮，如图 4.116 所示。

（6）设置目录格式，如图 4.117 所示。

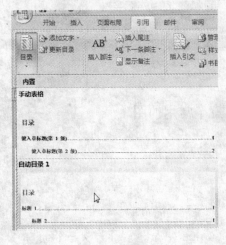

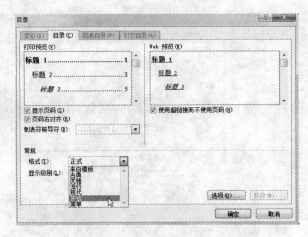

图 4.116　插入目录与索引步骤 5　　　　　　　图 4.117　插入目录与索引步骤 6

（7）更改目录选项，如图 4.118 所示。

（8）单击"确定"按钮后生成目录，如图 4.119 所示。

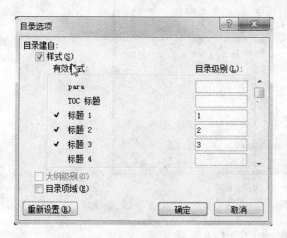

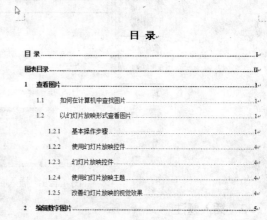

图 4.118　插入目录与索引步骤 7　　　　　　图 4.119　插入目录与索引步骤 8

（9）选中索引词，如对本文中的"图片"进行索引标记，单击"引用"选项卡中的"标记索引项"按钮，如图 4.120 所示。

（10）单击"标记全部"按钮，文中所有"图片"均进行了标记，如图 4.121 所示。

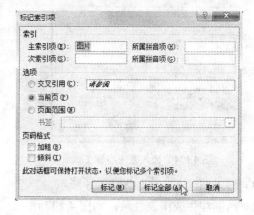

图 4.120　插入目录与索引步骤 9　　　　　　图 4.121　插入目录与索引步骤 10

（11）标记后的效果如图 4.122 所示。

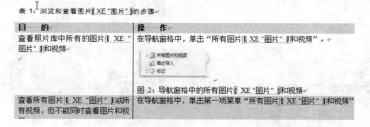

图 4.122　插入目录与索引步骤 11

（12）单击"插入索引"按钮，在弹出的"索引"对话框中选择类型为"接排式"，排序依据为"拼音"，格式为"现代"，这样就产生了与样文一样的索引，如图 4.123 所示。

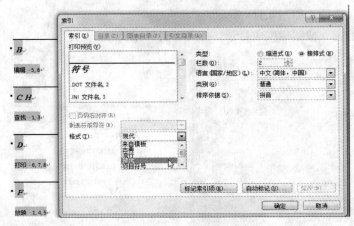

图 4.123　插入目录与索引步骤 12

2. 插入题注

（1）单击"引用"选项卡中的"题注"按钮，如图 4.124 所示。

（2）单击"新建标签"命令按钮，如图 4.125 所示。

图 4.124　插入题注步骤 1

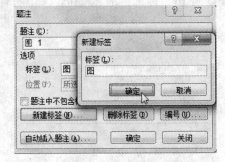

图 4.125　插入题注步骤 2

（3）输入题注文字，如图 4.126 所示。

（4）用题注生成图表目录，如图 4.127 所示。

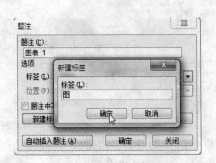

图 4.126　插入题注步骤 3

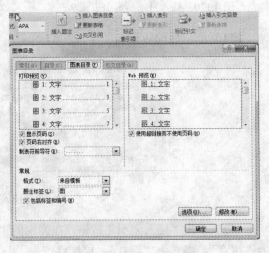

图 4.127　插入题注步骤 4

3．设置页面版式

1）页面设置

页面方向设置为横向，并且页边距设置为上、下页边距1.5cm，左、右页边距2cm，如图4.128所示。

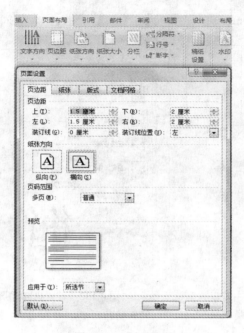

图4.128　页面设置

2）设置页面背景和主题

（1）在"插入"选项卡中单击"封面"按钮，插入传统型封面，如图4.129所示。

（2）在"页面设置"选项卡中单击"主题"按钮，更改主题为顶峰，如图4.130所示。

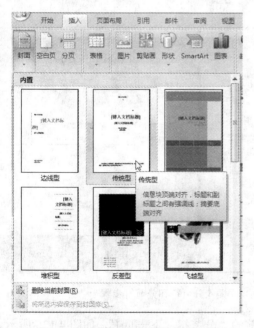

图4.129　设置页面背景和主题步骤1

图4.130　设置页面背景和主题步骤2

（3）在"页面设置"选项卡中选择"页面背景"工具组可设置水印效果，如图 4.131 所示。

（4）在"页面设置"选项卡中选择"页面背景"工具组可设置页面边框效果，如图 4.132 所示。

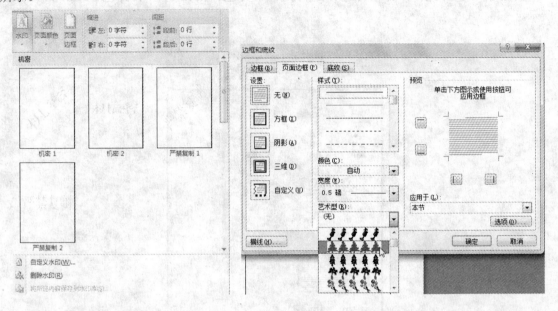

图 4.131　设置页面背景和主题步骤 3　　　　　　图 4.132　设置页面背景和主题步骤 4

4．插入分页符和分节符

节是 Word 用来划分文档的一种方式。节的创建可以为同一个文档中设置不同的页面格式。节用分节符标识，在普通视图中分节符是两条横向平行的虚线。

（1）在"页面设置"选项卡中单击"分隔符"按钮，如图 4.133 所示。

（2）插入分节符后页面输出方向的效果，如图 4.134 所示。

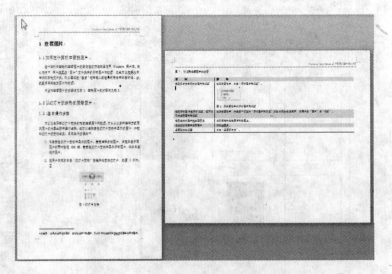

图 4.133　插入分页符和分节符步骤 1　　　　　图 4.134　插入分页符和分节符步骤 2

（3）上文在普通视图下可以看见"表 1"前的"分节符（下一页）"，如图 4.135 所示。

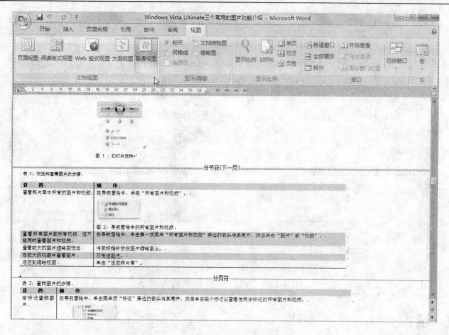

图 4.135　插入分页符和分节符步骤 3

5．设置页眉和页脚

页眉和页脚是页面中的两个特殊的区域，在文档的每个页面页边距的顶部和底部区域。通常文档的标题、页码、公司徽标、作者名等信息显示在页眉或页脚上。

（1）在"插入"选项卡中单击"页眉"按钮，如图 4.136 所示。

（2）在"插入"选项卡中单击"页脚"按钮，如图 4.137 所示。

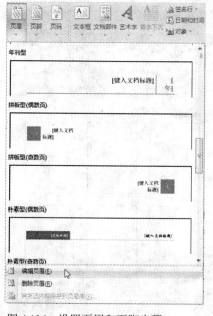

图 4.136　设置页眉和页脚步骤 1

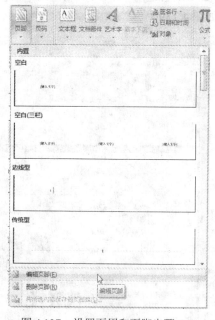

图 4.137　设置页眉和页脚步骤 2

（3）分别设置页眉和页脚，对于不同页眉和页脚，除了插入分节符外，设置新的页眉和页脚时应先单击"页眉和页脚工具"选项卡中的"链接到时前一条页眉（脚）"按钮，如图 4.138 所示。

图 4.138　设置页眉和页脚步骤 3

 试一试：

（1）为奇偶页创建不同的页眉和页脚。

（2）在首页上创建不同的页眉和页脚。

（3）为部分文档创建不同的页眉和页脚。

（4）删除页眉和页脚。

6．设置页码

（1）在"插入"选项卡中单击"页码"按钮，选择"圆（右侧）"即可出现前例中的页码形式，如图 4.139 所示。

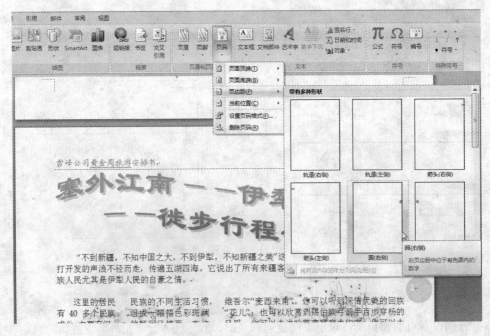

图 4.139　设置页码方法 1

（2）也可在页眉页脚处双击，然后在"页眉和页脚工具"选项卡中单击"设置页码格式"按钮进行设置，如图 4.140 所示。

（三）邮件合并

如果需要书写的内容完全相同，只是收信对象不同的信函，采用邮件合并就非常方便。邮件合并的过程主要有建立主文档、建立数据源和合并数据。

主文档是指在 Word 的邮件合并操作中，所含文本和图形在合并文档的每个版本中都相同的文档。

图 4.140　设置页码方法 2

【案例】打开"准考证"文档，将其转换为类型为信函的主文档。

（1）打开"准考证"源文件，单击"邮件"→"邮件合并"→"开始邮件合并"→"邮件合并分步向导"按钮，如图 4.141 所示。

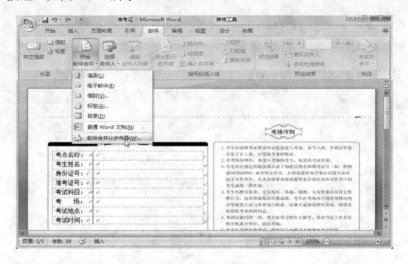

图 4.141　邮件合并步骤 1

（2）打开"邮件合并"任务窗格，选中"信函"单选按钮，单击"下一步：正在启动文档"链接，如图 4.142 所示。

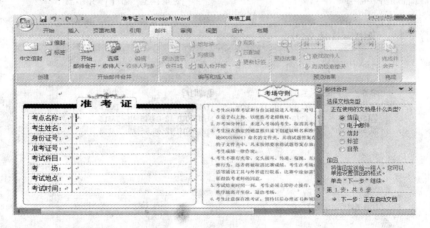

图 4.142　邮件合并步骤 2

（3）选中"使用当前文档"单选按钮，单击"下一步：选取收件人"链接，如图 4.143 所示。

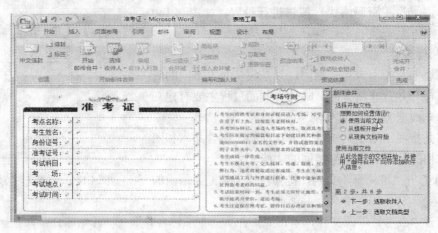

图 4.143　邮件合并步骤 3

（4）浏览数据源文件，如图 4.144 所示。

（5）选择数据源文件，如图 4.145 所示。

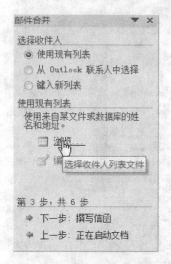

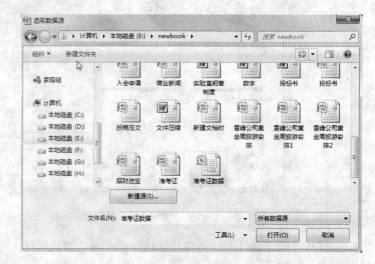

图 4.144　邮件合并步骤 4　　　　　　　　图 4.145　邮件合并步骤 5

（6）选择表格，如图 4.146 所示。

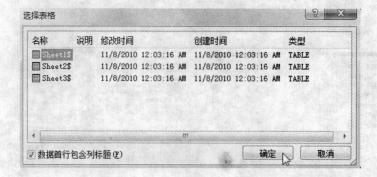

图 4.146　邮件合并步骤 6

（7）选择邮件合并收件人，选择"下一步：撰写信函"链接，如图 4.147 所示。

图 4.147　邮件合并步骤 7

（8）单击"其他项目"链接，如图 4.148 所示。

（9）选择"数据库域"单选按钮，如图 4.149 所示。

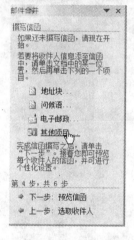

图 4.148　邮件合并步骤 8

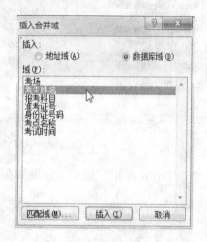

图 4.149　邮件合并步骤 9

（10）或在"插入合并域"中依次选择相应的域，如图 4.150 所示。

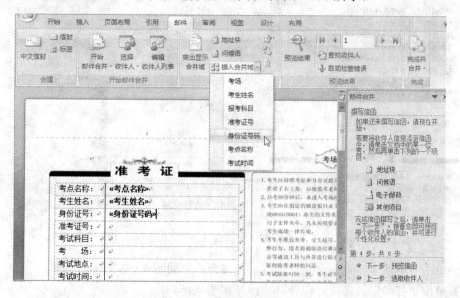

图 4.150　邮件合并步骤 10

（11）若一页要打印多个准考证，复制表格后，则选择"邮件"→"规则"→"下一记录"命令，插入域方法同上所述，如图 4.151 所示。

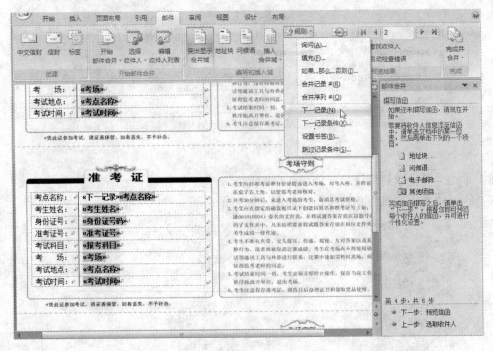

图 4.151　邮件合并步骤 11

（12）单击"预览结果"按钮，效果如图 4.152 所示。

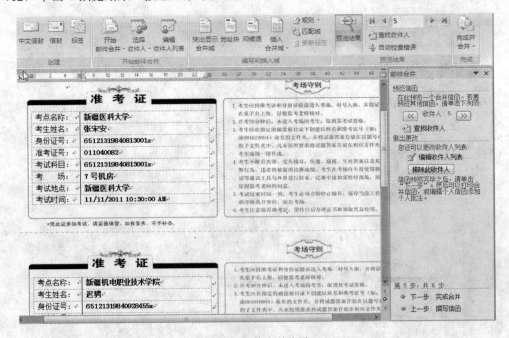

图 4.152　邮件合并步骤 12

（13）单击"下一步：完成合并"链接，完成合并，如图 4.153 所示。

（14）单击"打印"链接，打印合并文件，如图 4.154 所示。

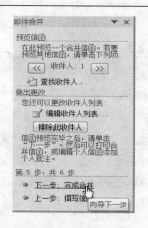

图 4.153　邮件合并步骤 13

图 4.154　邮件合并步骤 14

（15）选择要打印的记录如从第 3 到第 12 条，如图 4.155 所示。

（16）也可将合并后的结果生成一个新文档，如图 4.156 所示。

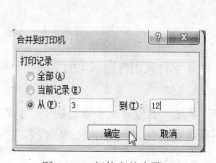

图 4.155　邮件合并步骤 15

图 4.156　邮件合并步骤 16

目标 3：表格的制作

　　表格的数据一般可以分为两大类：纯文字的表格、文字和数字混合的表格。若表格是纯数字的，则这些数字的含意无法表现，所以一般不用纯数字表格。

　　用户在使用办公组件 Microsoft Office 制作表格时，可根据表格数据的特点，分别选用 Word 或 Excel 软件。Word 是字处理软件，在处理不规则的、纯文字表格（如斜线表头）方面具有一定的优势，但只有简单的数据计算功能；Excel 是电子表格软件，擅长数字计算、统计和分析，且能够根据数据生成图表，一般用于处理有规则的表格数据或者需要对表格数据进行各种计算、汇总和分析时使用。

　　下面分别介绍两种软件制作表格的方法。

一、基础知识

（一）数据表的结构

　　在数据表中，第一行是表头，包含所有的字段名，数据表中除表头外的每一行叫记录，数据表中的每一列叫字段，对应的表头中的名称叫字段名；每条记录中的数据叫字段值，如图 4.157 所示。

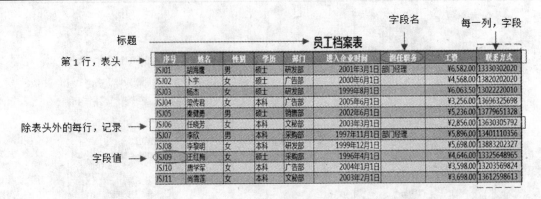

图 4.157　数据表

（二）数据的类型

在数据表中，如果字段值是文字、字符串，则称为字符型数据，如姓名、性别、民族等；如果是日期，则称为日期型数据，如出生日期、工作日期等；如果是数字，能进行四则运算，如工资等，则称为数值型数据；还有一类数字，不进行四则运算，如电话号码、身份证号码、银行卡号、邮政编码等，属于字符型数据。

（三）数据表的基本格式和规范

1．标题格式

标题应在整个数据表宽度的正中间，字号大一些，字体采用标题适用的字体，美观、醒目。

2．数据表格式

数据表包括表头和字段值，表头行适当高一些，字段名的位置水平垂直居中，字体字号略比字段值醒目一些，表头中的字段名应完全显示，不能隐藏，如果列宽很窄，字段名应自动换行，以显示完整。

数据表中的字段值应整齐、规范，不同列或不同数据类型的对齐方式不一样，应分别设置。

数据表应有表格线，规范的表格线包括：外边框、内框线、分隔线，它们不一样，应分别设置。在数据表中，为标记和查询方便，也为了清晰，可在需要的列或行上适当设置浅色的底纹。

3．页面格式、页眉页脚、页码

对于不同的数据表应采用合适的纸型、方向，以使数据字段能完整显示；从节约的角度考虑，参考打印机允许的最小页边距范围，数据表的页边距要适当（或尽量小），以尽量扩大数据表打印区域。

如果数据表中没录入标题，则在页眉中必须设置标题（如果数据表中有标题，页眉的内容与标题不能重复）；如果数据表超过一页纸，则必须设置页码，页码的位置根据常规要求和标准设置，便于标识和快速查询。

如果数据表的记录超过一页纸，则必须要设置打印标题行或打印标题列，便于查阅数据。

（四）制作表格的一般流程

表格的制作流程如下：创建表格（由于 Excel 工作表的工作区就是表格，所以不必创建表格）→输入与编辑数据→编辑表格（拆分与合并单元格、调整列宽与行高等）→美化表格（数据对齐、设置边框和底纹等），如图 4.158 所示。

图 4.158 制作表格流程

二、能力训练

 能力点

使用 Word 制作表格
- 建立表格。
- 输入表格内容。
- 表格的编辑与修改（增加/删除行和列、单元格，合并和拆分单元，调整行高和列，调整表格大小、拆分表格）。
- 美化表格（设置表格内容格式，改变单元格中文字的显示方向，设置表格文字的对齐方式，表格的对齐，设置表格边框和底纹，套用表格格式）。

使用 Excel 制作表格
- 输入与编辑数据（输入文本，输入数据，输入日期型数据，快速填充数据，修改数据）。
- 表格的编辑与修改（选择单元格；插入行、列、单元格，删除行、列、单元格；合并单元格、拆分单元格，设置行高与列宽）。
- 美化工作表（设置表格数据格式，设置表格边框与底纹，套用表格格式美化表格，套用单元格样式美化表格，使用主题方案美化表格）。

（一）使用 Word 制作表格

1. 输入表格标题

【案例】新建"人事资料表"文档，输入表格标题"人事资料表"，并设置其格式为 18 磅、加粗、居中、字符间距加宽 3 磅。

（1）新建一个空白文档，命名后将其保存起来，输入标题文字并将其选中，单击"开始"→"字体"→"18 磅"、"加粗"、"居中"按钮，如图 4.159 所示。

（2）单击"开始"→"字体"→"其他"按钮，如图 4.160 所示。

图 4.159 设置标题步骤 1

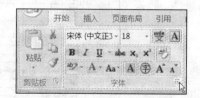

图 4.160 设置标题步骤 2

（3）选择"字符间距"选项卡，在"间距"下拉列表框中选择"加宽"选项，并设置后面的磅值为"3 磅"，然后单击"确定"按钮，如图 4.161 所示。

（4）标题处理完成，如图 4.162 所示。

图 4.161　设置标题步骤 3　　　　　　图 4.162　设置标题步骤 4

2. 创建表格

创建新表格之前，最好先大略规划一下单元格项目，这样可以减少以后调整表格的步骤。

【案例】创建一个 21 行 4 列的表格。

（1）在"插入"选项卡上的"表格"组中，单击"表格"按钮，然后选择"插入表格"命令，如图 4.163 所示。

（2）弹出"插入表格"对话框，在"表格尺寸"选项区域中输入列数和行数；在"'自动调整'操作"选项区域中选择选项以调整表格尺寸，然后单击"确定"按钮，如图 4.164 所示。

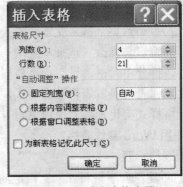

图 4.163　建立表格步骤 1　　　　　　图 4.164　建立表格步骤 2

（3）插入表格，如图 4.165 所示。

图 4.165　建立表格步骤 3

小贴士

在 Word 中用户还可以使用其他几种不同的方法创建表格。

1）使用表格模板

在要插入表格的位置单击，然后在"插入"选项卡的"表格"组中单击"表格"按钮，选择"快速表格"命令，再单击需要的模板，如图 4.166 所示。

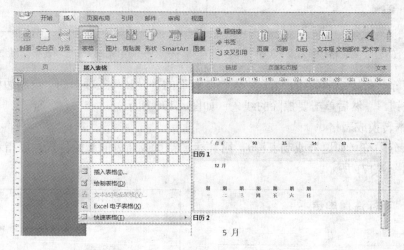

图 4.166　使用表格模板创建表格

2）使用"表格"菜单

在要插入表格的位置单击，在"插入"选项卡的"表格"组中单击"表格"按钮，然后在"插入表格"下拖动鼠标以选择需要的行数和列数，如图 4.167 所示。

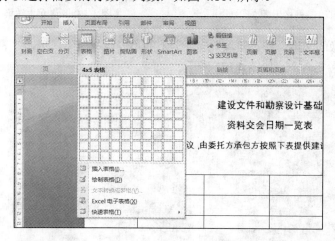

图 4.167　使用"表格"菜单创建表格

3）绘制表格

（1）在要创建表格的位置单击，在"插入"选项卡上的"表格"组中单击"表格"按钮，然后选择"绘制表格"命令，如图 4.168 所示。

（2）此时鼠标指针会变为铅笔状，拖动鼠标，绘制一个矩形定义表格的外边界￼，然后在该矩形内绘制列线￼和行线￼，如图 4.169 所示。

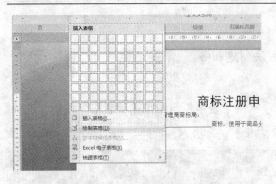

图 4.168　绘制表格步骤 1　　　　　　　　图 4.169　绘制表格步骤 2

（3）要擦除一条线或多条线，请在"表格工具"的"设计"选项卡的"绘制边框"组中，单击"擦除"按钮，然后单击要擦除的线条，如图 4.170 所示。

4）将文本转换成表格

（1）插入分隔符（如逗号或制表符），用其标示新行或新列的起始位置，以指示将文本分成列的位置，如图 4.171 所示。

图 4.170　绘制表格步骤 3　　　　　　　　图 4.171　将文本转换成表格步骤 1

（2）选择要转换的文本。在"插入"选项卡上的"表格"组中，单击"表格"按钮，然后选择"文本转换成表格"命令，如图 4.172 所示。

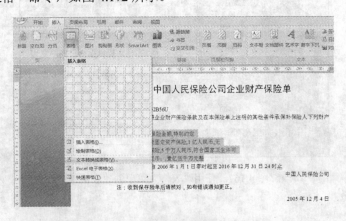

图 4.172　将文本转换成表格步骤 2

（3）在"将文字转换成表格"对话框的"文字分隔符位置"选项区域中选择要在文本中使用的分隔符对应的单选按钮，再选择需要的其他选项，如图 4.173 所示。

（4）文本转换成表格，结果如图 4.174 所示。

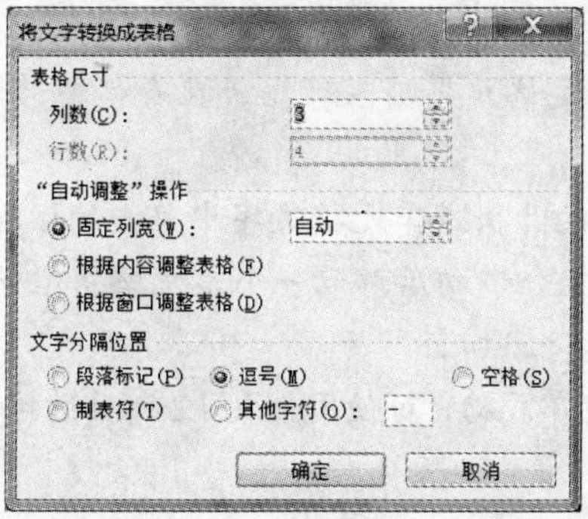

图 4.173 将文本转换成表格步骤 3

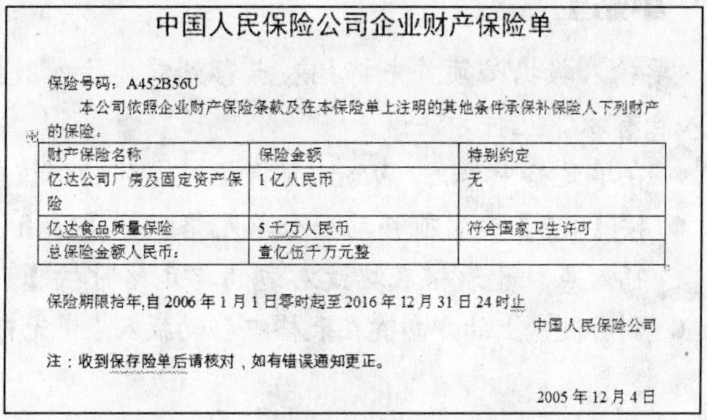
中国人民保险公司企业财产保险单

保险号码：A452B56U

本公司依照企业财产保险条款及在本保险单上注明的其他条件承保补保险人下列财产的保险。

财产保险名称	保险金额	特别约定
亿达公司厂房及固定资产保险	1 亿人民币	无
亿达食品质量保险	5 千万人民币	符合国家卫生许可
总保险金额人民币：	壹亿伍千万元整	

保险期限拾年,自 2006 年 1 月 1 日零时起至 2016 年 12 月 31 日 24 时止

中国人民保险公司

注：收到保存险单后请核对，如有错误通知更正。

2005 年 12 月 4 日

图 4.174 将文本转换成表格步骤 4

3. 输入表格内容

【案例】输入如表 4.1 所示表格内容。

在各单元格中输入相关的内容。

表 4.1 人事资料表

个人资料			
姓名		性别	
出生日期		到职日期	
家中电话		移动电话	
紧急联系人		电话	
联系地址			
户籍地址			
教育程度			
学校	科系	时间	
工作经历			
公司	职称	时间	
专长			
语言	英语（精通/佳/一般） 日语（精通/佳/一般） 德语（精通/佳/一般） 其他		
计算机	操作系统： 程序语言： 网络管理： 美工多媒体：		
其他			

小贴士

　　要输入数据必须首先将插入点移到需要输入数据的单元格，再输入数据。在表格中移动插入点有以下几种方法：

● 在单元格中单击，Word 会将插入点移动到该单元格的开头或单元格文字中单击的位置。

● 按【Tab】键向前移动一个单元格，按【Shift+Tab】组合键向后移动一个单元格。但如果插入点位于表格底端最右边的单元格时按【Tab】键将添加新行。

● 利用键盘上的方向键在表格中移动插入点（光标）选定单元格，可使用如表 4.2 所示的按键。

表 4.2　移动插入点的功能键

移　　　动	按　　　键
移至下一单元格	【Tab】
移至前一单元格	【Shift+Tab】
移至上一行或下一行	按向上或向下（↑、↓）方向键
移至本行的第一个单元格	【Alt+Home】
移至本行的最后一个单元格	【Alt+End】
移至本列的第一个单元格	【Alt+Page Up】
移至本列最后一个单元格	【Alt+Page Down】
开始一个新段落	回车键（【Enter】）
在表格末添加一行	在最后一行的行末按【Tab】键
在位于文档开头的表格之前添加文档	则在第一个单元格的开头按下回车键

　　注意：如果单元格为空，按方向键可以将插入点向上、向下、向左或向右移动一个单元格。如果单元格中包含文字，按方向键会在单元格内左右移动一个字符，或上下移动一行，但插入点位于单元格时例外。

4. 表格的编辑与修改

　　创建新表格后，总会有一些不适用的单元格，这里就需要调整一下。

1）增加/删除行和列、单元格

【案例】将"教育程度"部分的行数增加到 5 行，"工作经历"部分的行数增加到 7 行。

　　（1）选定需要在其附近插入新行的行，单击"表格工具"→"布局"→"行和列"→"在下方插入"按钮，如图 4.175 所示。

　　（2）按照相同的方法，为"工作经历"部分添加行，如图 4.176 所示。

　　　图 4.175　增加行步骤 1　　　　　　　　　　　　图 4.176　增加行步骤 2

【案例】将"教育程度"部分新增的行数删除。

（1）选定需要删除的行，单击"表格工具"→"布局"→"行和列"→"删除"→"删除行"按钮，如图 4.177 所示。

（2）删除选定的行，如图 4.178 所示。

图 4.177 删除行步骤 1

图 4.178 删除行步骤 2

2）合并和拆分单元格

【案例】将"教育程度"、"工作经历"部分拆分为 3 列；将 D2:D5 单元格拆分为 2 列 4 行，用于粘贴照片。

（1）选定需要拆分的单元格，单击"表格工具"→"布局"→"合并"→"拆分单元格"按钮，如图 4.179 所示。

（2）设置单元格拆分成 2 列 4 行，并选择"拆分前合并单元格"复选框，单击"确定"按钮，如图 4.180 所示。

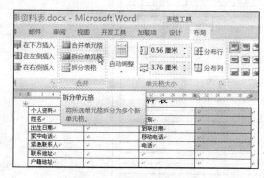

图 4.179 拆分单元格步骤 1

图 4.180 拆分单元格步骤 2

（3）拆分选定的单元格，如图 4.181 所示。

（4）按照相同的方法，拆分其他单元格，如图 4.182 所示。

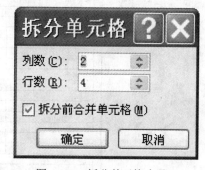

图 4.181 拆分单元格步骤 3

图 4.182 拆分单元格步骤 4

【**案例**】合并标题行单元格；合并"联系地址"、"户籍地址"行单元格；合并"语言"、"计算机"、"其他"项的填写部分。

（1）选定需要合并的行，单击"表格工具"→"布局"→"合并"→"合并单元格"按钮，如图 4.183 所示。

（2）合并选定的单元格，如图 4.184 所示。

图 4.183　合并单元格步骤 1 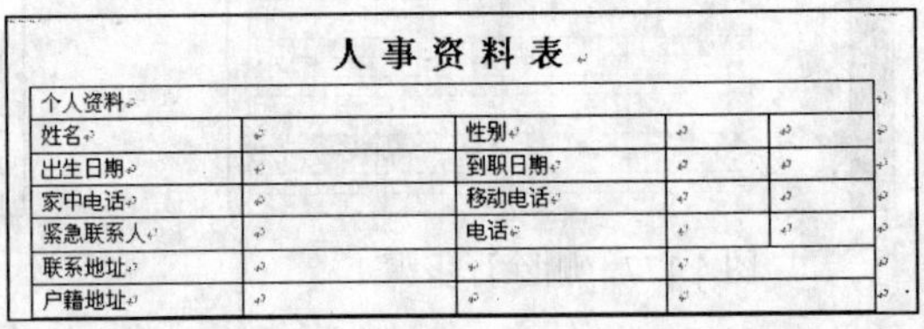　　　　　　　　　　图 4.184　合并单元格步骤 2

（3）按照相同的方法，合并其他单元格，如图 4.185 所示。

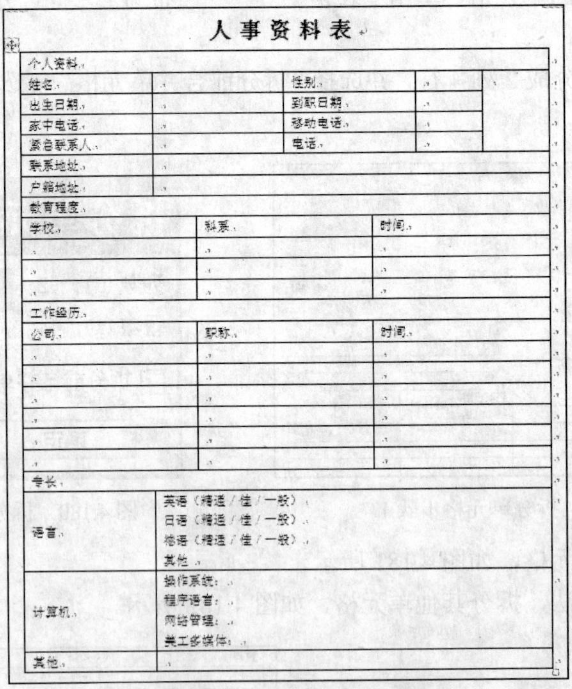

图 4.185　合并单元格步骤 3

3）调整行高和列宽

【**案例**】调整第一列的列宽；调整"照片"部分列宽。

（1）将鼠标指针移到单元格框线上，当出现双箭头时，拖动鼠标即可调整单元格宽度，如图 4.186 所示。

（2）按照相同的方法，调整其他需要调整宽度的单元格，如图 4.187 所示。

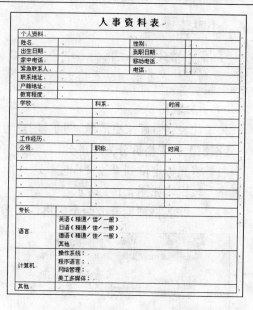

图4.187 调整单元格宽度2

图4.186 调整单元格宽度1

【案例】平均分布"个人资料"部分列宽。

（1）选定需要平均分布的列，单击"表格工具"→"布局"→"单元格大小"→"分布列"按钮，如图4.188所示。

（2）平均分布选定的列，如图4.189所示。

图4.188 平均分布列宽1

图4.189 平均分布列宽2

（3）微调其他需要调整的列，如图4.190所示。

图4.190 平均分布列宽3

小贴士

　　把鼠标指针移到边框的右下角，等鼠标指针变成一个向左倾斜的双箭头时，按下左键，然后拖动鼠标，可以调整表格大小。

4）拆分表格

为了让表格看起来更清楚、明了，用户可以根据数据的类别将一整张表格分割成几个小表格。

【案例】将表格拆分为 3 部分：个人资料、教育程度和工作经历、专长。

（1）将光标定位到"教育程度"这一行上，单击"表格工具"→"布局"→"合并"→"拆分表格"按钮，如图 4.191 所示。

（2）一张表格被拆分成两个表格，如图 4.192 所示。

图 4.191　拆分表格步骤 1

图 4.192　拆分表格步骤 2

（3）按照相同的方法，拆分"专长"部分，如图 4.193 所示。

 小贴士

　　中文表格的表头常常是比较复杂的，可以单击"布局"→"绘制斜线表头"按钮，在弹出的"插入斜线表头"对话框中进行绘制，如图 4.194 所示。

图 4.193　拆分表格步骤 3

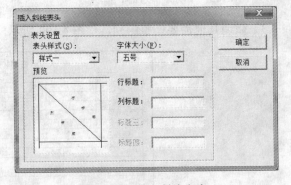

图 4.194　插入斜线表头

5. 美化表格

1）设置表格文本格式

设置表格文本的格式，其方法与在 Word 文档中设置的方法相同。

【案例】将"个人资料"、"专长"部分各项目的文字设置为"分散对齐"，"教育程度"、"工作经历"部分各项目的文字设置为"居中对齐"；为标题部分添加项目符号并加粗文字；为"专长"各选项添加项目符号和下画线；将整个表格的行距设置为"固定值：20 磅"。

（1）选择"个人资料"、"专长"部分各项目的文字，单击"开始"→"段落"→"分散对齐"按钮，如图 4.195 所示。

（2）选择"教育程度"部分各项目的文字，单击"开始"→"段落"→"居中"按钮，如图 4.196 所示。

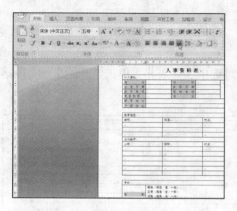

图 4.195 设置表格文本格式步骤 1

图 4.196 设置表格文本格式步骤 2

（3）选择标题部分的文字，单击"开始"→"字体"→"加粗"按钮，如图 4.197 所示。

（4）单击"开始"→"段落"→"项目符号"按钮旁的下三角按钮，如图 4.198 所示。

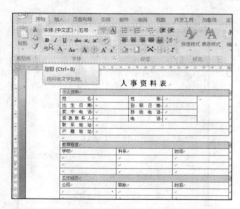

图 4.197 设置表格文本格式步骤 3

图 4.198 设置表格文本格式步骤 4

（5）选择需要的项目符号，如图 4.199 所示。

（6）按照相同的方法，为"专长"各选项添加项目符号，如图 4.200 所示。

（7）将光标定位到需添加下画线的位置，单击"开始"→"字体"→"下画线"按钮，如图 4.201 所示。

（8）按住空格键产生下画线，如图 4.202 所示。

（9）按照同样的方法，制作其他下画线，如图 4.203 所示。

图 4.199 设置表格文本格式步骤 5

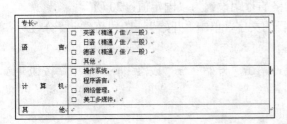

图 4.200　设置表格文本格式步骤 6

图 4.201　设置表格文本格式步骤 7

（10）按住【Ctrl】键，依次单击表格选择按钮同时选中 3 张表格，单击"开始"→"段落"→"其他"按钮，如图 4.204 所示。

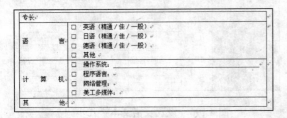

图 4.202　设置表格文本格式步骤 8

图 4.203　设置表格文本格式步骤 9

（11）设置"行距"为"固定值：20 磅"，单击"确定"按钮，如图 4.205 所示。

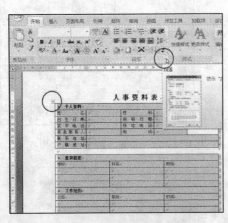

图 4.204　设置表格文本格式步骤 10

图 4.205　设置表格文本格式步骤 11

（12）将格式应用到文本，如图 4.206 所示。

2）改变单元格中文字的显示方向

【案例】改变"照片"部分的文字方向。

（1）选择"照片"单元格，单击"表格工具"→"布局"→"对齐方式"按钮，如图 4.207 所示。

图 4.206 设置表格文本格式步骤 12

图 4.207 改变文字方向步骤 1

（2）改变"照片"单元格中的文字方向，如图 4.208 所示。

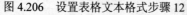

图 4.208 改变文字方向步骤 2

3）设置表格文本的对齐方式

【案例】设置"个人资料"、"教育程度"、"工作经历"表的项目文字"中部居中"；标题文字"中部两端对齐"。

（1）选择"个人资料"表的项目文字，单击"表格工具"→"布局"→"对齐方式"→"中部居中"按钮，如图 4.209 所示。

（2）表格中的文字在单元格中"中部居中"，采用同样的方法设置其他单元格文字的对齐方式，如图 4.210 所示。

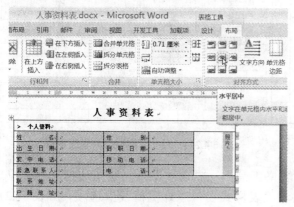

图 4.209 设置文本的对齐方式 1

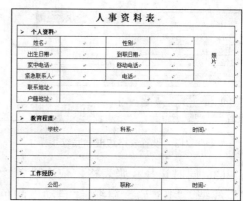

图 4.210 设置文本的对齐方式 2

4）设置表格的对齐方式

【案例】设置整个表格的对齐方式为"居中"。

（1）选择 3 张表格，单击"开始"→"段落"→"居中"按钮，如图 4.211 所示。

（2）表格相对于页面居中，如图 4.212 所示。

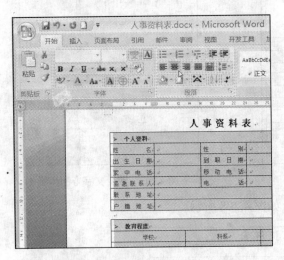

图 4.211　设置表格的对齐方式 1

图 4.212　设置表格的对齐方式 2

5）设置表格边框和底纹

【案例】将标题行的底纹设置为"白色，背景 1，深色，25%"；将表格外框线设置为"外粗内细的双实线"，内框线设置为"虚线"。

（1）选择标题行，单击"表格工具"→"设计"→"底纹"→"白色，背景 1，深色，25%"，如图 4.213 所示。

（2）给选定的单元格添加底纹，如图 4.214 所示。

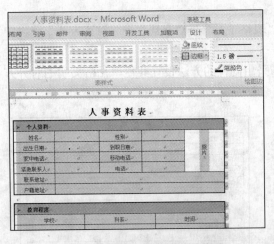

图 4.213　设置表格边框和底纹步骤 1

图 4.214　设置表格边框和底纹步骤 2

（3）同时选择 3 张表格，依次设置"表格工具"→"设计"→"绘图边框"→"单实线"线型、"1.5 磅"粗细、"自动"颜色和"表样式"→"外侧框线"选项，如图 4.215 所示。

（4）依次设置"表格工具"→"设计"→"绘图边框"→"单实线"线型、"0.5 磅"粗细、"自动"颜色和"表样式"→"内部框线"选项，如图 4.216 所示。

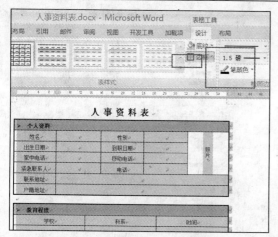

图 4.215　设置表格边框和底纹步骤 3

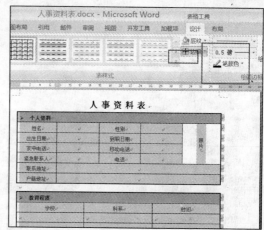

图 4.216　设置表格边框和底纹步骤 4

（5）为表格添加不同的边框，如图 4.217 所示。

图 4.217　设置表格边框和底纹步骤 5

6）套用表格格式

【案例】为表格套用"浅色网格-强调文字颜色 3"格式。

（1）同时选择 3 张表格，单击"表格工具"→"设计"→"表样式"→"浅色网格-强调文字颜色 3"选项，如图 4.218 所示。

（2）为表格套用预定义的表格样式，如图 4.219 所示。

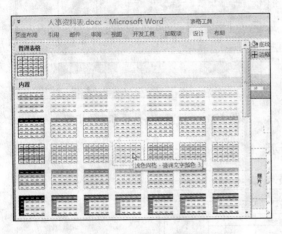

图 4.218　套用表格格式步骤 1　　　　　　　　　　图 4.219　套用表格格式步骤 2

（二）使用 Excel 制作表格

1. 输入与编辑数据

使用 Excel 制作电子表格时，需要输入多种类型的数据，如文本、符号、日期和数值等，本节将对输入数据的相关知识进行详细讲解。

1）输入文本

① 输入普通文本

Excel 文本包括汉字、英文字母、数字、空格及其他键盘能键入的符号。

在表格中输入文本有 3 种常用的方法，即在编辑栏中输入、在单元格中输入及选择单元格输入。

a. 在编辑栏中输入

【案例】打开"企业员工档案"，在 A1 单元格中输入"企业员工档案"。

（1）选择 A1 单元格，然后单击编辑栏以插入文本插入点，如图 4.220 所示。

（2）将输入法切换至中文，在编辑栏中输入"企业员工档案"，如图 4.221 所示。

图 4.220　在编辑栏中输入文本步骤 1　　　　　图 4.221　在编辑栏中输入文本步骤 2

（3）按【Enter】键完成输入，如图 4.222 所示。

小贴士

在 Excel 中输入文本后，默认的对齐方式是左对齐。

b. 在单元格中输入

【案例】在 A3:J2 单元格区域中分别输入"序列号"、"姓名"、"性别"、"年龄"、"学历"、"部门"、"进入企业时间"、"担任职务"、"工资"、"联系方式"。

（1）双击 A2 单元格，插入文本插入点，如图 4.223 所示。

（2）输入"序号"，如图 4.224 所示。

图 4.222 在编辑栏中输入文本步骤 3　　图 4.223 在单元格中输入文本步骤 1　　图 4.224 在单元格中输入文本步骤 2

（3）按照相同方法在 B2:J2 单元格区域中输入其余的文本，如图 4.225 所示。

图 4.225 在单元格中输入文本步骤 3

c. 选择单元格输入

【案例】在 B3:B22 单元格区域中分别输入"胡海鹰"、"卜宇"、"杨杰"、"梁传君"、"秦建勇"、"任晓芳"、"李欣"、"李黎明"、"王红梅"、"唐学军"、"尚雪莲"、"代康"、"乌斯曼"、"茹先古丽"、"古米娜"、"艾尼瓦尔"、"徐亮"、"阿地力"、"乌买尔"、"居来提"。

（1）单击 B3 单元格，输入"胡海鹰"，按【Enter】键完成输入，如图 4.226 所示。

（2）按照相同方法在 B3:B22 单元格区域中输入其余的文本，如图 4.227 所示。

图 4.226 选择单元格输入步骤 1　　　　图 4.227 选择单元格输入步骤 2

② 输入数字形文本

【案例】在 J3:J22 单元格区域中分别输入"13330302020"、"13820202020"、"13022220010"、"13696325698"、"13779651328"、"13630305792"、"13401110356"、"13883202327"、"13325648965"、"13203569824"、"13612598613"、"13909398213"、"13013648795"、"13208793156"、"13913564666"、"13213465892"、"13451638469"、"13546132888"、"13693652717"、"13422158693"。

（1）选择 G3 单元格，先输入"'"，接着输入"13330302020"，如图 4.228 所示。

（2）按【Enter】键，完成输入，如图 4.229 所示。

图 4.228　输入数字形式文本步骤 1　　　　　图 4.229　输入数字形式文本步骤 2

（3）按照相同的方法在 J4:J22 单元格区域中输入其余的文本，如图 4.230 所示。

2）输入数据

在 Excel 单元格中的数值类型主要有常数、分数和百分数，其输入方法如下。

【案例】在 D3:D22 单元格区域中分别输入"31"、"30"、"28"、"32"、"34"、"25"、"28"、"28"、"29"、"31"、"33"、"36"、"35"、"32"、"25"、"34"、"27"、"29"、"30"、"28"。在 I3:I22 单元格区域中分别输入"6582"、"4568"、"6063.5"、"3,256"、"5236"、"2856"、"5896"、"5698"、"4646"、"3598"、"3698"、"3456"、"4452"、"5550"、"6523"、"3465"、"6456"、"5002"、"4135"、"3600"。

（1）选择 D3 单元格，输入"31"，然后按【Enter】键，切换至 D4 单元格，如图 4.231 所示。

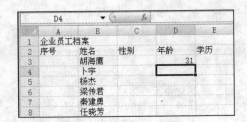

图 4.230　输入数字形式文本步骤 3　　　　　图 4.231　输入数据步骤 1

（2）按照相同的方法在 D4:D22 单元格区域中输入其余的数据，如图 4.232 所示。

（3）按照相同的方法在 I3:I22 单元格区域输入数据，如图 4.233 所示。

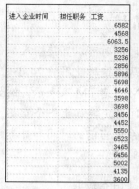

图 4.232　输入数据步骤 2　　　　　图 4.233　输入数据步骤 3

 小贴士

数值型数据在单元格中一律靠右对齐。

在 Excel 中输入数据时，如果输入数据的整数位数超过 11 位，Excel 将自动以科学计数法表示。

若整数位数小于 11 位，但单元格的宽度不够容纳其中的数字，则将以 "###" 的形式表示，增加单元格宽度即可还原。

输入分数时需要在其前面加一个 0 和空格。例如，输入 "1/2"，如果直接输入 1/2 将出现 1 月 2 日，正确的方法是输入 "0　1/2"。如果是带分数也可以这样输入，例如，输入带分数 3 4/5，可以输入 "3　4/5" 等。

3）输入日期型数据

在制作会计或财务方面的表格时，经常与价格等数据打交道，若在输入价格等信息时在其前面加上一种货币符号，会使制作的表格更加专业。

【案例】在 G3:G22 单元格区域中分别输入 "2001-3-1"、"2000-6-1"、"1999-8-1"、"2005-6-1"、"2002-6-1"、"2003-3-1"、"1997-11-1"、"1999-12-1"、"1996-4-1"、"2004-1-1"、"2003-2-1"、"2000-10-1"、"1999-2-1"、"1999-1-1"、"1997-6-1"、"2001-3-1"、"2000-7-1"、"2006-4-1"、"2003-7-1"、"1999-1-1"。

（1）选择 G3 单元格，输入形如 "2001-3-1" 或 "2001/3/1" 的数据，然后按【Enter】键，切换至 G4 单元格，如图 4.234 所示。

（2）依次在 G4:G22 单元格区域中输入其余的数据，如图 4.235 所示。

图 4.234　输入日期型数据 1　　　　　图 4.235　输入日期型数据 2

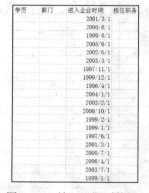

小贴士

> 　　输入时间时可以直接输入，例如，要输入时间"1:30"，就直接在单元格内输入 1:30。这时系统会认为这时使用的 24 小时制。如果要使用 12 小时制，则可以在输入的时候在时间的后面加上 AM 或者 PM 来表示。例如，输入下午 1:30，则可以输入"1:30　PM"，时间和 AM 或者 PM 之间一定要加上一个空格。
>
> 　　输入系统当前的时间和日期，可以使用快捷键:【Ctrl+;】输入当前日期;【Ctrl+Shift+;】输入当前时间。

　　4）快速填充数据

　　在制作表格时免不了要输入一些相同的数据或有规律的数据，如表格中的项目序号、一个工资中的工资序号或者输入一个日期序列等。手动输入这些数据，既费时又费力，Excel 提供的快速填充数据功能便是专门针对这类数据的输入，可以大大提高工作效率。

　　当选择单元格或各区域后会出现一个黑色边框的选区，该选区的右下角会出现一个控制柄，将鼠标指针移至其上时会变为"＋"形状。通过拖动这个控制柄，Excel 可以自动输入一些有规律的数据，如等差序列、等比序列及自定义序列。

　　【案例】在 A3:A22 单元格区域中分别输入"JSJ01"、"JSJ02"、"JSJ03"、"JSJ04"、"JSJ05"、"JSJ06"、"JSJ07"、"JSJ08"、"JSJ09"、"JSJ10"、"JSJ11"、"JSJ12"、"JSJ13"、"JSJ14"、"JSJ15"、"JSJ16"、"JSJ17"、"JSJ18"、"JSJ19"、"JSJ20"。

　　（1）在 A3 单元格中输入"JSJ01"，然后按【Enter】键，如图 4.236 所示。

　　（2）选中 A3 单元格，将鼠标指针移到控制柄上，鼠标指针变为"+"字形，如图 4.237 所示。

　　图 4.236　快速填充数据步骤 1　　　　　　　　图 4.237　快速填充数据步骤 2

　　（3）拖动至 A22 单元格，如图 4.238 所示。

　　（4）释放鼠标即可在 A3:A22 单元格区域中快速填充有规律的数据，如图 4.239 所示。

　　图 4.238　快速填充数据步骤 3　　　　　　　　图 4.239　快速填充数据步骤 4

小贴士

自动填充分以下几种情况：

● 初始值为纯数字或纯字符，填充相当于数据复制，即重复填充。

● 初始值为字符和数字混合体，填充时字符不变，数字递增。如初值为 A1，则填充值为 A2、A3、A4 等。

● 初始值为 Excel 预设的填充序列，按预设序列填充。如初始值为一月，自动填充将产生二月、三月、四月、…、十二月。

● 如果要自动产生 A2、A4、A6…或 2、4、6、8…这样的序列。可按下列方法操作：在第一个单元格（如 B2）中输入 A2，在第二个单元格（如 C2）中输入 A4，同时选择 B2、C2 单元格，拖动控制柄即可。

5）填充相同的数据

【案例】在 H3、H9、H19 单元格区域中分别输入"部门经理"；在 C3、C7、C9、C14、C15、C18～C22 单元格区域中输入"男"，其余人员的性别输入"女"；在 F3、F5、F10、F14、F18 单元区域中分别输入"研发部"，在 F4、F6、F12、F17、F21 单元格区域分别输入"广告部"，在 F7、F15、F19、F22 单元格区域中分别输入"销售部"，其余人员的部门输入"采购部"；在 E3、E5、E7、E11、E14、E15 单元格区域分别输入"硕士"、其余人员学历输入"本科"。

（1）同时选中 A3、A9、A19 单元格，并在 A19 单元格输入"部门经理"，然后按【Ctrl+Enter】键，如图 4.240 所示。

（2）快速输入相同的数据，如图 4.241 所示。

图 4.240　输入相同的数据步骤 1　　　　　图 4.241　输入相同的数据步骤 2

（3）按照相同的方法输入"性别"、"学历"、"部门"相应的数据，如图 4.242 所示。

图 4.242　输入相同的数据步骤 3

小贴士

选择"编辑"→"填充"→"序列"命令，通过"序列"对话框只需在表格中输入一个数据便可达到快速输入有规律数据的目的，如图 4.243 所示。

6）修改数据

① 在编辑栏中修改数据

【案例】将 A1 单元格中的"企业"删除。

（1）选中要修改内容的单元格 A1，在编辑栏中将插入点定位到要修改的数据的后面，如图 4.244 所示。

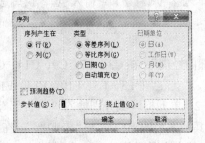

图 4.243 通过"序列"对话框快速输入数据　　　图 4.244　在编辑栏中修改数据步骤 1

（2）按【Back Space】键，删除"企业"两字，然后按【Enter】键，如图 4.245 所示。

② 在单元格中修改数据

【案例】在 A1 单元格的最后添加"表"字。

（1）双击 A1 单元格，将文本插入点定位到数据的最后面，如图 4.246 所示。

图 4.245　在编辑栏中修改数据步骤 2　　　图 4.246　在单元格中修改数据步骤 1

（2）输入"表"，然后按【Enter】键，如图 4.247 所示。

③ 选择单元格修改全部数据

【案例】将 E21 单元格中的数据修改为"硕士"。

（1）选择 E21 单元格，如图 4.248 所示。

图 4.247　在单元格中修改数据步骤 2　　　图 4.248　选择单元格修改全部数据步骤 1

（2）输入“硕士”，按【Enter】键，如图 4.249 所示。

2. 编辑表格

1）选择单元格

① 选择单个单元格

单击需选择的单元格，如图 4.250 所示。

E22 本科

	A	B	C	D	E	F
10	JSJ08	李黎明	女	28	本科	研发部
11	JSJ09	王红梅	女	29	硕士	采购部
12	JSJ10	唐学军	女	31	本科	广告部
13	JSJ11	尚雪莲	女	33	本科	文秘部
14	JSJ12	代康	男	36	硕士	研发部
15	JSJ13	乌斯曼	男	35	本科	销售部
16	JSJ14	茹先古丽	女	32	本科	采购部
17	JSJ15	古米娜	女	25	本科	广告部
18	JSJ16	艾尼瓦尔	男	34	硕士	研发部
19	JSJ17	徐亮	男	27	本科	销售部
20	JSJ18	阿地力	男	29	本科	采购部
21	JSJ19	乌买尔	男	30	硕士	广告部
22	JSJ20	居来提	男	28	本科	销售部

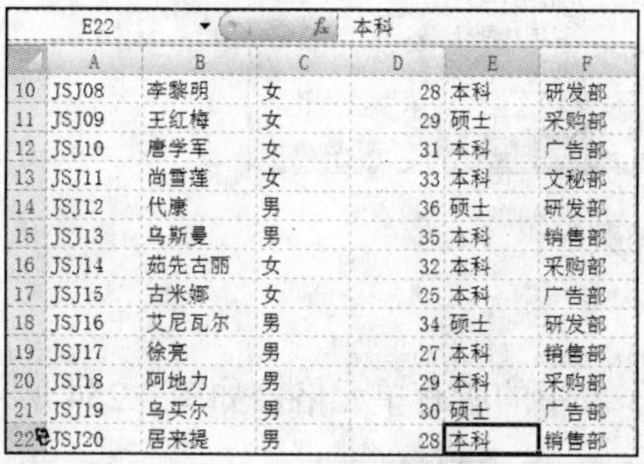

图 4.249 选择单元格修改全部数据步骤 2

A1 员工档案表

	A	B	C	D	E	F
1	员工档案表					
2	序号	姓名	性别	年龄	学历	部门
3	JSJ01	胡海鹰	男	31	硕士	研发部
4	JSJ02	卜宇	女	30	硕士	广告部
5	JSJ03	杨杰	女	28	硕士	研发部
6	JSJ04	梁传君	女	32	本科	广告部
7	JSJ05	秦健勇	男	34	硕士	销售部
8	JSJ06	任晓芳	女	25	本科	文秘部
9	JSJ07	李欣	男	28	本科	采购部
10	JSJ08	李黎明	女	28	本科	研发部

图 4.250 选择单个单元格

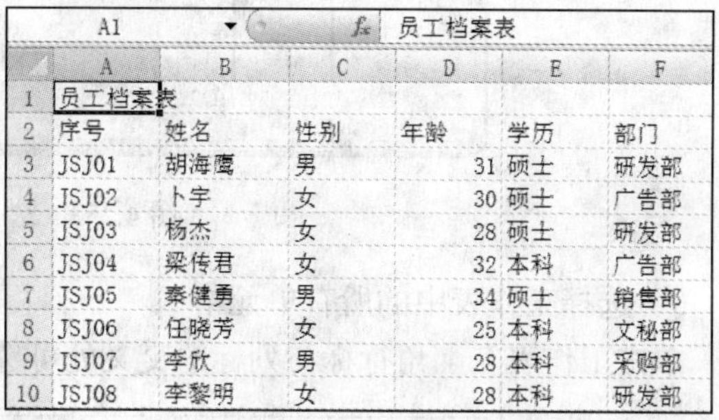

② 选择连续的单元格区域

首先单击需选定区域的第一个单元格，然后按住【Shift】键，单击该区域右下角的最后一个单元格，如图 4.251 所示。

	A	B	C	D	E	F	G	H	I	J
1	员工档案表									
2	序号	姓名	性别	年龄	学历	部门	进入企业时间	担任职务	工资	联系方式
3	JSJ01	胡海鹰	男	31	硕士	研发部	2001/3/1	部门经理	6582	13330302020
4	JSJ02	卜宇	女	30	硕士	广告部	2000/6/1		4568	13820202020
5	JSJ03	杨杰	女	28	硕士	研发部	1999/8/1		6063.5	13022220010
6	JSJ04	梁传君	女	32	本科	广告部	2005/6/1		3256	13696325698
7	JSJ05	秦健勇	男	34	硕士	销售部	2002/6/1		5236	13779651328
8	JSJ06	任晓芳	女	25	本科	文秘部	2003/3/1		2856	13630305792
9	JSJ07	李欣	男	28	本科	采购部	1997/11/1	部门经理	5896	13401110356
10	JSJ08	李黎明	女	28	本科	研发部	1999/12/1		5698	13883202327
11	JSJ09	王红梅	女	29	硕士	采购部	1996/4/1		4646	13325648965

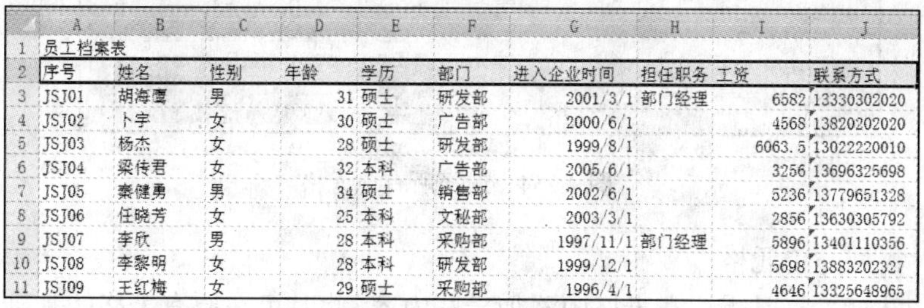

图 4.251 选择连续的单元格区域

③ 选择不连续的单元格区域

单击需选定的不连续单元格区域中的任一单元格，然后按住【Ctrl】键，单击其他单元格，如图 4.252 所示。

F10 研发部

	A	B	C	D	E	F	G	H	I
1	员工档案表								
2	序号	姓名	性别	年龄	学历	部门	进入企业时间	担任职务	工资
3	JSJ01	胡海鹰	男	31	硕士	研发部	2001年3月1日	部门经理	¥
4	JSJ02	卜宇	女	30	硕士	广告部	2000年6月1日		¥
5	JSJ03	杨杰	女	28	硕士	研发部	1999年8月1日		¥
6	JSJ04	梁传君	女	32	本科	广告部	2005年6月1日		¥
7	JSJ05	秦健勇	男	34	硕士	销售部	2002年6月1日		¥
8	JSJ06	任晓芳	女	25	本科	文秘部	2003年3月1日		¥
9	JSJ07	李欣	男	28	本科	采购部	1997年11月1日	部门经理	¥
10	JSJ08	李黎明	女	28	本科	研发部	1999年12月1日		¥

Sheet1 Sheet2 Sheet3

就绪 计数: 6 100%

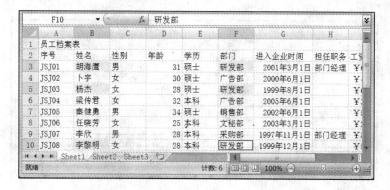

图 4.252 选择不连续的单元格

④ 选择整行或整列

单击需选定行的行标或需选定列的列标即可，如图 4.253 所示。

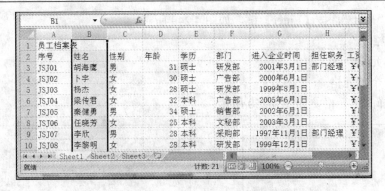

图 4.253　选择整行或整列

⑤ 选择工作表中的所有单元格

单击工作表左上角行标与列标的交叉处可选择此工作表中的所有单元格，如图 4.254 所示。

图 4.254　选择所有单元格

2）插入行、列、单元格

当编辑好表格后，有时需要在表格中添加一些内容，此时可在原有表格的基础上插入单元格、行、列，以添加遗漏的数据。

【案例】在第 1 行的后面插入一个新行。

（1）选定第 2 行，选择"开始"→"单元格"→"插入"→"插入工作表行"命令，如图 4.255 所示。

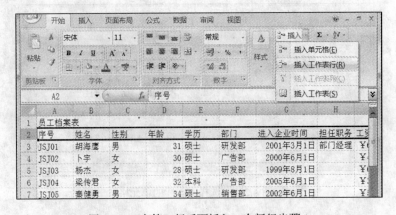

图 4.255　在第 1 行后面插入一个新行步骤 1

（2）在第 2 行的上方插入一个新行，如图 4.256 所示。

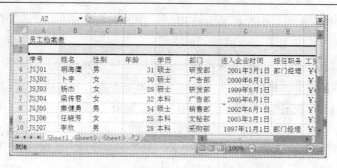

图 4.256 在第 1 行后面插入一个新行步骤 2

 小贴士

选定一行，在该行中单击鼠标右键，在弹出的快捷菜单中选择"插入"命令，也可以在选定的行上方插入一个新行。

如果想一次插入多行，可以先选择多行，再插入，选取行数与要插入的行数相同。

插入列、单元格的方法与插入行的方法相同，这里不再介绍。

3）删除行、列、单元格

【**案例**】删除第 4 列。

（1）选定第 4 列，选择"开始"→"单元格"→"删除"→"删除工作表行"命令，如图 4.257 所示。

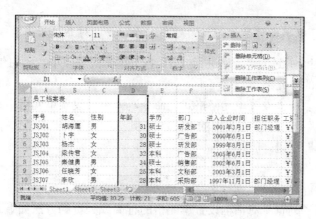

图 4.257 删除列步骤 1

（2）将第 4 列删除，如图 4.258 所示。

图 4.258 删除列步骤 2

删除行、单元格的方法与删除列的方法相同，这里不再介绍。

4）合并单元格、拆分单元格

为了使制作的表格更加专业和美观，往往需要将一些单元格合并或者拆分。

【案例】合并 A1:I1 单元格区域。

（1）选定 A1:I1 单元格区域，单击"开始"→"对齐方式"→"其他"按钮 ，如图 4.259 所示。

（2）在弹出的对话框中选择"对齐"选项卡，在"文本控制"选项区域中选择"合并单元格"复选框，然后单击"确定"按钮，如图 4.260 所示。

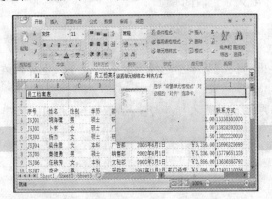

图 4.259　合并单元格步骤 1　　　　　　　　图 4.260　合并单元格步骤 2

 小贴士

合并单元格还可以单击"开始"→"对齐方式"→"对齐后居中"按钮 。

在 Excel 中只能对合并过的单元格进行拆分，拆分单元格是合并单元格的相反操作。其方法为：

（1）选择需拆分的单元格。

（2）选择"格式"→"设置单元格格式"命令，弹出"设置单元格格式"对话框。

（3）选择"对齐"选项卡，在其中的"文本控制"选项区域中取消选择"合并单元格"复选框，然后单击"确定"按钮。

5）设置行高与列宽

① 设置精确的行高与列宽

通过"行高"或"列宽"对话框设置单元格的行高或列宽的方法如下。

【案例】将 B 列单元格的宽度设置为"10"。

（1）选择需调整的列，如 B 列。选择"单元格"→"格式"→"列宽"命令，如图 4.261 示。

（2）弹出"列宽"对话框，在其中的文本框中输入精确的数值，然后单击"确定"按钮，如图 4.262 所示。

图 4.261　设置精确的行高和列宽步骤 1　　　　图 4.262　设置精确的行高和列宽步骤 2

② 设置自动适合内容的行高与列宽

使单元格的大小能刚好容下其中的数据，其设置方法如下。

【案例】将 G 列单元格的宽度设置为自动适合内容。

（1）将鼠标指针移至 G 列的列标上单击，选择 G 列单元格，如图 4.263 所示。

图 4.263　设置自动适合内容的行高与列宽步骤 1

（2）选择"开始"→"单元格"→"格式"→"自动调整列宽"命令，如图 4.264 所示。

图 4.264　设置自动适合内容的行高与列宽步骤 2

③ 拖动鼠标设置行高与列宽

在设置时，只需将鼠标指针移至行标间或列标间的间隔线处，当鼠标指针变为 ✛ 或 ✛ 形状时拖动鼠标，此时鼠标指针右侧会显示具体的数据，拖动至需要的距离，释放鼠标即可。

【案例】利用鼠标拖动的方法将 F 列单元格的宽度设置为"15.00"。

（1）将鼠标指针移至 F 列和 G 列的间隔线处，当其变为 ✛ 形状时按住鼠标不放并向左拖动，如图 4.265 所示。

（2）当右侧的数值显示为"15.00"时释放鼠标，如图 4.266 所示。

图 4.265　拖动鼠标设置行高与列宽步骤 1

图 4.266　拖动鼠标设置行高与列宽步骤 2

选择"格式"→"列"→"标准列宽"命令，弹出"标准列宽"对话框，在其中输入数值后单击"确定"按钮，可将工作表中每一列的列宽都设置为该数值的宽度。

3. 美化工作表

1）设置表格数据格式

① 认识"设置单元格格式"对话框

通过"设置单元格格式"对话框美化单元格数据，需先选择要设置格式的单元格或单元格区域，然后打开"设置单元格格式"对话框，再在其中进行相应的设置。打开"设置单元格格式"对话框有如下两种方法：

方法 1：单击"开始"选项卡中的"字体"、"对齐方式"或"数字"组旁边的"对话框启动器"按钮，如图 4.267 所示。

图 4.267　设置表格数据格式方法 1

方法 2：选择某个单元格或单元格区域后，在其上单击鼠标右键，在弹出的快捷菜单中选择"设置单元格格式"命令。

下面分别认识"设置单元格格式"对话框中的各个选项卡的作用。

- "数字"选项卡：主要用于设置单元格中的数据类型，如货币型、日期型数据等，如图 4.268 所示。

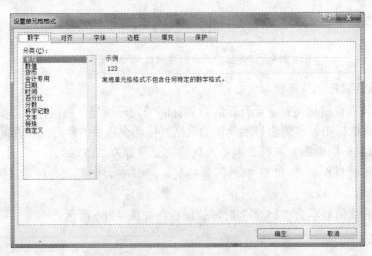

图 4.268　"数字"选项卡

- "对齐"选项卡：主要用于设置单元格中数据的对齐方式、文本的排列顺序及文本控制等，如图 4.269 所示。
- "字体"选项卡：主要用于设置单元格中数据的字体、字形、字号、下画线、特殊效果及颜色等，如图 4.270 所示。
- "边框"选项卡：主要用于设置单元格或单元格区域的边框，包括外边框和内部边框等，如图 4.271 所示。

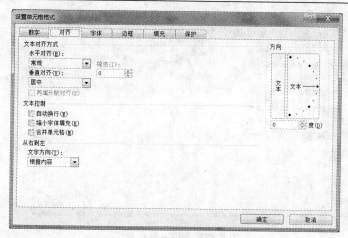

图 4.269 "对齐"选项卡

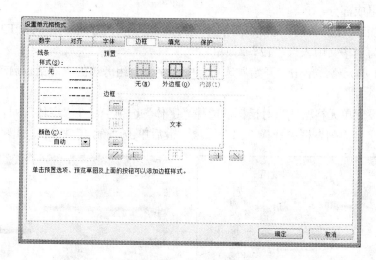

图 4.270 "字体"选项卡

图 4.271 "边框"选项卡

● "填充"选项卡：主要用于设置单元格或单元格区域的背景颜色或背景图案，如图 4.272 所示。

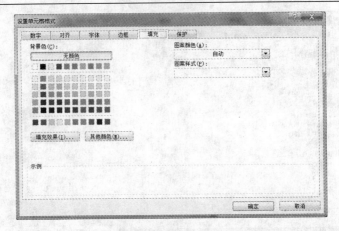

图 4.272 "填充"选项卡

● "保护"选项卡：主要用于锁定单元格中的数据和隐藏单元格中的公式，如图 4.273 所示。

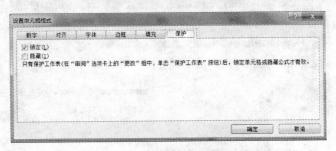

图 4.273 "保护"选项卡

② 设置文本格式

设置单元格或单元格区域中数据的字体格式不仅可美化表格，也可突出如表格标题、表格表头等特殊的表格组成部分。

【案例】将表名所在的 A1 单元格中的字体设置为"黑体"、"16"，并将 A2:F2 单元格区域中数据的字体设置为"华文中宋"、"12"、加粗。

（1）选择 A1 单元格，单击"开始"选项卡中"字体"组旁边的"对话框启动器"按钮，如图 4.274 所示。

（2）弹出"设置单元格格式"对话框，选择"字体"选项卡，在"字体"列表框中选择"黑体"选项，在"字号"列表框中选择"24"选项，最后单击"确定"按钮，如图 4.275 所示。

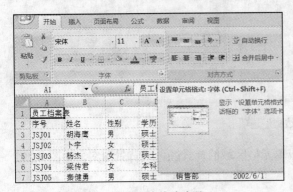

图 4.274 设置文本格式步骤 1

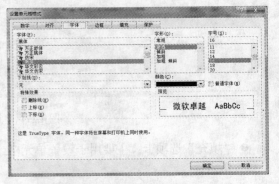

图 4.275 设置文本格式步骤 2

（3）按照相同的方法将 A2:F2 单元格区域中数据的字体设置为"华文中宋"、"16"、加粗，如图 4.276 所示。

图 4.276　设置文本格式步骤 3

③ 设置对齐方式

为了使表格中的数据看起来整齐统一，需对数据进行对齐或排列方式的处理。利用"设置单元格格式"对话框的"对齐"选项卡可以对数据进行相关设置。

【案例】将 A1:F1 单元格区域中数据的对齐方式设置为合并后居中对齐，将 A2:F2 单元格区域中数据的对齐方式设置为居中对齐。

（1）选择 A1:F1 单元格区域，单击"开始"选项卡中"对齐方式"组旁边的"对话框启动器"按钮，如图 4.277 所示。

图 4.277　设置对齐方式步骤 1

（2）弹出"设置单元格格式"对话框，选择"对齐"选项卡，在"文本对齐方式"选项区域中的"水平对齐"下拉列表框中选择"居中"选项，然后选择"文本控制"选项区域中的"合并单元格"复选框，最后单击"确定"按钮，如图 4.278 所示。

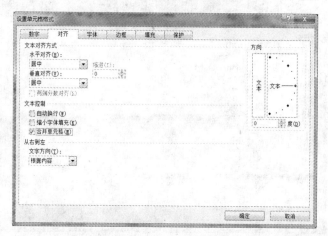

图 4.278　设置对齐方式步骤 2

（3）采用类似的方法将 A2:F2 单元格区域中数据的对齐方式设置为居中对齐，如图 4.279 所示。

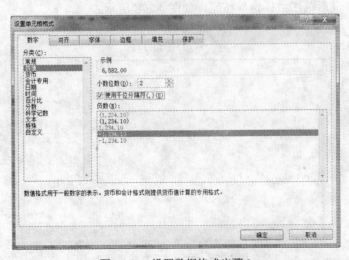

图 4.279　设置对齐方式步骤 3

④ 设置数据格式

在 Excel 中输入数据后可将其格式根据需要用小数点来表现其精确度，用一些特殊的货币符号表示货币类型等。

【案例】将 H3:H22 单元格区域中的数据设置类似"6,582.00 "格式，将 F3:F22 单元格区域中的数据设置其格式如"2001 年 3 月 1 日"。

（1）选择 H3:H22 单元格区域，在"开始"选项卡上，单击"数字"旁边的"对话框启动器"，如图 4.280 所示。

图 4.280　设置数据格式步骤 1

（2）在"分类"列表框中选择"数值"选项，并根据需要设置小数位数为"2"，以及是否显示千位分隔符，单击"确定"按钮，如图 4.281 所示。

图 4.281　设置数据格式步骤 2

（3）在"分类"列表框中选择"会计专用"选项，并根据需要设置货币小数位数和货币符号，单击"确定"按钮，如图 4.282 所示。

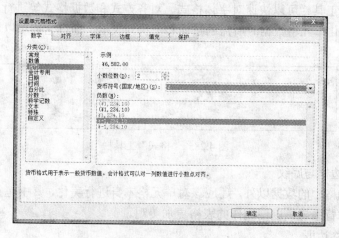

图 4.282　设置数据格式步骤 3

（4）选择 F3:F22 单元格区域，在"开始"选项卡上，单击"数字"旁边的"对话框启动器"，如图 4.283 所示。

图 4.283　设置数据格式步骤 4

（5）在"分类"列表框中选择"日期"选项，并根据需要选择相应的日期类型，单击"确定"按钮，如图 4.284 所示。

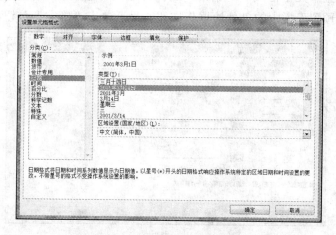

图 4.284　设置数据格式步骤 5

知识点

通过"格式"工具栏可以快速对字体格式、对齐方式和数据格式等进行设置。"格式"工具栏中包括大部分美化单元格数据时所需的按钮和下拉列表框，通过它们可以对单元格进行美化，如图 4.285 所示。

图 4.285　"格式"工具栏

2）设置表格边框与底纹

除了美化单元格中的数据以外，还应该对单元格本身进行美化，其中包括单元格的边框、底纹和整个工作表的背景等，以使制作的表格更加美观。

① 设置单元格边框

设置单元格边框可以使制作的表格轮廓更加清晰，更具整体感和层次感。

【案例】为 A2:I22 区域添加细实线作为外框线，添加虚线作为内框线。

（1）选择 A2:I22 单元格区域，单击"开始"选项卡中"字体"、"对齐方式"或"数字"组旁边的"对话框启动器"按钮，如图 4.286 所示。

图 4.286　设置单元格边框步骤 1

（2）弹出"设置单元格格式"对话框，选择"边框"选项卡，在"样式"列表框中选择"双线条"，单击"预置"栏中的"外边框"按钮，最后单击"确定"按钮，如图 4.287 所示。

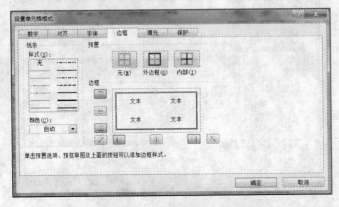

图 4.287　设置单元格边框步骤 2

（3）在"样式"列表框中选择"细实线条"，单击"预置"栏中的"内部"按钮，最后单击"确定"按钮，如图 4.288 所示。

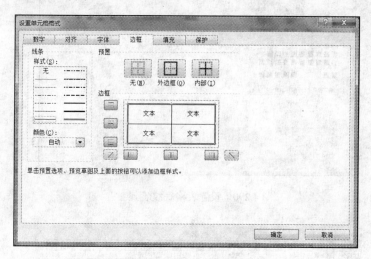

图 4.288　设置单元格边框步骤 3

知识点

在"开始"选项卡的"字体"组中，单击"边框" 旁边的下三角按钮，然后单击边框样式，也可以为选择的单元格或单元格区域添加边框。

② 设置表格底纹

【案例】为 A2:I22 单元格设置底纹颜色。

（1）选择 A2:I2 单元格区域，单击"开始"选项卡中"字体"、"对齐方式"或"数字"组旁边的"对话框启动器"按钮 ，如图 4.289 所示。

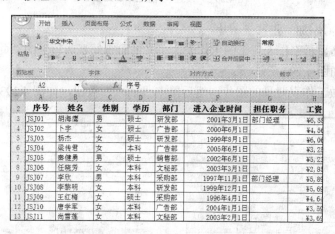

图 4.289　设置表格底纹步骤 1

（2）选择"填充"选项卡，在"背景色"列表框中选择所需要的颜色，单击"确定"按钮，如图 4.290 所示。

（3）为选定的单元格添加底纹，如图 4.291 所示。

③ 设置工作表背景

如果觉得整个单元格区域看上去很单调，可为工作表设置自己喜欢的背景。

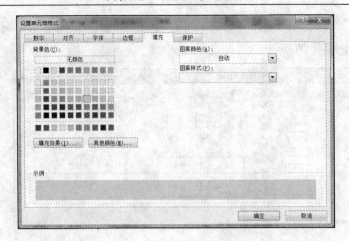

图 4.290　设置表格底纹步骤 2

员工档案表							
序号	姓名	性别	学历	部门	进入企业时间	担任职务	工资	联系方式
JSJ01	胡海鹰	男	硕士	研发部	2001年3月1日	部门经理	¥6,582.00	13330302020
JSJ02	卜宇	女	硕士	广告部	2000年6月1日		¥4,568.00	13820202020
JSJ03	杨杰	女	硕士	研发部	1999年8月1日		¥6,063.50	13022220010
JSJ04	梁传君	女	本科	广告部	2005年6月1日		¥3,256.00	13696325698
JSJ05	秦健勇	男	硕士	销售部	2002年6月1日		¥5,236.00	13779651328
JSJ06	任晓芳	女	本科	文秘部	2003年3月1日		¥2,856.00	13630305792
JSJ07	李欣	男	本科	采购部	1997年11月1日	部门经理	¥896.00	13401110356
JSJ08	李黎明	女	本科	研发部	1999年12月1日		¥5,698.00	13883202327
JSJ09	王红梅	女	硕士	采购部	1996年4月1日		¥646.00	13325648965
JSJ10	唐学军	本科		广告部	2004年1月1日		¥3,598.00	13203569824
JSJ11	尚雪莲	女	本科	文秘部	2003年2月1日		¥3,698.00	13612598613
JSJ12	代康	女	本科	研发部	2000年10月1日		¥3,456.00	13909398213
JSJ13	乌斯曼	男	本科	销售部	1999年2月1日		¥4,452.00	13013648795
JSJ14	茹先古丽	女	本科	采购部	1999年1月1日		¥5,550.00	13208793156
JSJ15	古米娜	女	本科	广告部	1997年6月1日		¥6,523.00	13913564666
JSJ16	艾尼瓦尔	男	硕士	研发部	2001年3月1日		¥3,465.00	13213465892
JSJ17	徐亮	男	本科	销售部	2000年7月1日	部门经理	¥6,456.00	13451638469
JSJ18	阿地力	男	本科	采购部	2006年4月1日		¥5,002.00	13546132888
JSJ19	乌买尔	男	硕士	广告部	2003年7月1日		¥4,135.00	13693652717
JSJ20	居来提	男	本科	销售部	1999年1月1日		¥3,600.00	13422158693

图 4.291　设置表格底纹步骤 3

【案例】为工作簿添加一张背景图片。

（1）单击要为其显示工作表背景的工作表。在"页面布局"选项卡的"页面设置"组中，单击"背景"按钮，如图 4.292 所示。

（2）选择要用做工作表背景的图片，然后单击"插入"按钮，如图 4.293 所示。

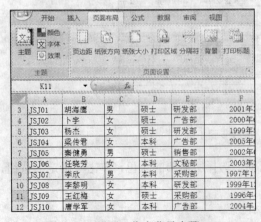

图 4.292　设置工作表背景步骤 1

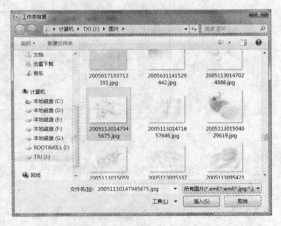

图 4.293　设置工作表背景步骤 2

（3）所选图片将重复填入工作表中，如图 4.294 所示。

3）套用表格格式美化表格

若想提高工作效率，可以利用 Excel 的自动套用格式功能美化工作表，既美观又快捷。

【案例】为 A2:I22 单元格区域套用表格格式"表样式中等深浅 11"，然后将套用表格格式的表格转换为正常区域。

员工档案表								
序号	姓名	性别	学历	部门	进入企业时间	担任职务	工资	联系方式
JSJ01	胡海鹰	男	硕士	研发部	2001年3月1日	部门经理	￥6,582.00	13330302020
JSJ02	卜宇	女	硕士	广告部	2000年6月1日		￥4,568.00	13820202020
JSJ03	杨杰	男	硕士	研发部	1999年8月1日		￥6,063.50	13022220010
JSJ04	梁传君	女	本科	广告部	2005年6月1日		￥3,256.00	13696325698
JSJ05	秦健勇	男	硕士	销售部	2002年6月1日		￥5,236.00	13779651328
JSJ06	任晓芳	女	本科	文秘部	2003年3月1日		￥2,856.00	13630305792
JSJ07	李欣	男	本科	采购部	1997年11月1日	部门经理	￥5,896.00	13401110356
JSJ08	李黎明	女	本科	研发部	1999年12月1日		￥5,698.00	13883202327
JSJ09	王红梅	女	硕士	采购部	1996年4月1日		￥4,646.00	13325648965
JSJ10	唐学军	女	本科	广告部	2004年1月1日		￥3,598.00	13203569824
JSJ11	尚雪莲	女	本科	文秘部	2003年2月1日		￥3,698.00	13612598613
JSJ12	代康	男	硕士	研发部	2000年10月1日		￥3,456.00	13909398213
JSJ13	乌斯曼	男	本科	销售部	1999年2月1日		￥4,452.00	13013648795
JSJ14	茹先古丽	女	本科	采购部	1999年1月1日		￥5,550.00	13208793156
JSJ15	古米娜	女	本科	广告部	1997年6月1日		￥6,523.00	13913564666
JSJ16	艾尼瓦尔	男	硕士	研发部	2001年3月1日		￥3,465.00	13213465892
JSJ17	徐亮	男	本科	销售部	2000年7月1日	部门经理	￥6,456.00	13451638469
JSJ18	阿地力	男	本科	采购部	2006年4月1日		￥5,002.00	13546132888
JSJ19	乌买尔	男	硕士	广告部	2003年7月1日		￥4,135.00	13693652717
JSJ20	居来提	男	本科	销售部	1999年1月1日		￥3,600.00	13422158693

图 4.294　设置工作表背景步骤 3

（1）在"开始"选项卡的"样式"组中单击"套用表格式"按钮，如图 4.295 所示。

（2）在"浅色"、"中等深浅"或"深色"下，单击要使用的表样式，如图 4.296 所示。

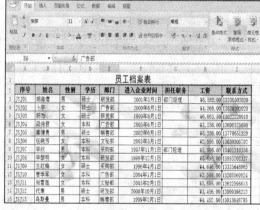

图 4.295　套用表格格式美化表格步骤 1

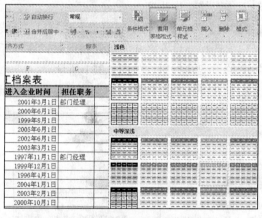

图 4.296　套用表格格式美化表格步骤 2

（3）在弹出的"创建表"对话框中设置要套用表格格式的单元格区域，如图 4.297 所示。

（4）将该表格格式方案应用到选中的单元格区域中，如图 4.298 所示。

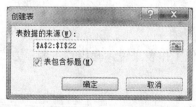

图 4.297　套用表格格式美化表格步骤 3

员工档案表								
序号	姓名	性别	学历	部门	进入企业时间	担任职务	工资	联系方式
JSJ01	胡海鹰	男	硕士	研发部	2001年3月1日	部门经理	￥6,582.00	13330302020
JSJ02	卜宇	女	硕士	广告部	2000年6月1日		￥4,568.00	13820202020
JSJ03	杨杰	男	硕士	研发部	1999年8月1日		￥6,063.50	13022220010
JSJ04	梁传君	女	本科	广告部	2005年6月1日		￥3,256.00	13696325698
JSJ05	秦健勇	男	硕士	销售部	2002年6月1日		￥5,236.00	13779651328
JSJ06	任晓芳	女	本科	文秘部	2003年3月1日		￥2,856.00	13630305792
JSJ07	李欣	男	本科	采购部	1997年11月1日	部门经理	￥5,896.00	13401110356
JSJ08	李黎明	女	本科	研发部	1999年12月1日		￥5,698.00	13883202327
JSJ09	王红梅	女	硕士	采购部	1996年4月1日		￥4,646.00	13325648965
JSJ10	唐学军	女	本科	广告部	2004年1月1日		￥3,598.00	13203569824
JSJ11	尚雪莲	女	本科	文秘部	2003年2月1日		￥3,698.00	13612598613
JSJ12	代康	男	硕士	研发部	2000年10月1日		￥3,456.00	13909398213
JSJ13	乌斯曼	男	本科	销售部	1999年2月1日		￥4,452.00	13013648795
JSJ14	茹先古丽	女	本科	采购部	1999年1月1日		￥5,550.00	13208793156
JSJ15	古米娜	女	本科	广告部	1997年6月1日		￥6,523.00	13913564666
JSJ16	艾尼瓦尔	男	硕士	研发部	2001年3月1日		￥3,465.00	13213465892
JSJ17	徐亮	男	本科	销售部	2000年7月1日	部门经理	￥6,456.00	13451638469
JSJ18	阿地力	男	本科	采购部	2006年4月1日		￥5,002.00	13546132888
JSJ19	乌买尔	男	硕士	广告部	2003年7月1日		￥4,135.00	13693652717
JSJ20	居来提	男	本科	销售部	1999年1月1日		￥3,600.00	13422158693

图 4.298　套用表格格式美化表格步骤 4

（5）在"表工具"→"设计"选项卡下"工具"组中单击"转换为区域"按钮，如图 4.299 所示。

（6）在弹出的对话框中单击"是"按钮，即可将套用表格格式的表格转换为正常区域，如图 4.300 所示。

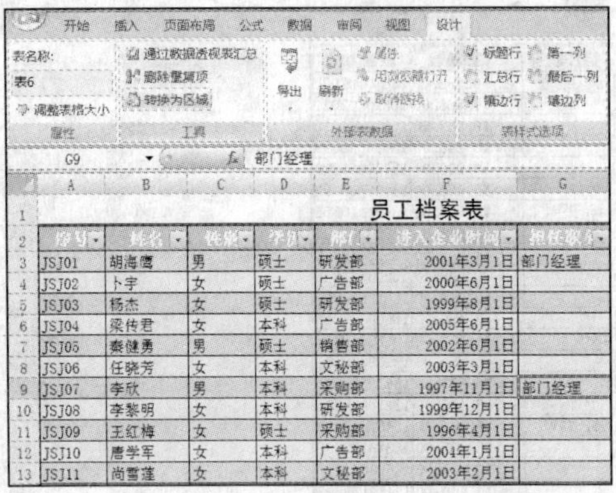

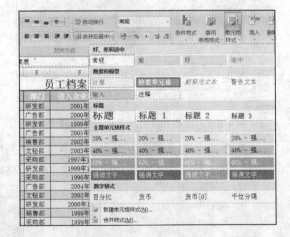

图 4.299　套用表格格式美化表格步骤 5 　　　　　图 4.300　套用表格格式美化表格步骤 6

4）套用单元格样式美化表格

"单元格样式"是 Excel 2007 提供的新功能，利用该功能可以快速美化单元格，这将大大提高对工作表的美化速度。

【案例】为 A1 单元格应用单元格样式"标题"。

（1）选择要设置格式的单元格区域，在"开始"选项卡上的"样式"组中，单击"单元格样式"旁的下三角按钮，如图 4.301 所示。

（2）在弹出的下拉列表中选择要应用的单元格样式，如图 4.302 所示。

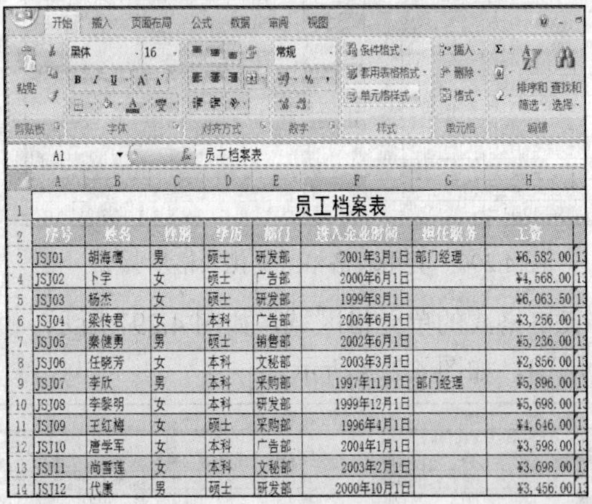

图 4.301　套用单元格格式美化表格步骤 1　　　　图 4.302　套用单元格格式美化表格步骤 2

（3）将该样式应用到选中的单元格区域，如图 4.303 所示。

5）套用主题方案美化表格

在 Excel 2007 中，提供了 24 种"主题"方案，对于美化工作表来说，套用"主题"方案是最快捷、最方便的功能。

员工档案表

序号	姓名	性别	学历	部门	进入企业时间	担任职务	工资	联系方式
JSJ01	胡海鹰	男	硕士	研发部	2001年3月1日	部门经理	¥6,582.00	13330302020
JSJ02	卜宇	女	硕士	广告部	2000年6月1日		¥4,568.00	13820202020
JSJ03	杨杰	女	硕士	研发部	1999年8月1日		¥6,063.50	13022220010
JSJ04	梁传君	女	本科	广告部	2005年6月1日		¥3,256.00	13696325698
JSJ05	秦健勇	男	硕士	销售部	2002年6月1日		¥5,236.00	13779651328
JSJ06	任晓芳	女	本科	文秘部	2003年3月1日		¥2,856.00	13630305792
JSJ07	李欣	男	本科	采购部	1997年11月1日	部门经理	¥5,896.00	13401110356
JSJ08	李黎明	女	本科	研发部	1999年12月1日		¥5,698.00	13883202327
JSJ09	王红梅	女	硕士	采购部	1996年4月1日		¥4,646.00	13325648965
JSJ10	唐学军	男	本科	广告部	2004年1月1日		¥3,598.00	13203569824
JSJ11	尚雪莲	女	本科	文秘部	2003年2月1日		¥3,698.00	13612598613
JSJ12	代康	男	硕士	研发部	2000年10月1日		¥3,456.00	13909398213
JSJ13	乌斯曼	男	本科	销售部	1999年2月1日		¥4,452.00	13013648795
JSJ14	茹先古丽	女	本科		1999年1月1日		¥5,550.00	13208793156
JSJ15	古米娜	女	本科	广告部	1997年6月1日		¥6,523.00	13913564666
JSJ16	艾尼瓦尔	男	硕士	研发部	2001年3月1日		¥3,465.00	13213465892
JSJ17	徐亮	男	本科		2000年7月1日	部门经理	¥4,656.00	13451638469
JSJ18	阿地力	男	本科	采购部	2006年4月1日		¥5,002.00	13546132888
JSJ19	乌买尔	男	硕士	广告部	2003年7月1日		¥4,135.00	13693652717
JSJ20	居来提	男	本科	销售部	1999年1月1日		¥3,600.00	13422158693

图 4.303 套用单元格格式美化表格步骤 3

【案例】为工作表套用主题"视点"。

（1）在"页面布局"选项卡的"主题"组中，单击"主题"按钮，如图 4.304 所示。

（2）在"内置"下单击要使用的文档主题，如图 4.305 所示。

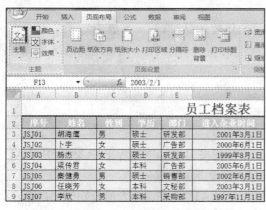

图 4.304 套用主题方案美化表格步骤 1　　　　图 4.305 套用主题方案美化表格步骤 2

（3）将该主题应用到工作表中，如图 4.306 所示。

员工档案表

序号	姓名	性别	学历	部门	进入企业时间	担任职务	工资	联系方式
JSJ01	胡海鹰	男	硕士	研发部	2001年3月1日	部门经理	¥6,582.00	13330302020
JSJ02	卜宇	女	硕士	广告部	2000年6月1日		¥4,568.00	13820202020
JSJ03	杨杰	女	硕士	研发部	1999年8月1日		¥6,063.50	13022220010
JSJ04	梁传君	女	本科	广告部	2005年6月1日		¥3,256.00	13696325698
JSJ05	秦健勇	男	硕士	销售部	2002年6月1日		¥5,236.00	13779651328
JSJ06	任晓芳	女	本科	文秘部	2003年3月1日		¥2,856.00	13630305792
JSJ07	李欣	男	本科	采购部	1997年11月1日	部门经理	¥5,896.00	13401110356
JSJ08	李黎明	女	本科	研发部	1999年12月1日		¥5,698.00	13883202327
JSJ09	王红梅	女	硕士	采购部	1996年4月1日		¥4,646.00	13325648965
JSJ10	唐学军	男	本科	广告部	2004年1月1日		¥3,598.00	13203569824
JSJ11	尚雪莲	女	本科	文秘部	2003年2月1日		¥3,698.00	13612598613
JSJ12	代康	男	硕士	研发部	2000年10月1日		¥3,456.00	13909398213
JSJ13	乌斯曼	男	本科	销售部	1999年2月1日		¥4,452.00	13013648795
JSJ14	茹先古丽	女	本科		1999年1月1日		¥5,550.00	13208793156
JSJ15	古米娜	女	本科	广告部	1997年6月1日		¥6,523.00	13913564666
JSJ16	艾尼瓦尔	男	硕士	研发部	2001年3月1日		¥3,465.00	13213465892
JSJ17	徐亮	男	本科		2000年7月1日	部门经理	¥4,656.00	13451638469
JSJ18	阿地力	男	本科	采购部	2006年4月1日		¥5,002.00	13546132888
JSJ19	乌买尔	男	硕士	广告部	2003年7月1日		¥4,135.00	13693652717
JSJ20	居来提	男	本科	销售部	1999年1月1日		¥3,600.00	13422158693

图 4.306 套用主题方案美化表格步骤 3

小贴士

目标 4：数据的计算

一、基础知识

（一）公式简介

Excel 的公式与数学表达式基本相同，也是由参与运算的数据与运算符组成的，但 Excel 中的公式必须以"="开头。

参与运算的数据可以是：常数、单元格引用（公式中往往要包含其他单元格中的内容，称为单元格引用。例如，D10:J10，就是引用了从 D10 到 J10 之间的所有单元格）、单元格名称、区域引用及函数等。

运算符是指实现对公式中的元素进行特定运算的符号，公式中的运算符有以下 4 类：

● 算术运算符：完成基本的数学运算，返回值为数值。例如：+（加）、−（减）、*（乘）、/（除）、%（百分比）、^（指数）。

● 比较运算符：用来比较两个数大小的运算符，比较运算符有：=（等于）、>（大于）、<（小于）、>=（大于或等于）、<=（小于或等于），<>（不等于）。比较运算的结果只有两种值：TRUE 或 FALSE。

● 文本运算（&）：用来连接两个文本数据，返回值为组合的文本。例如，在某单元格中输入：="中国" & "长沙"，结果为："中国长沙"。

● 引用运算符（:）：用于合并多个单元格区域。

> ":"同时对包含于前后两个单元格内的所有单元格引用。例如，A1:G1 表示引用 A1～G1 之间的所有单元格（以 A1 和 G1 为顶点的长方形区域）。

> ","将多个引用合并为一个引用。例如，SUM(A1:A5,B1:B5)表示分别引用两个单元格区域 A1:A5 及 B1:B5，共 10 个单元格的内容。

（二）函数简介

一些复杂的运算如果由用户自己来设计公式进行计算将会很麻烦，有些甚至无法做到（如开平方根）。Excel 提供了许多内置函数，为用户对数据进行运算和分析带来了极大的方便。这些函数涵盖范围包括：财务、日期与时间、数学与三角函数、统计、查找与引用、数据库、文本、逻辑、信息等。

函数由函数名、括号和参数组成。其语法形式为：函数名(参数 1,参数 2,…)，其中的参数可以是常量、单元格、区域、区域名或其他函数。

注意：函数名与括号之间没有空格，括号与参数之间也没有空格，参数与参数之间用逗号分隔。函数与公式一样，必须以"="开头。

（三）单元格的引用

单元格的引用是把单元格的数据和公式联系起来。

在 Excel 中，一个引用地址代表工作表上的一个或者一组单元格。单元格引用的作用在于标识工作表上的单元格或单元格区域，并指明公式中所使用的数据的地址。通过引用可以在公式中使用工作表中不同单元格的数据。

在编辑公式时需要对单元格地址进行引用。Excel 中的引用分为相对引用、绝对引用和混合引用，它们具有不同的含义。

1. 相对引用

相对引用包含了当前单元格与公式所在单元格的相对位置。在默认情况下，Excel 使用的都是相对引用，当公式所在单元格的位置改变时，引用也随之改变。

2. 绝对引用

如果希望复制公式后，其中的单元格的地址仍然保持不变，此时，就需要使用绝对引用。绝对引用是指将公式复制到新位置后，公式中的单元格地址固定不变，与包含公式的单元格位置无关。绝对引用的格式是在列字母和行数字之前加上"$"符号。例如，公式"=125*$B$2"，就是使用绝对引用。

除了在公式的某个元素前面添加"$"符号进行转换外，也可利用【F4】键实现相对引用与绝对引用之间的相互转换。

3. 混合引用

单元格的混合引用是指在一个单元格地址引用中，既有绝对单元格地址引用，又有相对单元格地址引用。当用户需要固定某行引用而改变列引用，或者要固定某列引用而改变行引用时，就要用到混合引用。在混合引用中，将一个单元格中带有混合引用的公式复制到其他单元格时，绝对引用的部分保持不变，而相对引用的部分将发生相应的变化。混合引用的格式为在行号或列号前加上"$"符号，例如公式"=$B3+A$2"。

4. 三维地址引用

在 Excel 中，不但可以引用同一工作表的单元格，还能引用同一工作簿不同工作表中的单元格，也能引用不同工作簿中的单元格（外部引用）。

（1）不同工作簿中的单元格引用格式为：'工作簿存储地址［工作簿名］+工作表名'!+单元格地址。

例如，在当前工作簿的 Sheet3 工作表的 B2 中输入公式"='c:\My Documents\[book1.xls]'Sheet2!A1*6"，表示在当前工作簿 Sheet3 工作表的 B2 单元格中引用 book1 工作簿 Sheet2 工作表中的 A1 乘以 6 的积。

 知识点

如果引用的其他工作簿已经使用 Excel 打开，则可以活力工作簿的存储地址部分即公式变为"=[book1.xls]Sheet2!A1*6 "。

（2）同一工作簿不同工作表中单元格的引用格式为：工作表名+!+单元格地址。

例如，在工作表 Sheet1 中引用工作表 Sheet2 中第 5 行第 2 列的单元格，可表示为：Sheet1!B5。

注意：在不同工作簿或不同工作表中引用单元格时，感叹号"!"不能省略。

5. 引用名字

单元格可以命名，命名后在引用单元格时就可以引用它的名字，但请注意：名字引用为绝对引用，即公式复制时，名字引用不会随公式的位置变化而变化。

如 B1 命名为 X，C1 命名为 Y，在 D1 单元格中输入公式：=X+Y。将 D1 单元格中的公式复制到 D2 单元格中，结果发现：D2 单元格中的公式仍然是"=X+Y"，D2 单元格的计算值仍然是 B1。

二、能力训练

能力点

● 公式的基本操作（输入公式；复制公式）。

● 单元格引用（相对引用；绝对引用；混合引用；三维引用）。

● 函数的基本操作（输入函数；复制函数；常用函数（SUM、AVERAGE、MAX、MIN、IF、RAND、RANK、RANKIF））。

（一）公式的基本操作

1. 输入公式

【案例】在"考勤"工作表中，计算杜玫的考勤成绩。

（1）在 R2 单元格中输入"="，然后单击要引用的单元格，如"单元格 C2"，如图 4.307 所示。

SUM	▼	X ✓ fx	=C2														
	A	B	C	D	E	F	G	H	I	J	K	L	M	N	O	P	Q	R
1	学号	姓名	1	2	3	4	5	6	7	8	9	10	11	12	13	14	15	考勤成绩
2	20090395	杜玫	1	1	1	0.5	1	1	1	1	1	1	1	1	1	1	1	=C2
3	20090396	张昆鹏	1	1	1	1	1	1	1	1	1	1	0.5	1	1	1	1	
4	20090398	陈杰	0	1	1	1	1	1	0	1	1	1	1	1	1	1	1	
5	20090399	韩天皓	1	1	1	1	1	1	1	1	1	0.5	1	1	1	1	1	
6	20090400	杨青盛	1	1	1	0.5	1	1	1	1	1	1	1	1	1	1	1	
7	20090401	程珊珊	1	1	1	1	1	1	1	1	1	1	1	1	1	1	1	

图 4.307　输入公式步骤 1

（2）接着输入"+"，如图 4.308 所示。

（3）按照同样的方法将其他要输入公式的单元格编号和运算符都加入到公式中，如图 4.309 所示。

（4）按【Enter】键，此时单元格中显示计算结果，如图 4.310 所示。

N	O	P	Q	R
12	13	14	15	考勤成绩
1	1	1	1	=C2+
0.5	1	1	1	
1	1	1	1	
1	1	1	1	

图 4.308　输入公式步骤 2

R	S	T	U	V	W
考勤成绩					
=((C2+D2+E2+F2+G2+H2+I2+J2+K2+L2+M2+N2+O2+P2+Q2)/15*100					

图 4.309　输入公式步骤 3

N	O	P	Q	R
12	13	14	15	考勤成绩
1	1	1	1	97
0.5	1	1	1	

图 4.310　输入公式步骤 4

小贴士

也可以直接在单元格中输入公式的单元格编号。

2. 复制公式

【案例】在"考勤"工作表中，将 R2 单元格的公式复制到 R3:R30 中。

（1）选择要复制公式的单元格 R2，将鼠标指针移至该单元格右下角的控制柄上，当其变为"+"形状时向下拖动，如图 4.311 所示。

（2）当框选住单元格区域 R2:R30 后释放鼠标左键，完成公式的复制，如图 4.312 所示。

+M2+N2+O2+P2+Q2)/15*100

M	N	O	P	Q	R
11	12	13	14	15	考勤成绩
1	1	1	1	1	97
1	0.5	1	1	1	
1	1	1	1	1	
0.5	1	1	1	1	
1	1	1	1	1	
1	1	1	1	1	+

图 4.311　复制公式步骤 1

杨兴城	1	1	1	1	0	1	1	0.5	1	1	1	1	90
王索傅	0.5	1	1	1	1	1	1	1	1	1	1	1	97
李梦雅	1	1	1	1	1	1	1	1	1	1	1	1	100
海梅	1	1	1	1	1	0	1	1	1	1	1	1	93
户亚婳	1	1	0.5	1	1	1	1	1	1	1	1	1	97
丁嫚	1	1	1	1	1	1	1	1	1	1	1	1	100
胡世杰	1	1	1	1	1	1	1	0.5	1	1	1	1	97
张健	1	1	0	1	1	1	1	1	1	1	1	1	93
德尔艾力	1	1	1	1	1	1	1	1	1	1	0	1	93
李豫院	1	1	0.5	1	1	1	1	1	1	1	1	1	93
李霆	1	1	1	1	1	1	1	1	1	0.5	1	1	97
蒙维维	1	1	1	1	1	1	1	1	1	1	1	1	100
古丽米热	1	1	1	1	1	1	1	1	1	1	1	1	93
古丽米热	1	1	1	0.5	1	1	1	1	1	1	1	1	97
哈力比尔	1	1	1	0	1	1	1	1	1	1	1	1	93
古丽其曼	1	1	1	1	1	1	1	1	1	0.5	1	1	97

图 4.312　复制公式步骤 2

（二）函数的基本操作

1．输入函数

【案例】在“平时”工作表，计算杜玟的平时成绩。

（1）选择 R2 单元格，单击“公式”→“函数库”→“插入函数”按钮，如图 4.313 所示。

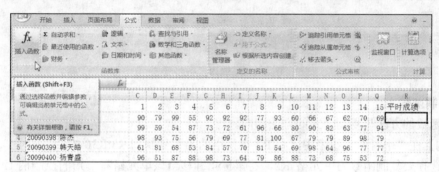

图 4.313　输入函数步骤 1

（2）如果不了解要使用的函数，可在“插入函数”对话框的“搜索函数”文本框中输入对函数的描述，然后单击“转到”按钮，如图 4.314 所示。

（3）“选择函数”列表框中将显示搜索到的结果，选择适合的函数，单击“确定”按钮，如图 4.315 所示。

图 4.314　输入函数步骤 2

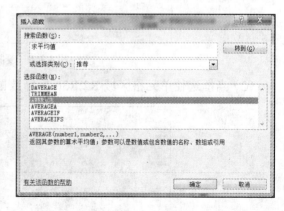

图 4.315　输入函数步骤 3

（4）弹出“函数参数”对话框，其中的参数 1 取默认值，单击“确定”按钮，如图 4.316 所示。

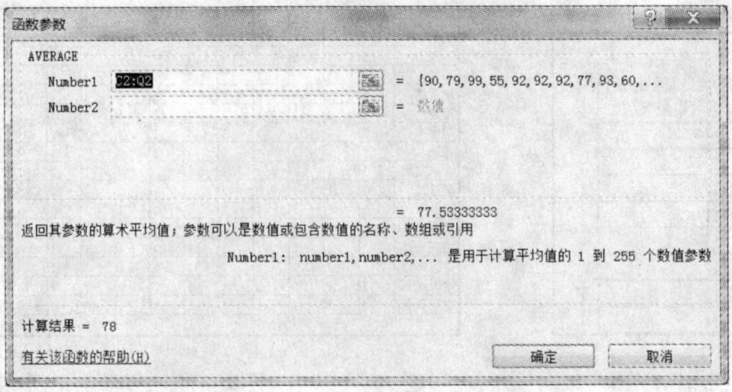

图 4.316　输入函数步骤 4

（5）在 R2 单元格中插入求杜玫的平时成绩的“AVERAGE”函数，如图 4.317 所示。

=AVERAGE(C2:Q2)

C	D	E	F	G	H	I	J	K	L	M	N	O	P	Q	R
1	2	3	4	5	6	7	8	9	10	11	12	13	14	15	平时成绩
90	79	99	55	92	92	92	77	93	60	66	67	62	70	69	78
99	59	54	87	73	72	61	96	66	80	90	82	63	77	94	
98	93	75	56	79	69	77	81	100	67	79	79	89	98	79	

图 4.317　输入函数步骤 5

2. 复制函数

复制函数的方法与复制公式的方法相同。

【案例】 在“平时”工作表中，将 R2 单元格的函数复制到 R3:R30 中。

（1）选择要复制函数的单元格 R2，将鼠标指针移至该单元格右下角的控制柄上，当其变为“+”形状时向下拖动，如图 4.318 所示。

=AVERAGE(C2:Q2)

C	D	E	F	G	H	I	J	K	L	M	N	O	P	Q	R	S
1	2	3	4	5	6	7	8	9	10	11	12	13	14	15	平时成绩	
90	79	99	55	92	92	92	77	93	60	66	67	62	70	69	78	
99	59	54	87	73	72	61	96	66	80	90	82	63	77	94		
98	93	75	56	79	69	77	81	100	67	79	79	89	98	79		
61	81	68	53	84	57	70	81	54	69	98	64	96	77	77		
96	51	87	88	98	73	64	79	86	88	73	68	75	53	72		
77	78	64	89	98	54	83	96	83	57	63	83	69	99	89		
54	67	89	64	81	72	79	96	62	76	64	95	66	63	97		
88	96	83	96	55	86	65	94	85	57	73	52	65	78	55		
96	64	59	67	86	97	83	67	60	73	83	68	70	76	83		+

图 4.318　复制函数步骤 1

（2）当框选住单元格区域 R2:R30 后释放鼠标左键，完成函数的复制，如图 4.319 所示。

杨兴斌	68	80	95	76	92	88	50	64	94	97	50	70	86	92	74	78
王宗偉	72	99	72	52	55	83	96	91	76	74	53	68	62	52	73	72
李梦雅	70	96	82	58	52	85	53	50	56	66	59	59	68	63	62	65
海梅	50	55	67	93	62	70	64	96	65	62	73	55	61	68	64	67
户亚娟	66	68	66	98	65	53	51	79	69	92	75	59	63	91	91	72
丁媛	53	81	59	74	68	70	82	93	96	60	64	67	74	55	75	71
胡世杰	91	62	52	90	72	64	78	74	65	64	70	52	63	97	72	71
张健	75	75	90	84	78	97	89	85	83	62	79	81	62	77	72	79
谢尔艾力・亚森	69	76	91	83	93	70	58	83	65	51	53	88	92	91	82	76
李豫陇	50	92	90	86	58	91	56	94	98	58	73	73	87	99	88	80
李霆	66	62	95	80	77	58	93	98	50	94	100	98	70	82	63	79
蒙維維	77	64	100	63	67	75	59	52	61	50	96	60	55	87	99	71
古丽米热・帕力哈提	78	92	73	51	100	87	64	66	96	96	95	90	50	62	79	79
古丽米热・艾散江	54	52	59	89	96	53	72	92	93	96	91	63	59	97	51	74
哈力比尔	72	75	55	100	58	50	97	100	99	54	52	92	51	96	96	76
古丽其曼	98	51	90	97	88	83	72	59	69	82	79	52	98	100	59	78

图 4.319　复制函数步骤 2

（三）常用函数

1. SUM 函数

【案例】在"单元考核"工作表中，计算杜玫的总分。

（1）选择 I2 单元格，单击"公式"→"函数库"→"插入函数"按钮，如图 4.320 所示。

图 4.320 使用 SUM 函数步骤 1

（2）在"插入函数"对话框的"选择函数"列表框中选择"SUM"函数，单击"确定"按钮，如图 4.321 所示。

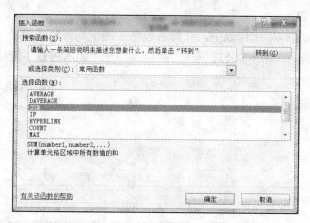

图 4.321 使用 SUM 函数步骤 2

（3）弹出"函数参数"对话框，在"Number1"文本框中设置 C2:R2，单击"确定"按钮，如图 4.322 所示。

图 4.322 使用 SUM 函数步骤 3

（4）计算出杜玫的总分，如图 4.323 所示。

		=SUM(C3:H3)						
B								I
				单元考核成绩				
姓名	单元1	单元2	单元3	单元4	单元5	单元6		总分
杜玫	55	58	62	63	88	70		396
张昆鹏	89	58	64	61	80	71		
陈杰	67	54	66	96	75	92		
韩天皓	63	73	89	63	55	90		

图 4.323　使用 SUM 函数步骤 4

（5）复制函数计算其他同学的总分，如图 4.324 所示。

				单元考核成绩			
姓名	单元1	单元2	单元3	单元4	单元5	单元6	总分
杜玫	55	58	62	63	88	70	396
张昆鹏	89	58	64	61	80	71	423
陈杰	67	54	66	96	75	92	450
韩天皓	63	73	89	63	55	90	433
杨青盛	73	61	94	89	63	82	462
程珊珊	75	61	63	35	66	105	405
娄冬花	72	57	94	93	65	66	447
刘皎	93	76	68	58	91	91	477
杨锐	61	91	85	69	62	67	435
胡苏	88	76	67	58	66	93	448

图 4.324　使用 SUM 函数步骤 5

2. AVERAGE 函数

【案例】在"单元考核"工作表中，计算各位学生的平均考核成绩。

（1）选择 J2 单元格，单击"公式"→"函数库"→"插入函数"按钮，如图 4.325 所示。

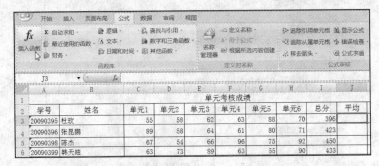

图 4.325　使用 AVERAGE 函数步骤 1

（2）在弹出的"插入函数"对话框的"选择函数"列表框中选择"AVERAGE"函数，单击"确定"按钮，如图 4.326 所示。

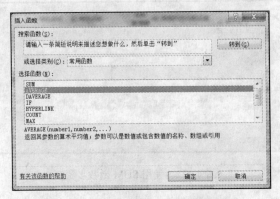

图 4.326　使用 AVERAGE 函数步骤 2

（3）弹出"函数参数"对话框，单击"Number1"文本框右边的"折叠"按钮，如图4.327所示。

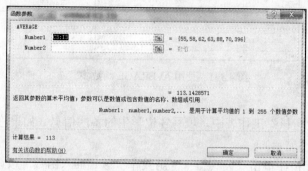

图 4.327　使用 AVERAGE 函数步骤 3

（4）在"单元考核"工作表中选择 C3:H3 单元格区域，然后单击"展开"按钮，如图4.328所示。

图 4.328　使用 AVERAGE 函数步骤 4

（5）返回"函数参数"对话框，单击"确定"按钮，如图4.329所示。

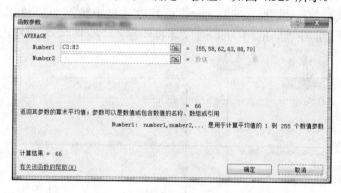

图 4.329　使用 AVERAGE 函数步骤 5

（6）计算出杜玫的平均分，如图4.330所示。

姓名	单元1	单元2	单元3	单元4	单元5	单元6	总分	平均
杜玫	55	58	62	63	88	70	396	66
张昆鹏	89	58	64	61	80	71	423	
陈杰	67	54	66	96	75	92	450	
韩天皓	63	73	89	63	55	90	433	
杨青盛	73	61	94	89	63	82	462	
程珊珊	75	61	63	55	85	66	405	

图 4.330　使用 AVERAGE 函数步骤 6

（7）复制公式计算其他同学的平均分，如图4.331所示。

单元考核成绩								
姓名	单元1	单元2	单元3	单元4	单元5	单元6	总分	平均
杜玫	55	58	62	63	88	70	396	66
张昆鹏	89	58	64	61	80	71	423	71
陈杰	67	54	66	96	75	92	450	75
韩天皓	63	73	89	63	55	90	433	72
杨青盛	73	61	94	89	63	82	462	77
程瑷瑶	75	61	63	55	85	66	405	68
晏冬花	72	57	94	93	65	66	447	75
刘蛟	93	76	68	58	91	91	477	80
杨锐	61	91	85	69	62	67	435	73

图 4.331　使用 AVERAGE 函数步骤 7

3. IF 函数

【案例】在"单元考核"工作表中，填写各位学生的备注信息（如果总评成绩>=85，则显示"优秀"，否则什么也不显示）。

（1）选择 L2 单元格，单击"公式"→"函数库"→"插入函数"按钮，如图 4.332 所示。

图 4.332　使用 IF 函数步骤 1

（2）弹出"插入函数"对话框，在"或选择类别"下拉列表框中选择"全部"选项，在"选择函数"列表框中选择"IF"函数，单击"确定"按钮，如图 4.333 所示。

（3）弹出"函数参数"对话框，在"Logical_test"文本框中输入"J3>=85"，在"Value_If_trve"文本框中输入"优秀"，在"Value_If_false"文本框中输入"空格"，然后单击"确定"按钮，如图 4.334 所示。

图 4.333　使用 IF 函数步骤 2

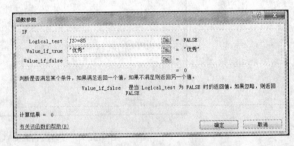

图 4.334　使用 IF 函数步骤 3

（4）计算出杜玫的备注信息（显示空白，表示杜玫的单元考核成绩为"非优秀"），如图 4.335 所示。

单元考核成绩									
姓名	单元1	单元2	单元3	单元4	单元5	单元6	总分	平均	排名	备注
杜玫	55	58	62	63	88	70	396	66		
张昆鹏	89	58	64	61	80	71	423	71		
陈杰	67	54	66	96	75	92	450	75		
韩天皓	63	73	89	63	55	90	433	72		
杨青盛	73	61	94	89	63	82	462	77		

图 4.335　使用 IF 函数步骤 4

（5）复制函数求得其他学生的备注信息，如图 4.336 所示。

	单元考核成绩									
姓名	单元1	单元2	单元3	单元4	单元5	单元6	总分	平均	排名	备注
杜牧	55	58	62	63	88	70	396	66		
张昆鹏	89	58	64	61	80	71	423	71		
陈杰	67	54	66	96	75	92	450	75		
韩天皓	63	73	89	63	55	90	433	72		
杨青盛	73	61	94	89	63	82	462	77		
程瑶瑶	75	61	63	55	85	66	405	68		
晏冬花	72	97	94	93	87	83	526	88		优秀
刘敏	93	86	68	78	91	91	507	85		
杨锐	61	91	85	69	62	67	435	73		
胡芬	90	76	80	88	86	93	513	86		优秀
潘亚龙	62	73	75	60	68	87	425	71		

图 4.336　使用 IF 函数步骤 5

4. RAND 函数

【案例】在"单元考核"工作表中，计算各位学生的排名。

（1）选择 K2 单元格，单击"公式"→"函数库"→"插入函数"按钮，如图 4.337 所示。

图 4.337　使用 RAND 函数步骤 1

（2）弹出"插入函数"对话框，在"或选择类别"下拉列表框中选择"全部"选项，在"选择函数"列表框中选择"RANK"函数，单击"确定"按钮，如图 4.338 所示。

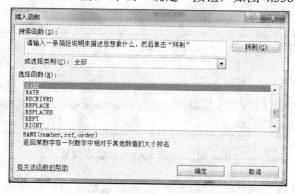

图 4.338　使用 RAND 函数步骤 2

（3）弹出"函数参数"对话框，单击"Number"文本框右边的"折叠"按钮，如图 4.339 所示。

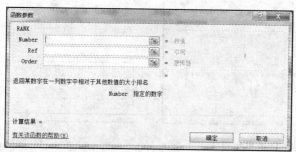

图 4.339　使用 RAND 函数步骤 3

（4）在"单元考核"工作表中选择 J3 单元格区域，然后单击"展开"按钮 ，如图 4.340
所示。

图 4.340　使用 RAND 函数步骤 4

（5）返回"函数参数"对话框，单击"Ref"文本框右边的折叠按钮 ，单击"确定"按钮，
如图 4.341 所示。

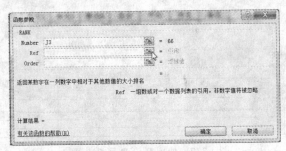

图 4.341　使用 RAND 函数步骤 5

（6）在"单元考核"工作表中选择 J3:J31 单元格区域，然后单击"展开"按钮 ，如图 4.342
所示。

图 4.342　使用 RAND 函数步骤 6

（7）返回"函数参数"对话框，"Order"文本框取默认值，然后单击"确定"按钮，如图
4.343 所示。

（8）计算出杜玫的平均分，如图 4.344 所示。

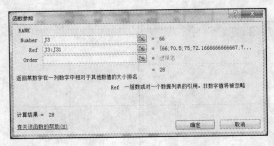

图 4.343　使用 RAND 函数步骤 7

图 4.344　使用 RAND 函数步骤 8

注意：此处涉及单元格的引用问题，暂时不复制公式计算其他学生的排名。

5. MAX 函数

【案例】在"单元考核"工作表计算各单元的最高分。

（1）选择 C33 单元格，单击"公式"→"函数库"→"插入函数"按钮，如图 4.345 所示。

（2）弹出"插入函数"对话框，在"选择函数"列表框中选择"MAX"函数，单击"确定"按钮，如图 4.346 所示。

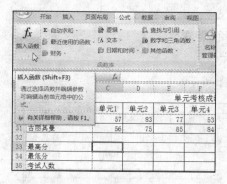

图 4.345 使用 MAX 函数步骤 1　　　　图 4.346 使用 MAX 函数步骤 2

（3）弹出"函数参数"对话框，单击"Number1"文本框中右边的"折叠"按钮，如图 4.347 所示。

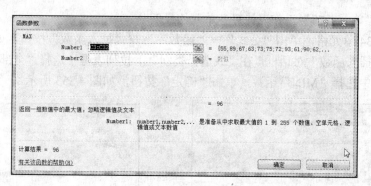

图 4.347 使用 MAX 函数步骤 3

（4）在"单元考核"工作表中选择 C3:C31 单元格区域，然后单击"展开"按钮，如图 4.348 所示。

图 4.348 使用 MAX 函数步骤 4

（5）返回"函数参数"对话框，单击"确定"按钮，如图 4.349 所示。

图 4.349　使用 MAX 函数步骤 5

（6）计算出"单元 1"的最高分，如图 4.350 所示。

（7）复制函数计算其他单元的最高分，如图 4.351 所示。

姓名	单元1	单元2
古丽其曼	56	75
最高分	96	
最低分		
考试人数		
<60分		

图 4.350　使用 MAX 函数步骤 6

姓名	单元考核成绩					
	单元1	单元2	单元3	单元4	单元5	单元6
古丽米热·帕力哈提	64	59	61	76	66	57
古丽米热·艾敷江	77	93	74	94	58	87
哈力比尔	57	83	77	53	72	69
古丽其曼	56	75	85	84	91	78
最高分	96	97	95	96	91	94
最低分						
<60分						

图 4.351　使用 MAX 函数步骤 7

6. MIN 函数

【案例】在"单元考核"工作表计算各单元的最低分。

（1）选择 C34 单元格，单击"公式"→"函数库"→"插入函数"按钮，如图 4.352 所示。

（2）弹出"插入函数"对话框，在"或选择类别"下拉列表框中选择"全部"选项，在"选择函数"列表框中选择"MIN"函数，单击"确定"按钮，如图 4.353 所示。

图 4.352　使用 MIN 函数步骤 1

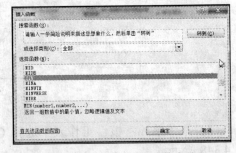

图 4.353　使用 MIN 函数步骤 2

（3）弹出"函数参数"对话框，单击"Number1"文本框右边的"折叠"按钮，如图 4.354 所示。

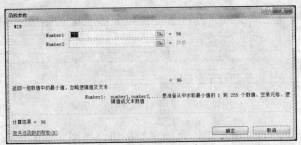

图 4.354　使用 MIN 函数步骤 3

（4）在"单元考核"工作表中选择 C3:C31 单元格区域，然后单击"展开"按钮，如图 4.355 所示。

（5）返回"函数参数"对话框，单击"确定"按钮，如图 4.356 所示。

图 4.355　使用 MIN 函数步骤 4

图 4.356　使用 MIN 函数步骤 5

（6）计算出"单元 1"的最低分，如图 4.357 所示。

（7）复制函数计算其他单元的最低分，如图 4.358 所示。

图 4.357　使用 MIN 函数步骤 6

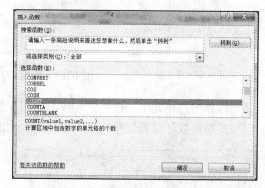

图 4.358　使用 MIN 函数步骤 7

7. COUNT 函数

【案例】在"单元考核"工作表计算各单元的考试人数。

（1）选择 C35 单元格，单击"公式"→"函数库"→"插入函数"按钮，如图 4.359 所示。

（2）弹出"插入函数"对话框，在"或选择类别"下拉列表框中选择"全部"选项，在"选择函数"列表框中选择"COUNT"函数，单击"确定"按钮，如图 4.360 所示。

图 4.359　使用 COUNT 函数步骤 1

图 4.360　使用 COUNT 函数步骤 2

（3）弹出"函数参数"对话框，单击"Number1"文本框右边的"折叠"按钮，如图 4.361 所示。

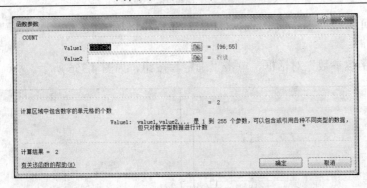

图 4.361　使用 COUNT 函数步骤 3

（4）在"单元考核"工作表中选择 C3:C31 单元格区域，然后单击"展开"按钮，如图 4.362 所示。

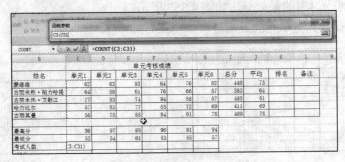

图 4.362　使用 COUNT 函数步骤 4

（5）返回"函数参数"对话框，单击"确定"按钮，如图 4.363 所示。

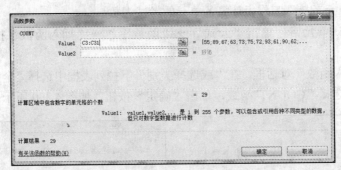

图 4.363　使用 COUNT 函数步骤 5

（6）计算出"单元 1"的考试人数，如图 4.364 所示。

（7）复制函数计算其他单元的考试人数，如图 4.365 所示。

单元考核成绩						
姓名	单元1	单元2	单元3	单元4	单元5	单元6
最高分	96	97	95	96	91	94
最低分	55	54	61	53	55	57
考试人数	29					
<60分						
[60-70)分人数						
[70-80)分人数						
[80-90)分人数						
≥90分人数						

图 4.364　使用 COUNT 函数步骤 6

单元考核成绩						
姓名	单元1	单元2	单元3	单元4	单元5	单元6
最高分	96	97	95	96	91	94
最低分	55	54	61	53	55	57
考试人数	29	29	29	29	29	29
<60分						
[60-70)分人数						
[70-80)分人数						
[80-90)分人数						
≥90分人数						

图 4.365　使用 COUNT 函数步骤 7

8. COUNTIF 函数

【案例】在"单元考核"工作表，计算各单元各分数段的人数。

（1）选择 C36 单元格，单击"公式"→"函数库"→"插入函数"按钮，如图 4.366 所示。

（2）弹出"插入函数"对话框，在"或选择类别"下拉列表框中选择"全部"选项，在"选择函数"列表框中选择"COUNTIF"函数，单击"确定"按钮，如图 4.367 所示。

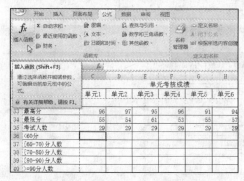

图 4.366　使用 COUNTIF 函数步骤 1

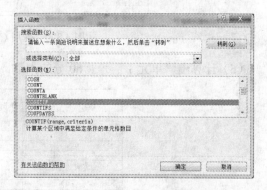

图 4.367　使用 COUNTIF 函数步骤 2

（3）弹出"函数参数"对话框，单击"Range"文本框中右边的"折叠"按钮，如图 4.368 所示。

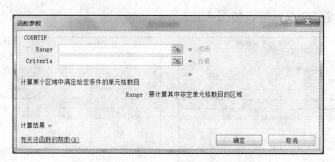

图 4.368　使用 COUNTIF 函数步骤 3

（4）在"单元考核"工作表中选择 C3:C31 单元格区域，然后单击"展开"按钮，如图 4.369 所示。

图 4.369　使用 COUNTIF 函数步骤 4

（5）弹出"函数参数"对话框，在"Criteria"文本框中输入"<60"，单击"确定"按钮，如图 4.370 所示。

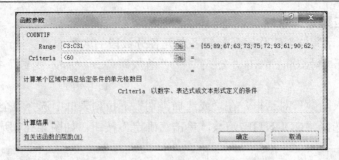

图 4.370　使用 COUNTIF 函数步骤 5

（6）计算出"单元 1"小于 60 分的人数，如图 4.371 所示。

姓名	单元考核成绩					
	单元1	单元2	单元3	单元4	单元5	单元6
最高分	96	97	95	96	91	94
最低分	55	54	61	53	55	57
考试人数	29	29	29	29	29	29
<60分	3					
[60~70)分人数						
[70~80)分人数						
[80~90)分人数						
>=90分人数						

图 4.371　使用 COUNTIF 函数步骤 6

（7）复制函数计算其他单元小于 60 分的人数，如图 4.372 所示。

（8）复制公式到 C37 单元格，如图 4.373 所示。

姓名	单元考核成绩					
	单元1	单元2	单元3	单元4	单元5	单元6
最高分	96	97	95	96	91	94
最低分	55	54	61	53	55	57
考试人数	29	29	29	29	29	29
<60分	3	5	0	3	4	1
[60~70)分人数						
[70~80)分人数						
[80~90)分人数						
>=90分人数						

图 4.372　使用 COUNTIF 函数步骤 7

姓名	单元考核成绩					
	单元1	单元2	单元3	单元4	单元5	单元6
最高分	96	97	95	96	91	94
最低分	55	54	61	53	55	57
考试人数	29	29	29	29	29	29
<60分	3	5	0	3	4	1
[60~70)分人数	2					
[70~80)分人数						
[80~90)分人数						
>=90分人数						

图 4.373　使用 COUNTIF 函数步骤 8

（9）选中 C37 单元格，单击编辑栏，将公式"=COUNTIF(C4:C32,"<60")"修改为"=COUNTIF(C3:C31,"<70")-C36"，单击"确认"按钮 ✔，如图 4.374 所示。

（10）计算出"单元 1"大于等于 60 分小于 70 分的人数，如图 4.375 所示。

COUNTIF　=COUNTIF(C3:C31,"<70")-C36

姓名	单元考核成绩					
	单元1	单元2	单元3	单元4	单元5	单元6
最高分	96	97	95	96	91	94
最低分	55	54	61	53	55	57
考试人数	29	29	29	29	29	29
<60分	3					
[60~70)分人数	")-C36					
[70~80)分人数						
[80~90)分人数						
>=90分人数						

图 4.374　使用 COUNTIF 函数步骤 9

姓名	单元考核成绩					
	单元1	单元2	单元3	单元4	单元5	单元6
最高分	96	97	95	96	91	94
最低分	55	54	61	53	55	57
考试人数	29	29	29	29	29	29
<60分	3	5	0	3	4	1
[60~70)分人数	9					
[70~80)分人数						
[80~90)分人数						
>=90分人数						

图 4.375　使用 COUNTIF 函数步骤 10

（11）复制函数计算其他单元大于等于 60 分小于 70 分的人数，如图 4.376 所示。

（12）按照相同的方法计算其他分数段的人数，如图 4.377 所示。

		B		𝒇ₓ	=COUNTIF(C3:C31,"<70")-C36

表格（图4.376）：

姓名	单元1	单元2	单元3	单元4	单元5	单元6
			单元考核成绩			
最高分	96	97	95	96	91	94
最低分	55	54	61	53	55	57
考试人数	29	29	29	29	29	29
<60分	3	5	0	3	4	1
[60-70)分人数	9	3	6	9	7	
[70-80)分人数						
[80-90)分人数						
>=90分人数						

图 4.376　使用 COUNTIF 函数步骤 11

	单元考核成绩					
姓名	单元1	单元2	单元3	单元4	单元5	单元6
最高分	96	97	95	96	91	94
最低分	55	54	61	53	55	57
考试人数	29	29	29	29	29	29
<60分	3	5	0	3	4	1
[60-70)分人数	9	3	6	9	7	6
[70-80)分人数	7	9	7	4	4	7
[80-90)分人数	4	6	10	8	11	8
>=90分人数	6	6	6	5	3	7

图 4.377　使用 COUNTIF 函数步骤 12

（四）单元格的引用

1. 三维引用

【案例】在"总评"工作表中，获得各位学生的"考勤"、"平时"、"单元考核"成绩。

（1）选择 C5 单元格，输入"="，如图 4.378 所示。

（2）单击"考勤"工作表标签，切换到"考勤"工作表，选择 R2 单元格，单击"确认"按钮✔或按【Enter】键，如图 4.379 所示。

图 4.378　使用三维引用步骤 1

图 4.379　使用三维引用步骤 2

（3）返回"总评"工作表，获得杜玫的"考勤"成绩，如图 4.380 所示。

（4）复制公式至 R6:R33 单元格区域，计算其他学生的"考勤"成绩，如图 4.381 所示。

图 4.380　使用三维引用步骤 3

图 4.381　使用三维引用步骤 4

（5）按照相同的方法计算"平时"、"单元考核"成绩，如图 4.382 所示。

图 4.382　使用三维引用步骤 5

2. 绝对引用

【案例】在"总评"工作表中，获得各位学生的"总评"成绩。

（1）选择 G5 单元格，输入公式"=C5*C4+D5*D4+E5*E4+F5*F4"，如图 4.383 所示。

（2）单击公式中的 C4 单元格位置，如图 4.384 所示。

图 4.383　使用绝对引用步骤 1　　　　　　　图 4.384　使用绝对引用步骤 2

（3）按【F4】键，将"C4"单元格切换为绝对引用"C4"，如图 4.385 所示。

（4）按照同样的方法将"D4"、"E4"、"F4"切换为绝对引用"D4"、"E4"、"F4"，按【Enter】键，如图 4.386 所示。

图 4.385　使用绝对引用步骤 3　　　　　　　图 4.386　使用绝对引用步骤 4

（5）计算出杜玫的"总评"成绩，如图 4.387 所示。

（6）复制公式计算学生的"总评"成绩，如图 4.388 所示。

图 4.387　使用绝对引用步骤 5　　　　　　　图 4.388　使用绝对引用步骤 6

【案例】在"单元考核"工作表中，计算其他学生的"排名"。

（1）选择 G5 单元格，如图 4.389 所示。

图 4.389　使用绝对引用步骤 1

（2）单击编辑栏中的 J3 单元格位置，按【F4】键，将"J3"单元格切换为绝对引用"J3"，如图 4.390 所示。

（3）按照同样的方法，将"J31"单元格切换为绝对引用"J31"，按【Enter】键，修改 G5单元格的公式，如图 4.391 所示。

图 4.390　使用绝对引用步骤 2

图 4.391　使用绝对引用步骤 3

（4）复制公式计算学生的排名，如图 4.392 所示。

单元考核成绩										
姓名	单元1	单元2	单元3	单元4	单元5	单元6	总分	平均	排名	备注
杜玫	55	58	62	63	88	70	396	66	28	
张昆鹏	89	58	64	61	80	71	423	71	25	
陈杰	67	54	66	96	75	92	450	75	16	
韩天皓	63	73	89	63	55	90	433	72	22	
杨青盛	73	61	94	89	63	82	462	77	14	
程珊珊	75	61	63	55	85	66	405	68	27	
晏冬花	72	97	94	93	87	83	526	88	1	优秀
刘皎	93	86	68	78	91	91	507	85	6	
杨锐	61	91	85	69	62	67	435	73	21	
胡苏	90	76	80	88	86	93	513	86	4	优秀
潘亚龙	62	73	75	60	68	87	425	71	24	
苏雪琴	95	78	91	58	65	61	448	75	17	
薛晓玮	96	54	70	87	56	65	428	71	23	

图 4.392　使用绝对引用步骤 4

目标 5：数据处理与分析

Excel 提供了很多管理数据的工具，如数据排序、筛选、分类汇总等。数据可以让所有记录按某种规律重新排列显示，方便查找、分析；数据筛选可以查询符合某种条件的记录，多用于查询检索；数据分类汇总可以将数据按某种规律自动分类，并在同类型中进行各种统计、计算、显示统计、计算结果，多用于统计、分析、汇总。

用户可以通过这些数据管理的方式，得到需要的结论或者数据。

一、基础知识

（一）数据清单

数据清单也叫数据表格，是包含相关数据的一系列工作表，例如，学生成绩表或季度销售表等。建立数据清单的方法和前面所讲的建立一张工作表的方法完全相同。下面介绍几个术语。

● 字段：数据表的一列称为字段。

● 记录：数据表的一行称为记录。

● 字段名：在数据表的顶行通常有字段名，字段名是字段内容的概括和说明。

如图 4.393 所示的工作表是一个数据表格，它有 10 列，所以有 10 个字段，字段名分别是：学号、姓名、性别、年龄、出生日期、笔试、机试、总分、平均分、结论。它有 9 条记录，每个记录的内容就是每个学生的学号、姓名、性别、年龄、出生日期、笔试、机试、总分、平均分、结论对应的值。

	A	B	C	D	E	F	G	H	I	J
1	学号	姓名	性别	年龄	出生日期	笔试	机试	总分	平均分	结论
2	205001	刘欣	男	21	1979-7-5	40	62	102	51	补考
3	205002	王金梅	女	34	1979-7-27	70	73	143	71.5	通过
4	205003	刘志刚	男	32	1979-8-21	75	84	159	79.5	通过
5	205004	李靖	女	23	1979-9-16	45	95	140	70	补考
6	205005	曹华琨	男	31	1979-11-14	80	50	130	65	补考
7	205006	衡静	女	24	1980-1-12	81	72	153	76.5	通过
8	205007	南冰	男	35	1980-2-15	73	55	128	64	补考
9	205008	吴大治	男	42	1982-3-25	92	67	159	79.5	通过
10	205009	刘宁	男	13	1980-2-16	67	73	140	70	通过
11	205010	李晓冬	女	24	1980-3-18	54	82	136	68	补考
12	205011	张鹤	男	25	1980-4-19	32	84	116	58	补考
13	205012	王娜	女	27	1980-4-19	80	71	151	75.5	通过
14	205013	陈震宇	男	39	1980-6-16	70	49	119	59.5	补考
15	205014	湛明	男	28	1980-8-16	72	30	102	51	补考
16	205015	金东生	男	31	1980-9-23	63	82	145	72.5	通过
17	205016	吴薇	女	29	1980-11-26	75	71	146	73	通过
18	205017	张三	男	28	1978-5-18	85	98	183	91.5	通过
19										
20										

图 4.393　数据表中的字段和记录

（二）在工作表上创建数据清单的准则

Excel 提供了一系列功能，可以很方便地管理和分析数据清单中的数据。在运用这些功能时，要遵循下述准则创建数据清单。

1. 数据清单的结构

（1）每张工作表仅使用一个数据清单。避免在一张工作表中建立多个数据表格。某些清单管理功能如筛选等，一次只能在一个数据清单中使用。

（2）将相似项置于同一列。在设计数据清单时，应该使同一列中的各行具有相似的数据面。

（3）清单独立。工作表的数据清单与其他数据间至少有一个空列和一个空行。在执行排序、筛选或插入自动汇总等操作时，将有利于 Excel 检测和选定数据清单。

（4）将关键数据置于清单的顶部或底部。避免将关键数据放到数据清单的左右两侧，因为这些数据在筛选数据清单时可能会被隐藏。

（5）显示行和列。在更改数据清单之前，请确保隐藏的行或列也被显示。如果清单中的行和列未被显示，那么数据有可能会被删除。

2. 数据清单的格式

（1）使用带格式的列标。在清单的第一行中创建列标题。Excel 将使用列标题创建报告并查找和组织数据。对列标题请使用与清单中数据不同的字体、对齐方式、格式、图案、边框或大小写类型等。在键入列标题之前，请将单元格设置为文本格式。

（2）使用单元格边框。如果要将列标题和其他数据分开，请使用单元格边框（而不是空格或短画线），并在标题行下插入直线。

（3）避免空行和空列。避免在数据清单中放置空行和空列，这将有利于 Excel 检测和选定数据清单。

（4）不要在单元格前面或后面键入空格。单元格开关和末尾的多余空格会影响排序与搜索。可以缩进单元格内的文本来代替键入空格。

（5）扩展清单格式和公式。当向清单末尾添加新的数据行时，Excel 将扩展一致的格式和公式。

（三）表格结构设计规律

在 Excel 中创建表格数据主要是为了统计分析数据，所以表格的初始设计对后期充分利用 Excel 提供的分析工具是至关重要的。不合理的表格结构，在数据分析过程中可能导致繁杂的手工操作，严重影响效率和正确率，在更严重的情况下可能导致重新建表。

创建规范结构的数据表，应遵循以下规律：

（1）根据需求构思和设计合理的表格结构。在了解建立表格需求的前提下，表格设计的目标是在保证表格结构稳定的前提下，可以方便地扩充数据，方便后期的统计分析。

（2）避免复合多层表头。复合多层表头无法利用 Excel 的数据分析和统计工具。

（3）尽量把信息分解成最小的逻辑单位。被拆分的信息将对应表格的一"列"，可以大大方便多角度地提取和分析信息。

二、能力训练

能力点

- 数据条件格式（用颜色标记格式；用"数据条"标记格式；用"色阶"的形式标记格式；用"图标集"的形式标记格式；创建格式条件规则标记格式；清除条件格式）。
- 数据排序（数据的简单排序；数据的高级排序）。
- 数据筛选（数据的自动筛选；数据的高级筛选）。
- 数据分类汇总（创建分类汇总；隐藏和显示分类汇总；清除分类汇总）。
- 数据合并计算（按位置合并计算；按类合并计算）。

（一）数据条件格式

通过对数据进行条件格式的设置，可以将单元格中的数据在满足指定条件时以特殊的标记（如以红色、数据条、图标等）显示出来。

1. 用颜色标记格式

【案例】设置产品库存数量大于 5800 件为红色标记显示，产品入库定价高于平均定价为绿色标记显示，产品销售定价为前 3 名为黄色标记显示。

（1）选中设置数据条件格式的单元格区域，如 H4:H86，单击"开始"→"样式"→"条件格式"→"突出显示单元格规则"→"大于"按钮，如图 4.394 所示。

（2）弹出"大于"对话框，在"为大于以下值的单元格设置格式："文本框中输入大于条件值，在"设置为"下拉列表框中设置满足条件后标记的颜色效果，然后单击"确定"按钮，如图 4.395 所示。

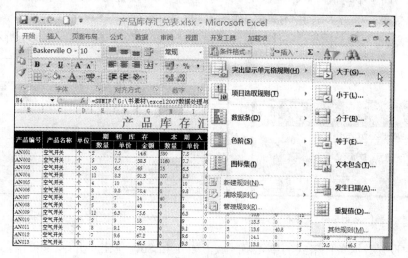

图 4.394　用颜色标记格式步骤 1

（3）此时单元格区域中满足条件的数值以浅红填充色深红色文本标记，如图 4.396 所示。

图 4.395　用颜色标记格式步骤 2

产　品　库　存　汇　总					
期　初　库　存			本　期　入　库		
数量	单价	金额	数量	单价	金额
2	7.8	14.6	590	7.8	4307
5	7.7	38.5	1160	7.7	8932
10	6.5	65	75	6.5	487.5
11	8.8	91.8	107	8.3	888.1
4	10	40	0	10	0
8	9.8	78.4	0	9.8	0

图 4.396　用颜色标记格式步骤 3

（4）选中设置数据条件格式的单元格区域，如 J4:J86，单击"开始"→"样式"→"条件格式"→"项目选取规则"→"高于平均值"按钮，如图 4.397 所示

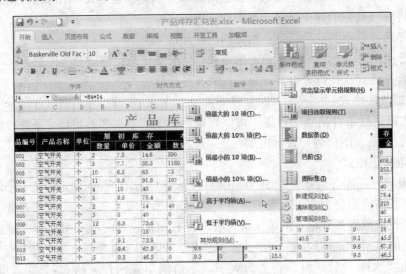

图 4.397　用颜色标记格式步骤 4

（5）弹出"高于平均值"对话框，在"针对选定区域，设置为"下拉列表框中设置满足条件后标记的颜色效果，单击"确定"按钮，如图 4.398 所示。

（6）此时单元格区域中满足条件的数值以绿填充色深绿色文本，如图 4.399 所示。

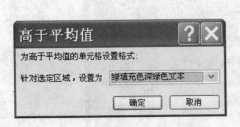

图 4.398　用颜色标记格式步骤 5

			产　品　库　存　汇　总					
产品编号	产品名称	单位	期　初　库　存			本　期　入　库		
			数量	单价	金额	数量	单价	金额
AN014	空气开关	个	5	6	30	0	6	0
AN015	空气开关	个	5	5.7	5.7	0	5.7	0
BY001	三相变压器	台	12	257.5	3090	33	257.5	8497.5
BY002	变压器	台	10	197.5	1975	0	197.5	0
BY003	开关电源	个	28	16.5	879.5	98	16.5	1534.5
BY004	开关电源	个	25	12.3	307.5	175	12.3	2152.5
BY005	变压器(带外壳)	台	9	244.5	2200.5	0	244.5	0
BY006	磁粉离合器电	台	21	46.3	972.3	185	46.3	8565.5
JC001	研华接线端子	片	35	0.3	11.4	515	0.3	154.5
JC002	研华接线端子	只	48	0.7	33.6	550	0.7	385

图 4.399　用颜色标记格式步骤 6

（7）选中设置数据条件格式的单元格区域，如 L4:L86，单击"开始"→"样式"→"条件格式"→"项目选取规则"→"值最大的 10 项"按钮，如图 4.400 所示。

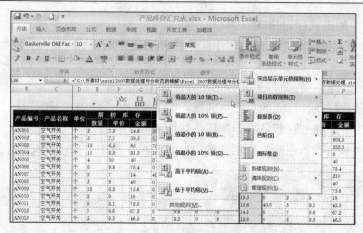

图 4.400　用颜色标记格式步骤 7

（8）弹出"10 个最大的项"对话框，在"为值最大的那些单元格设置格式："选项区域左侧，将"10"改为"3"；右侧，设置满足条件后标记的颜色效果，如"黄填充色深黄色文本"，单击"确定"按钮，如图 4.401 所示。

（9）此时单元格区域中满足条件的数值以黄填充色深黄色文本标记，如图 4.402 所示。

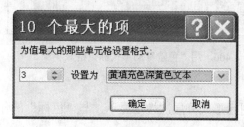

图 4.401　用颜色标记格式步骤 8

产品名称	单位	期 初 库 存			本 期 入 库			本 期 出 库		
		数量	单价	金额	数量	单价	金额	数量	单价	金额
空气开关	个	5	6	30	0	6	0	0	9.5	0
空气开关	个	1	5.7	5.7	0	5.7	0	0	9.2	0
三相变压器	台	12	257.5	8090	33	257.5	8497.5	10	315	3150
变压器	台	10	197.5	197.5	0	197.5	0	0	222	0
开关电源	个	28	16.5	879.5	98	16.5	1534.5	57	21	1197
开关电源	个	25	12.3	307.5	175	12.3	2152.5	163	16.8	2788.4
变压器带外壳	台	9	244.5	2200.5	0	244.5	0	0	281	0
磁粉离合器电f	个	21	46.3	972.3	185	46.3	8565.5	180	55.8	10044
研华接线端子	片	38	0.3	11.4	515	0.3	154.5	551	0.8	440.8
研华接线端子	只	48	0.7	33.6	550	0.7	385	532	1.2	638.4

图 4.402　用颜色标记格式步骤 9

2. 用"数据条"标记格式

"数据条"是条件格式提供的一种数据标记形式，它是将单元格区域中的最大值用于显示最长的柱线，最小值用于显示最短柱线，从而直观地反映数值间的差距。

【案例】以"数据条"形式标记产品库存数量。

（1）选中设置数据条件格式的单元格区域，如 N4:N86，单击"开始"→"样式"→"条件格式"→"数据条"→"紫色数据条"按钮，如图 4.403 所示。

（2）即可将紫色数据条应用到选中的单元格区域，如图 4.404 所示。

图 4.403　用"数据条"标记格式步骤 1

本 期 出 库			期 末 库 存		
数量	单价	金额	数量	单价	金额
592	11.6	6867.2	0	7.3	0
1086	12.1	13140.6	79	7.7	608.3
46	11.2	515.2	39	6.5	253.5
118	12.8	1510.4	0	8.8	0
0	14.5	0	4	10	40
0	14.3	0	8	9.8	78.4
12	11	132	30	7	210
0	12.9	0	0	8	40
0	10.6	0	12	6.3	75.6
0	13.5	0	2	9	18
3	13.6	40.8	5	9.1	45.5
0	14.1	0	5	9.6	67.2
0	13.8	0	5	9.3	46.5
0	9.5	0	5	6	30
0	9.2	0	1	5.7	5.7

图 4.404　用"数据条"标记格式步骤 2

3. 用"色阶"的形式标记格式

"色阶"是将单元格区域中的数值以不同颜色分层次性地显示,从而直观地反映数值间的层次关系。

【案例】以色阶"红-黄-蓝"形式标记出库产品数量。

(1)选中设置数据条件格式的单元格区域,如 K4:K86,单击"开始"→"样式"→"条件格式"→"色阶"→"红-黄-蓝色阶"按钮,如图 4.405 所示。

(2)即可将"红-黄-蓝色阶"应用到选中的单元格区域中,如图 4.406 所示。

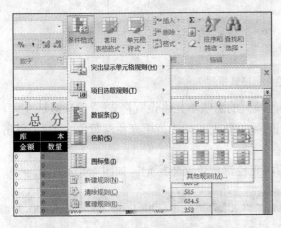

图 4.405　用"色阶"的形式标记格式步骤 1

图 4.406　用"色阶"的形式标记格式步骤 2

4. 用"图标集"的形式标记格式

"图标集"是将单元格区域中的数值以不同的小图标形式分层次性地显示,与"色标"的作用类似。

【案例】以"五向箭头(彩色)"图标集标记产品入库单价。

(1)选中设置数据条件格式的单元格区域,如 I4:I86,单击"开始"→"样式"→"条件格式"→"图标集"→"五向箭头(彩色)"按钮,如图 4.407 所示。

(2)即可将"五向箭头(彩色)"图标集应用到选中的单元格区域中,如图 4.408 所示。

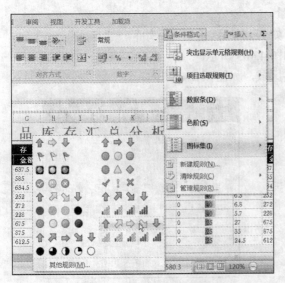

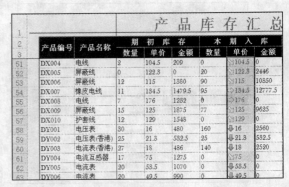

图 4.407　用"图标集"的形式标记格式步骤 1

图 4.408　用"图标集"的形式标记格式步骤 2

5. 创建格式条件规则标记格式

在 Excel 2007 中，除了使用默认提供的条件格式外，还可以根据需要新建符合自身需求的条件规则来标记特定的数据分布情况。

【案例】创建条件规则，标记产品出库单价在 301 元以上的标记为红色小旗；在 151～300 元之间标记为黄色小旗，在 150 元以下标记为绿色小旗。

（1）选中设置数据条件格式的单元格区域，如 L4:L86，单击"开始"→"样式"→"条件格式"→"新建规则"按钮，如图 4.409 所示。

（2）自定义新建条件格式的规则，如图 4.410 所示。

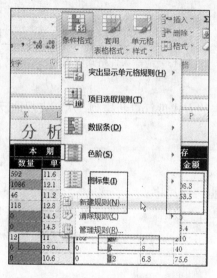

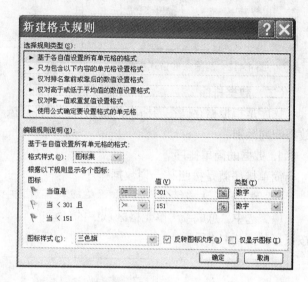

图 4.409　创建格式条件规则标记格式步骤 1　　　　图 4.410　创建格式条件规则标记格式步骤 2

（3）即可将新建的条件格式规则应用到选中的单元格区域中，如图 4.411 所示。

库 存 汇 总 分 析								
本　期　入　库			本　期　出　库			期　末　库　存		
数量	单价	金额	数量	单价	金额	数量	单价	金额
0	9.8	0	0	13.8	0	5	9.8	46.5
0	6	0	0	9.5	0	5	6	30
0	5.7	0	0	9.2	0	1	5.7	5.7
38	257.5	8497.5	10	315	3150	35	257.5	9012.5
0	197.5	0	0	222	0	10	197.5	1975
93	16.5	1534.5	57	21	1197	59	16.5	973.5
175	12.3	2152.5	163	16.8	2738.4	37	12.3	455.1
0	244.5	0	0	281	0	9	244.5	2200.5
185	46.3	8565.5	180	55.8	10044	26	46.3	1203.8
515	0.3	154.5	551	0.8	440.8	2	0.3	0.6
550	0.7	385	532	1.2	638.4	66	0.7	46.2
0	1.05	0	0	2.55	0	55	1.05	57.75
100	1.75	175	96	2.25	216	109	1.75	190.75

图 4.411　创建格式条件规则标记格式步骤 3

6. 清除条件格式

【案例】清除前面所设的条件格式。

（1）选中清除数据条件格式的单元格区域，单击"开始"→"样式"→"条件格式"→"清除规则"按钮，如图 4.412 所示。

（2）即可清除所设条件格式，如图 4.413 所示。

图 4.412　清除条件格式步骤 1

产 品 库 存 汇 总 分 析

期 初 库 存			本 期 入 库			本 期 出 库			期 末 库 存		
数量	单价	金额	数量	单价	金额	数量	单价	金额	数量	单价	金额
2	7.8	14.6	590	7.3	4307	592	11.6	6867.2	2	7.8	609.8
5	7.7	38.5	1160	7.7	8982	1066	12.1	13140.6	79	7.7	608.3
10	6.5	65	75	6.5	487.5	46	11.2	515.2	39	6.5	253.5
11	8.3	91.3	107	8.3	888.1	118	12.8	1510.4	0	8.5	0
4	10	40	0	10	0	0	14.5	0	4	10	40
8	9.8	78.4	0	9.8	0	0	14.3	0	8	9.8	78.4
2	7	14	40	7	280	12	11	132	30	7	210
5	8	40	0	8	0	0	12.9	0	5	8	40
12	6.3	75.6	0	6.3	0	0	10.6	0	12	6.3	75.6
2	9	18	0	9	0	0	13.5	0	2	9	18
8	9.1	72.8	0	9.1	0	3	13.6	40.8	5	9.1	45.5
7	9.6	67.2	0	9.6	0	0	14.1	0	7	9.6	67.2
5	9.3	46.5	0	9.3	0	0	13.8	0	5	9.3	46.5

图 4.413　清除条件格式步骤 2

（二）数据排序

排序是指根据存储在表格中的数据种类，将其按一定的方式进行重新排列，从而直观地反映数据间的区别。

1. 数据的简单排序

简单排序就是按照某一列数据排序。

【案例】打开"成绩表"，根据"总成绩"对表中数据降序排序。

（1）选中"总成绩"单元格区域中的任意单元格，单击"数据"→"排序和筛选"→"降序"按钮，如图 4.414 所示。

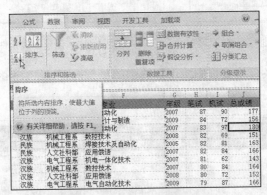

图 4.414　数据的简单排序步骤 1

（2）即可对"总成绩"数据进行降序排序，如图 4.415 所示。

准考证号	姓名	族别	系别	所学专业	年级	笔试	机试	总成绩
3112701513	李锐	汉族	电气工程系	电气自动化	2007	83	97	180
3112701514	李永琪	汉族	电气工程系	电气自动化	2007	87	90	177
3112903604	张永慧	汉族	人文社科部	商务英语	2009	77	100	177
3112503203	闫晶	汉族	机械工程系	机电一体化技术	2005	77	98	175
3112901719	金满旭	汉族	电气工程系	电气自动化技术	2009	73	100	173
3112903303	于星	汉族	机械工程系	模具设计与制造	2009	77	95	172
3112900728	李顺	汉族	机械工程系	机电设备维修与管理	2009	74	98	172
3112802901	靳伟峰	汉族	机械工程系	焊接技术及自动化	2008	74	98	172
3112803828	陈珊	汉族	人文社科部	应用俄语	2008	73	99	172
3112901803	王东	汉族	电气工程系	电气自动化技术	2009	75	96	171
3112803715	陈少花	汉族	人文社科部	应用俄语	2008	72	99	171
3112904006	热尼娅.艾尔	民族	人文社科部	应用俄语	2009	75	94	169
3112902506	贺华东	汉族	电气工程系	机电一体化技术	2009	70	99	169
3112804017	汪振江	汉族	电气工程系	电气自动化技术	2008	79	89	168
3112804024	钱旭年	民族	电气工程系	生产过程自动化技术	2008	80	88	168
3112900903	马能飞	汉族	电气工程系	电气自动化技术	2009	75	92	167
3112903217	张克东	民族	机械工程系	模具设计与制造	2009	73	94	167
3112900704	闫绍杰	汉族	电气工程系	机电设备维修与管理	2009	71	96	167

图 4.15　数据的简单排序步骤 2

2. 数据的高级排序

数据的高级排序是指按照多个条件对数据进行排序，这是针对简单排序后仍然有相同数据的情况进行的一种排序方式。

【案例】打开"成绩表"，根据"笔试"成绩进行降序排序，若"笔试"成绩有相同数据，则根据"机试"进行降序排序。

（1）选中数据表中的任意单元格，单击"数据"→"排序和筛选"→"排序"按钮，如图4.416所示。

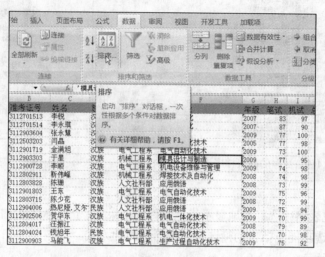

图 4.416　数据的高级排序步骤1

（2）在弹出的"排序"对话框中设置主要关键字，如图4.417所示。

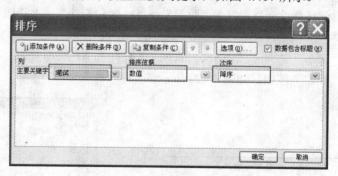

图 4.417　数据的高级排序步骤2

（3）单击"添加条件"按钮，设置次要关键字，如图4.418所示。

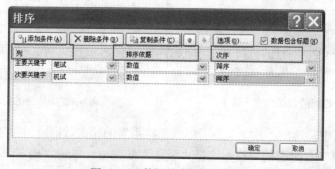

图 4.418　数据的高级排序步骤3

（4）根据设置的主要、次要关键字对数据进行排序，如图 4.419 所示。

✎ **小贴士**

在"排序"对话框中单击"选项"按钮，弹出"排序选项"对话框，可以在其中设置按行排序、按笔画排序，如图 4.420 所示。

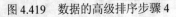

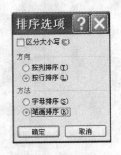

图 4.419 数据的高级排序步骤4　　　　　图 4.420 "排序选项"对话框

（三）数据筛选

筛选功能可以在表格中选择性地显示满足条件的记录，便于用户对特定的数据进行编辑和修改。Excel 的数据筛选功能包括自动筛选和高级筛选两种方式。

1. 数据的自动筛选

【案例】显示"系别"为"电气工程系"的记录；然后筛选出全校"总成绩"最高的 5 个记录；最后筛选出"电气工程系"、"电气自动化技术"、"2009"级考生的记录。

（1）将光标定位到任意单元格，单击"数据"→"排序和筛选"→"筛选"按钮，如图 4.421 所示。

（2）然后单击"系别"右侧的 ▾ 按钮，取消选择所有"全部"复选框，只选择"电气工程系"复选框，单击"确定"按钮，如图 4.422 所示。

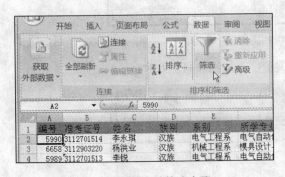

图 4.421 数据的自动筛选步骤1　　　　　图 4.422 数据的自动筛选步骤2

（3）即可从数据中筛选出"系别"为"电气工程系"的相关数据，如图 4.423 所示。

（4）单击"系别"右侧 ▾ 的按钮，选择"全选"复选框，单击"确定"按钮，如图 4.424 所示。

图 4.423　数据的自动筛选步骤 3

图 4.424　数据的自动筛选步骤 4

（5）显示全部记录。然后单击"总成绩"右侧的 ▼ 按钮，选择"数据筛选"→"10 个最大的值"命令，如图 4.425 所示。

（6）在弹出的"自动筛选前 10 个"对话框中设置自动筛选前 5 个选项，如图 4.426 所示。

图 4.425　数据的自动筛选步骤 5

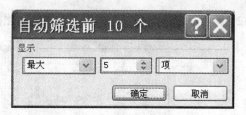

图 4.426　数据的自动筛选步骤 6

（7）即可显示总成绩最高的前 5 个记录，如图 4.427 所示。

准考证号	姓名	族别	系别	所学专业	年级	笔试	机试	总成绩
3112701514	李永琪	汉族	电气工程系	电气自动化	2007	87	90	177
3112701513	李锐	汉族	电气工程系	电气自动化	2007	83	97	180
3112903604	张永慧	汉族	人文社科部	商务英语	2009	77	100	177
3112503203	闫晶	汉族	机械工程系	机电一体化技术	2005	77	98	175
3112901719	金满旭	汉族	电气工程系	电气自动化技术	2009	73	100	173

图 4.427　数据的自动筛选步骤 7

（8）单击"总成绩"右侧 ▼ 的按钮，选择"全选"复选框，单击"确定"按钮，如图 4.428 所示。

（9）显示全部记录。然后单击"系别"右侧的 ▼ 按钮，取消选择"全部"复选框，只选择"电气工程系"复选框，单击"确定"按钮，如图 4.429 所示。

图 4.428　数据的自动筛选步骤 8

图 4.429　数据的自动筛选步骤 9

（10）单击"所学专业"右侧的 ▾ 按钮，取消选择"全部"复选框，只选择"电气自动化技术"复选框，单击"确定"按钮，如图 4.430 所示。

（11）单击"年级"右侧的 ▾ 按钮，取消选择"全部"复选框，只选择"2009"复选框，单击"确定"按钮，如图 4.431 所示。

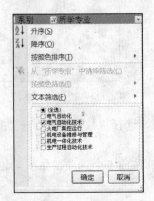

图 4.430　数据的自动筛选步骤 10

图 4.431　数据的自动筛选步骤 11

（12）即可显示"电气工程系"、"电气自动化技术"、"2009"级考生的记录，如图 4.432 所示。

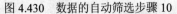

图 4.432　数据的自动筛选步骤 12

2. 数据的高级筛选

【案例】显示"笔试"、"机试"成绩均大于 60 分的记录；显示"笔试"成绩大于 60 分或"机试"成绩大于 60 分记录。

（1）在工作表的空白区域输入筛选条件，如图 4.433 所示。

（2）单击"数据"→"排序和筛选"→"高级"按钮，如图 4.434 所示。

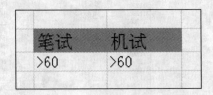

图 4.433　数据的高级筛选步骤 1

图 4.434　数据的高级筛选步骤 2

（3）弹出"高级筛选"对话框，默认情况下，"列表区域"已选中工作表中的所有数据单元格，这里取默认值。单击"条件区域"右侧的折叠按钮，如图 4.435 所示。

（4）选择前面输入的条件格式，单击展开按钮，如图 4.436 所示。

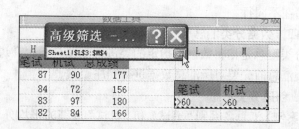

图 4.435　数据的高级筛选步骤 3　　　　图 4.436　数据的高级筛选步骤 4

（5）返回"高级筛选"对话框，单击"确定"按钮，如图 4.437 所示。

（6）显示笔试、"机试"成绩均大于 60 分的记录，如图 4.438 所示。

图 4.437　数据的高级筛选步骤 5　　　　图 4.438　数据的高级筛选步骤 6

（7）单击"数据"→"排序和筛选"→"清除"按钮，取消筛选，如图 4.439 所示。

（8）在工作表的空白区域重新输入筛选条件，如图 4.440 所示。

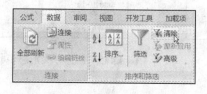

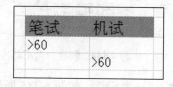

图 4.439　数据的高级筛选步骤 7　　　　图 4.440　数据的高级筛选步骤 8

（9）重复步骤（2）～（5）。

（10）显示"笔试"成绩大于 60 分或"机试"成绩大于 60 分的记录。

图 4.441　数据的高级筛选步骤 9　　　　图 4.442　数据的高级筛选步骤 10

小贴士

条件区域必须具有列标签。请确保在条件值与区域之间至少留了一个空白行。

设置高级筛选条件时，如果是"与"的关系，条件要写在同一行；如果是"或"的关系，条件要写在不同行。

（四）数据分类汇总

分类汇总是指将数据按指定的类进行汇总分析，在进行分类汇总前先要对所汇总数据进行排序。

1. 创建分类汇总

【案例】汇总各系别"笔试"和"机试"成绩的平均分。

（1）选择"系别"下的任意单元格。单击"数据"→"排序和筛选"→"升序" 或"降序" 按钮，如图 4.443 所示。

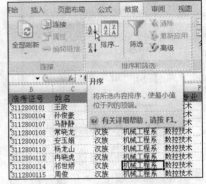

图 4.443　创建分类汇总步骤 1

（2）然后单击"数据"→"分类显示"→"分类汇总"按钮，如图 4.444 所示。

（3）弹出"分类汇总"对话框，在"分类字段"下拉列表框中选择"系别"选项，在"汇总方式"下拉列表框中选择"平均值"选项，在"选定汇总项"列表框中取消选择"总成绩"复选框，选择"笔试"和"机试"复选框，单击"确定"按钮，如图 4.445 所示。

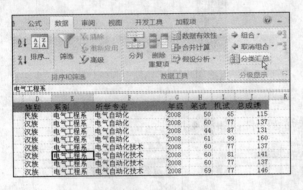

图 4.444　创建分类汇总步骤 2

图 4.445　创建分类汇总步骤 3

（4）完成分类汇总，如图 4.446 所示。

图 4.446　创建分类汇总步骤 4

2. 隐藏和显示分类汇总

【案例】将分类汇总后的数据全部隐藏，然后再将“机械工程系”类别的数据全部重新显示。

（1）依次单击表格左侧的-按钮，将分类数据全部隐藏，如图 4.447 所示。

	A	B	C	D	E	F	G	H	I
1	编号	准考证号	姓名	族别	系别	所学专业	年级	笔试	机试
426					电气工程系 平均值			59.085	79.347
524					管理工程系 平均值			56.134	79.33
766					机械工程系 平均值			59.892	79.212
876					人文社科部 平均值			60.972	78.661
877					总计平均值			59.216	79.222
878									

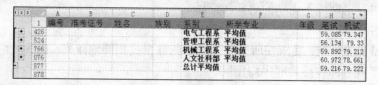

图 4.447　隐藏分类汇总

（2）单击“机械工程系”对应的+按钮，将数据显示，如图 4.448 所示。

	A	B	C	D	E	F	G	H	I
751	6900	3112804022	张志刚	民族	机械工程系	数控技术	2008	72	78
752	6901	3112804023	房子明	民族	机械工程系	数控技术	2008	76	74
753	6905	3112704027	楚佳启	汉族	机械工程系	五年机械设计与制造	2007	74	61
754	6906	3112704028	苏亚祥	汉族	机械工程系	五年机械设计与制造	2007	60	63
755	6907	3112704029	李婧娴	汉族	机械工程系	五年机械设计与制造	2007	76	82
756	6908	3112704030	梁潇	汉族	机械工程系	五年机械设计与制造	2007	60	67
757	6911	3112704103	梁士里	汉族	机械工程系	五年机械设计与制造	2007	61	87
758	6912	3112704104	高登辉	汉族	机械工程系	五年机械设计与制造	2007	60	61
759	6913	3112704105	陈航	汉族	机械工程系	五年机械设计与制造	2007	60	97
760	6914	3112704106	杨文龙	汉族	机械工程系	五年机械设计与制造	2007	60	98
761	6915	3112704107	贾永博	汉族	机械工程系	五年机械设计与制造	2007	48	84
762	6917	3112704109	贺进	汉族	机械工程系	五年机械设计与制造	2007	47	84
763	6918	3112704110	郭治成	汉族	机械工程系	五年机械设计与制造	2007	65	60
764	6919	3112704111	穆志伟	汉族	机械工程系	五年机械设计与制造	2007	67	69
765	6920	3112704112	吴昊	汉族	机械工程系	五年机械设计与制造	2007	49	97
766					机械工程系 平均值			59.892	79.212
876					人文社科部 平均值			60.972	78.661
877					总计平均值			59.216	79.222

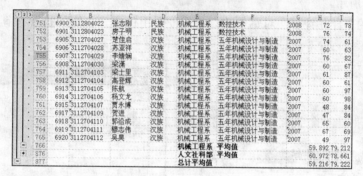

图 4.448　显示分类汇总

3. 清除分类汇总

【案例】将工作表中的分类汇总清除。

（1）单击“数据”→“分类显示”→“分类汇总”按钮，如图 4.449 所示。

（2）在弹出的“分类汇总”对话框中，单击“全部删除”按钮，如图 4.450 所示。

D	E	F	G	H	I	J
汉族	机械工程系	五年机械设计与制造	2007	61	87	148
汉族	机械工程系	五年机械设计与制造	2007	60	61	121
汉族	机械工程系	五年机械设计与制造	2007	60	97	157
汉族	机械工程系	五年机械设计与制造	2007	60	98	158
汉族	机械工程系	五年机械设计与制造	2007	48	84	132
汉族	机械工程系	五年机械设计与制造	2007	47	84	131
汉族	机械工程系	五年机械设计与制造	2007	65	60	125
汉族	机械工程系	五年机械设计与制造	2007	67	69	136
汉族	机械工程系	五年机械设计与制造	2007	49	97	146
	机械工程系 平均值			59.892	79.212	
	人文社科部 平均值			60.972	78.661	
	总计平均值			59.216	79.222	

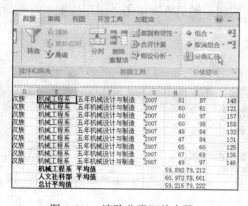

图 4.449　清除分类汇总步骤 1

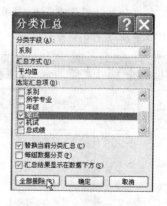

图 4.450　清除分类汇总步骤 2

（3）取消分类汇总，结果如图 4.451 所示。

	A	B	C	D	E	F	G	H	I	J
1	编号	准考证号	姓名	族别	系别	所学专业	年级	笔试	机试	总成绩
2	5802	3112801109	吴昊	民族	电气工程系	电气自动化	2008	50	65	115
3	5803	3112801110	于智磊	汉族	电气工程系	电气自动化	2008	60	77	137
4	5806	3112801113	王彬	汉族	电气工程系	电气自动化	2008	44	87	131
5	5807	3112801114	王聪	汉族	电气工程系	电气自动化	2008	61	99	160
6	5810	3112801117	陆海瑞	汉族	电气工程系	电气自动化技术	2008	60	77	137
7	5811	3112801118	李博涛	汉族	电气工程系	电气自动化技术	2008	60	81	141
8	5813	3112801120	闫海龙	汉族	电气工程系	电气自动化技术	2008	60	77	137
9	5814	3112801121	李伟东	汉族	电气工程系	电气自动化技术	2008	69	77	146
10	5815	3112801122	马丁	汉族	电气工程系	电气自动化技术	2008	72	62	134

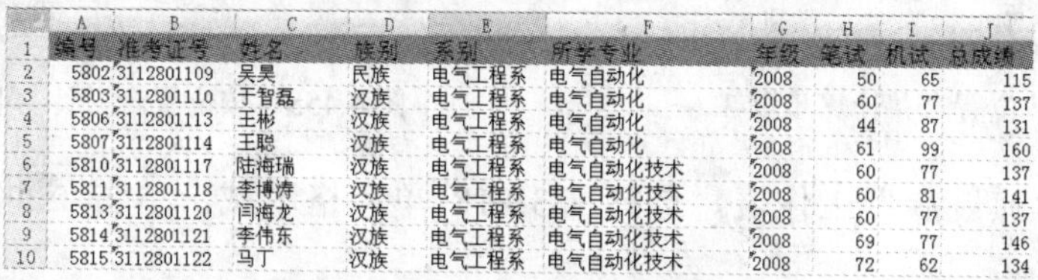

图 4.451　清除分类汇总步骤 3

（五）数据合并计算

合并计算可以将单独工作表中的数据合并计算到一个主工作表中。这些工作表可以与主工作表在同一个工作簿中，也可以位于其他工作簿中。对数据进行合并计算就是组合数据，以便能够更容易地对数据进行定期或不定期的更新和汇总。

1. 按位置合并计算

按位置合并计算数据时，要求在所有源区域中的数据被相同地排列，也就是两个表格中的每一条记录名称、字段名称和排列顺序均相同。

【案例】打开"销售额统计表"工作簿，统计方宜超市两家店的年终总销售额。

（1）选择合并计算后数据存放的起始单元格，单击"数据"→"数据工具"→"合并计算"按钮，如图 4.452 所示。

（2）在弹出的"合并计算"对话框中，单击"引用位置"右侧的折叠按钮，如图 4.453 所示。

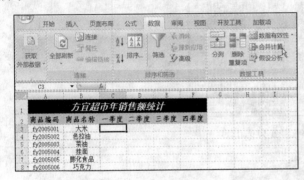

图 4.452　按位置合并计算步骤 1　　　　图 4.453　按位置合并计算步骤 2

（3）切换至"锦绣店"工作表，选择 C3:F18 单元格区域，单击按钮，如图 4.454 所示。

（4）在"合并计算"对话框中单击"添加"按钮，然后再次单击"引用位置"右侧的折叠按钮，如图 4.455 所示。

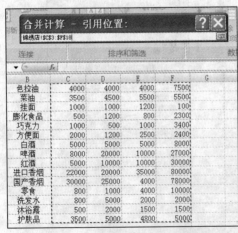

图 4.454　按位置合并计算步骤 3

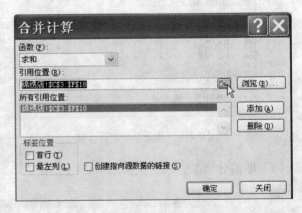

图 4.455　按位置合并计算步骤 4

（5）切换至"旗舰店"工作表，选择 C3:F18 单元格区域，单击按钮，如图 4.456 所示。

（6）返回"合并计算"对话框，单击"添加"按钮，单击"确定"按钮，如图 4.457 所示。

图 4.456 按位置合并计算步骤 5

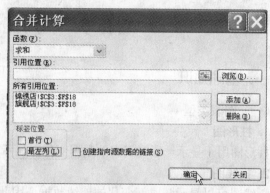

图 4.457 按位置合并计算步骤 6

（7）完成合并计算，结果如图 4.458 所示。

2. 按类合并计算

当参与计算的工作表中的表头数据不尽相同时，如"销售额统计表 1"中销售的商品不完全一样时，要统计总店的年销售情况则可使用按类合并计算实现合并。

【案例】打开"销售额统计表 1"工作簿，统计方宜超市两家店的年终总销售额。

（1）选择"总店"工作表的 A2 单元格，单击"数据"→"数据工具"→"合并计算"按钮，如图 4.459 所示。

图 4.458 按位置合并计算步骤 7

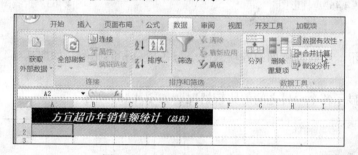

图 4.459 按类合并计算步骤 1

（2）按照前例步骤（2）～（5）选择引用位置，然后选择"标签位置"选项区域中的"首行"和"最左列"复选框，单击"确定"按钮，如图 4.460 所示。

（3）将工作表中出现的所有商品的销售情况都统计了出来，如图 4.461 所示。

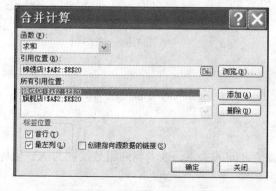

图 4.460 按类合并计算步骤 2

图 4.461 按类合并计算步骤 3

目标 6：利用图表分析数据

一、基础知识

（一）图表类型

1. 柱形图

柱形图用于显示一段时间内的数据变化或显示各项之间的比较情况，如图 4.462 所示。

2. 折线图

折线图可以显示随时间变化的连续数据，因此非常适用于显示在相等时间间隔下数据的趋势，如图 4.463 所示。

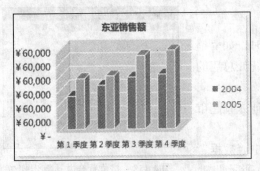

图 4.462　柱形图

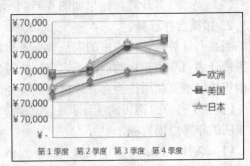

图 4.463　折线图

3. 饼图

饼图用于显示一个数据系列中各项的大小与各项总和的比例，如图 4.464 所示。

4. 条形图

条形图用于显示各个项目之间的比较情况，如图 4.465 所示。

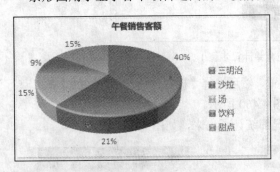

图 4.464　饼图

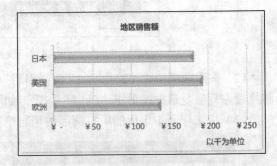

图 4.465　条形图

5. 面积图

面积图强调数量随时间而变化的程度，也可用于引起人们对总值趋势的注意，如图 4.466 所示。

6. XY 散点图

XY 散点图用于显示若干数据系列中各数值之间的关系，或者将两组数绘制为 XY 坐标的一个系列，如图 4.467 所示。

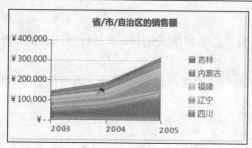

图 4.466 面积图

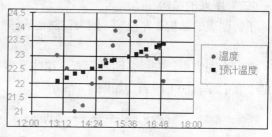

图 4.467

7. 股价图

股价图经常用来显示股价的波动，如图 4.468 所示。

8. 曲面图

曲面图以平面来显示数据的变化情况和趋势，其颜色和图案表示具有相同数值范围的区域，如图 4.469 所示。

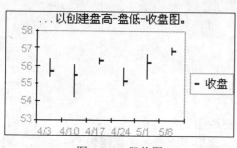

图 4.468 股价图

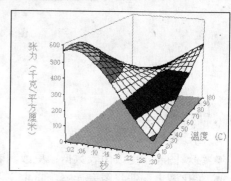

图 4.469 曲面图

9. 圆环图

像饼图一样，圆环图用于显示各个部分与整体之间的关系，但是它可以包含多个数据系列，如图 4.470 所示。

10. 气泡图

气泡图是 XY 散点图的一种特殊类型，它在散点的基础上附加了数据系列，如图 4.471 所示。

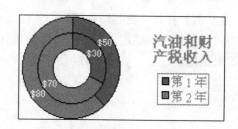

图 4.470 圆环图

11. 雷达图

雷达图用于显示数据系列相对于中心点，以及相对于彼此数据类别间的变化，如图 4.472 所示。

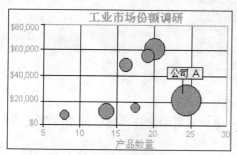

图 4.471 气泡图

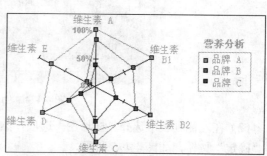

图 4.472 雷达图

（二）图表的结构

了解图表的结构非常重要，因为在对图表进行编辑加工和格式化时，都是针对图表的某些元素进行的。

在一个图表中，有很多图表元素，这些元素都有自己的名称和专业术语，弄清楚这些术语，有助于我们编辑加工图表，如图 4.473 所示。

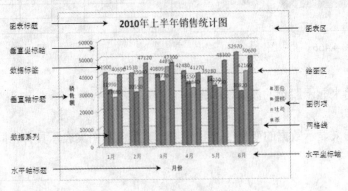

图 4.473　图表的结构

二、能力训练

能力点

- 创建图表。
- 编辑图表（更改图表数据；更改图表类型；更改图表布局）。
- 美化图表（选择图表元素；自定义图表格式；套用图表样式美化图表）。
- 图表分析（为图表添加误差线；为图表添加趋势线）。

（一）创建图表

【案例】打开"商品销售统计图表"工作簿，为 C3:I6 区域创建一个柱形图。

（1）选择包含要用于图表的数据的单元格区域 C3:I6，在"插入"选项卡中单击"图表"组中的对话框启动器，如图 4.474 所示。

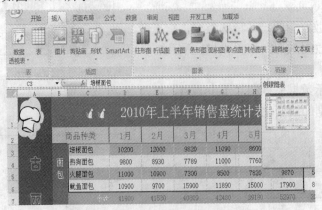

图 4.474　创建图表步骤 1

（2）在左侧列表中选择"柱形图"选项，然后在右侧列表框中选择"簇状柱形图"选项，单击"确定"按钮，如图 4.475 所示。

（3）显示建立的图表，如图 4.476 所示。

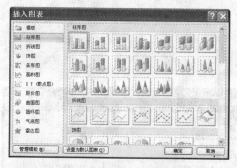

图 4.475　创建图表步骤 2

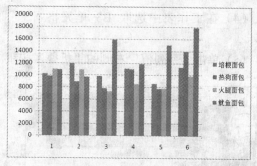

图 4.476　创建图表步骤 3

（二）编辑图表

1. 更改图表数据

【案例】将图表数据区域更改为各类商品的小计金额，并添加轴坐标"1 月、2 月、…、6 月"。

（1）选中图表，单击"图表工具"→"设计"→"数据"→"选择数据"按钮，如图 4.477 所示。

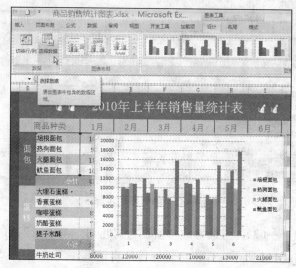

图 4.477　编辑图表步骤 1

（2）弹出"选择数据源"对话框，在系列框中，选中"培根面包"系列，单击"编辑"按钮，如图 4.478 所示。

（3）弹出"编辑数据系列"对话框单击"系列名称"右侧的折叠按钮，如图 4.479 所示。

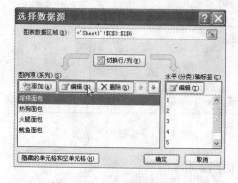

图 4.478　编辑图表步骤 2

图 4.479　编辑图表步骤 3

（4）在工作表中选取 B3 单元格（即"面包"），然后单击"展开"按钮，如图 4.480 所示。

（5）单击"系列值"右侧的"折叠"按钮，如图 4.481 所示。

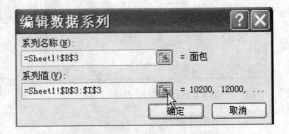

图 4.480　编辑图表步骤 4　　　　　　　　图 4.481　编辑图表步骤 5

（6）在工作表中选取 D7:I7 单元格区域，然后单击"展开"按钮，如图 4.482 所示。

（7）单击"确定"按钮，如图 4.483 所示，返回"选择数据源"对话框。

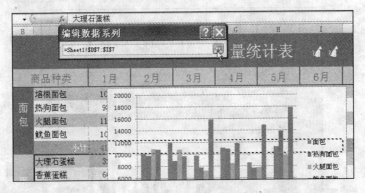

图 4.482　编辑图表步骤 6

（8）重复步骤（2）～（7），继续修改"蛋糕"、"吐司"与"派"的"小计"到系列中。单击"编辑"按钮，如图 4.484 所示，弹出"轴标签"对话框。

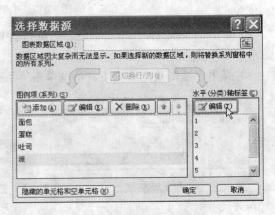

图 4.483　编辑图表步骤 7　　　　　　　　图 4.484　编辑图表步骤 8

（9）单击"轴标签区域"右侧的"折叠"按钮，如图 4.485 所示。

（10）选择 D2:I2 单元格作为 X 轴的标签，然后单击"展开"按钮，如图 4.486 所示。

图 4.485　编辑图表步骤 9

图 4.486　编辑图表步骤 10

（11）单击两次"确定"按钮，如图 4.487 所示。

（12）显示更改数据源后的图表效果，如图 4.488 所示。

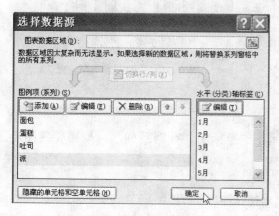

图 4.487　编辑图表步骤 11

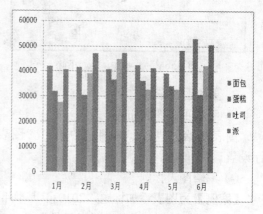

图 4.488　编辑图表步骤 12

2. 更改图表类型

【案例】将图表类型更改为簇状圆柱图。

（1）选中图表，单击"图表工具"→"设计"→"类型"→"更改图表类型"按钮，如图 4.489 所示。

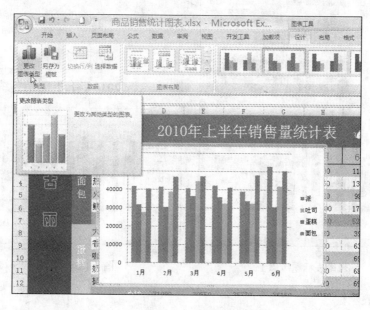

图 4.489　更改图表类型步骤 1

（2）弹出"更改图表类型"对话框，在左侧选择"柱形图"选项，在右侧选择"簇状圆柱图"选项，单击"确定"按钮，如图 4.490 所示。

（3）更改图表类型，结果如图 4.491 所示。

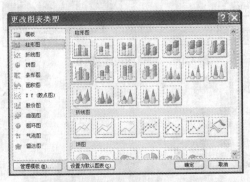

图 4.490　更改图表类型步骤 2

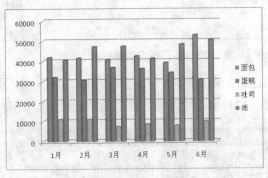

图 4.491　更改图表类型步骤 3

3. 更改图表布局

1）手动更改图表布局

图表初始创建后，在图表中不包含图表标题、坐标轴、数据系列，后期需要对图表进行设置。

① 编辑图表标题

【案例】为图表添加标题"2010 年上半年销售统计图"。

（1）选中图表，单击"图表工具"→"布局"→"图表标题"→"图表上方"按钮，如图 4.492 所示。

（2）输入图表标题名称。

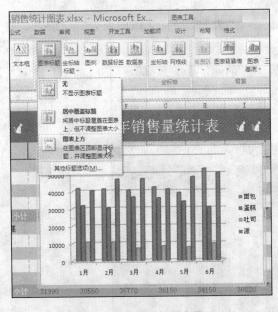

图 4.492　编辑图表标题步骤 1

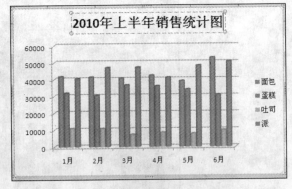

图 4.493　编辑图表标题步骤 2

② 编辑图表坐标

【案例】为图表添加主要纵坐标轴标题"销售额"。

（1）选中图表，单击"图表工具"→"布局"→"坐标轴标题"→"主要纵坐标轴标题"→"竖排标题"按钮，如图 4.494 所示。

（2）单击纵坐标轴标题框，输入纵坐标轴标题名称，如图 4.495 所示。

图 4.494　编辑图表坐标步骤 1

图 4.495　编辑图表坐标步骤 2

③ 编辑图表图例

【案例】将图例移到底部显示。

（1）选中图表，单击"图表工具"→"布局"→"图例"→"在底部显示图例"按钮，如图 4.496 所示。

（2）将图例调整到图表底部显示，如图 4.497 所示。

图 4.496　编辑图表图例步骤 1

图 4.497　编辑图表图例步骤 2

④ 编辑图表数据标签

【案例】在图表各数据系列中显示数据标签。

（1）选中图表，单击"图表工具"→"布局"→"数据标签"→"显示"按钮，如图 4.498 所示。

图 4.498　编辑图表数据标签步骤 1

（2）图表各数据系列中显示系列数值，如图 4.499 所示。

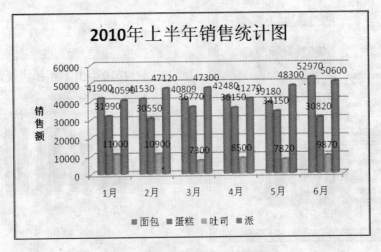

图 4.499　编辑图表数据标签步骤 2

⑤ 编辑图表数据表

【案例】在图表底部显示图表数据源。

（1）选中图表，单击"图表工具"→"布局"→"数据表"→"显示数据表和图例项标示"按钮，如图 4.500 所示。

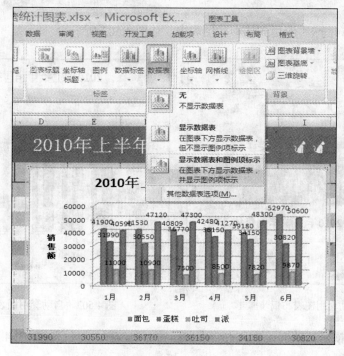

图 4.500　编辑图表数据表步骤 1

（2）在图表底部显示图表数据源，如图 4.501 所示。

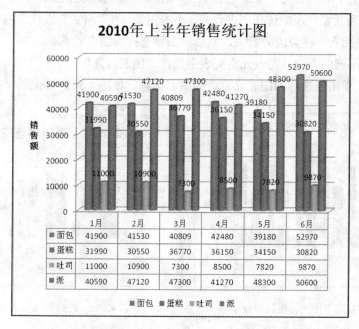

图 4.501　编辑图表数据表步骤 2

2）自动套用图表布局

除了自定义图表布局外，用户还可以套用 Excel 自带的多种图表布局。

【**案例**】为图表套用图表布局 9，并输入横坐标轴名称为"月份"。

（1）选中图表，单击"图表工具"→"设计"→"图表布局"→"布局 9"按钮，如图 4.502 所示。

（2）即可将"布局 9"应用到选中的图表中，如图 4.503 所示。

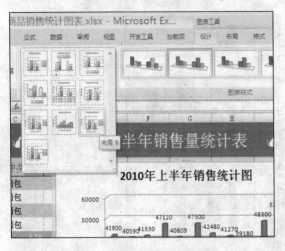

图 4.502　自动套用图表布局步骤 1　　　　　　图 4.503　自动套用图表布局步骤 2

（3）单击主要横坐标轴框，输入主要横坐标轴标题名称"月份"，如图 4.504 所示。

（三）美化图表

1. 选择图表元素

方法 1：使用鼠标选择图表元素。在图表上单击要选择的图表元素。

方法 2：从图表元素列表中选择图表元素。单击图表，在"格式"选项卡的"当前选择内容"组中，单击"图表元素"框旁边的箭头，然后单击要选择的图表元素。

【**案例**】使用不同的方法从图表元素列表中选择"图表标题"。

（1）在图表上单击要选择的图表元素，如图表标题，如图 4.505 所示。

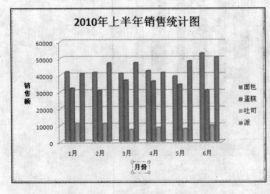
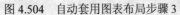
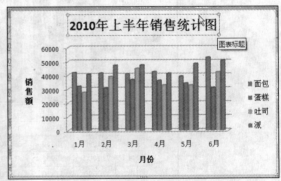

图 4.504　自动套用图表布局步骤 3　　　　　　图 4.505　选择图表元素步骤 1

（2）单击图表，在"格式"选项卡的"当前所选内容"组中，单击"图表元素"框旁边的箭头，然后单击"图表标题"。如图 4.506 所示。

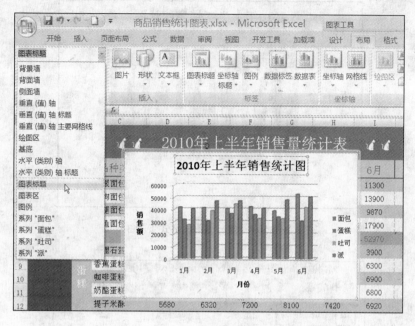

图 4.506　选择图表元素步骤 2

2. 自定义图表格式

用户可以利用前面学习的知识对图表中各元素的格式进行设置。

【案例】设置图表标题文字的格式为"渐变填充，强调文字颜色 4，映像"艺术字样式，"细微效果强调颜色 6"形状样式。

（1）选中图表标题文字，单击"图表工具"→"格式"→"艺术字样式"→ "其他"按钮，如图 4.507 所示。

（2）选择需要的艺术字样式，如"渐变填充，强调文字颜色 4，映像"，如图 4.508 所示。

图 4.507　自定义图表格式步骤 1

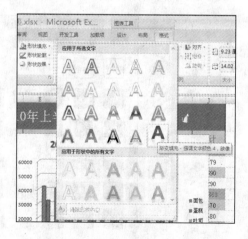

图 4.508　自定义图表格式步骤 2

（3）将选中的样式应用到图表标题中，如图 4.509 所示。

（4）单击"图表工具"→"格式"→"形状样式"→"其他"按钮，如图 4.510 所示。

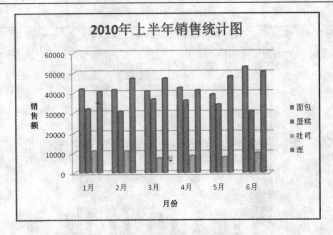

图 4.509　自定义图表格式步骤 3

图 4.510　自定义图表格式步骤 4

（5）选择需要的形状样式，如"细微效果强调颜色 6"，如图 4.511 所示。

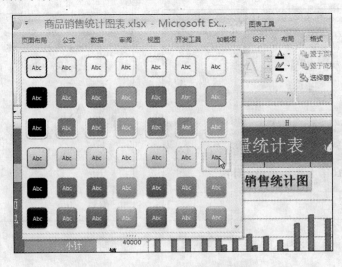

图 4.511　自定义图表格式步骤 5

（6）将选中的样式应用到图表标题中，如图 4.512 所示。

（7）选中图表纵坐标轴标签并单击鼠标右键，在弹出的快捷菜单中选择"设置坐标轴格式"

命令，如图4.513所示。

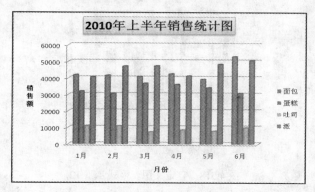

图4.512　自定义图表格式步骤6

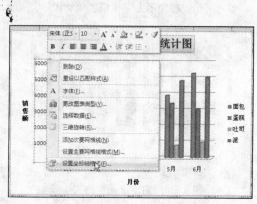

图4.513　自定义图表格式步骤7

（8）在弹出的"设置坐标轴格式"对话框中，选择"坐标轴选项"选项卡，在右侧选中"主要刻度单位"右边的"固定"单选按钮，将默认的主要刻度单位的固定值"10000"改变"5000"，如图4.514所示。

（9）此时图表纵坐标轴标签的刻度发生了变化，如图4.515所示。

（10）选中"面包"数据系列，单击"图表工具"→"格式"→"形状样式"→"棱台"→"圆"按钮，如图4.516所示。

（11）可将选中的效果应用到"面包"数据系列中，如图4.517所示。

（12）采用同样的方法，修改其他系列的形状效果，如图4.518所示。

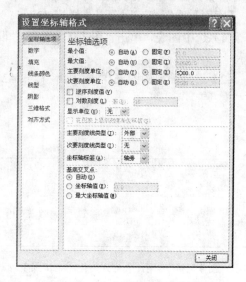

图4.514　自定义图表格式步骤8

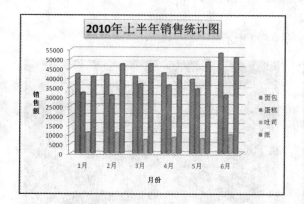

图4.515　自定义图表格式步骤9

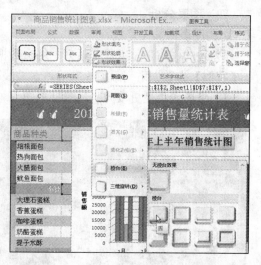

图4.516　自定义图表格式步骤10

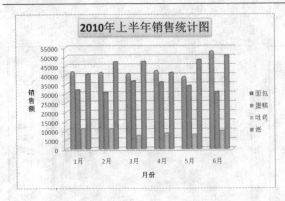

图 4.517　自定义图表格式步骤 11

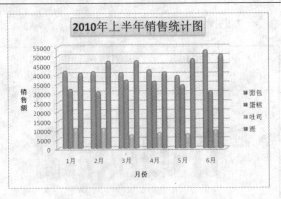

图 4.518　自定义图表格式步骤 12

3. 套用图表样式美化图表

【案例】为图表套用图表"样式 42"。

（1）选中图表，单击"图表工具"→"设计"→"图表样式"→"其他"按钮，如图 4.519 所示。

（2）选择需要的图表样式，如"样式 42"，如图 4.520 所示。

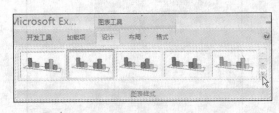

图 4.519　套用图表样式美化图表步骤 1

图 4.520　套用图表样式美化图表步骤 2

（3）即可将选中的样式应用到图表中，如图 4.521 所示。

（四）图表分析

1. 为图表添加误差线

误差线的作用是显示数据系列中每个数据标志的潜在误差。

【案例】为数据系列添加标准偏差误差线。

（1）将图表类型更改为"簇状柱形图"，如图 4.522 所示。

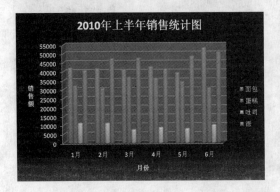

图 4.521　套用图表样式美化图表步骤 3

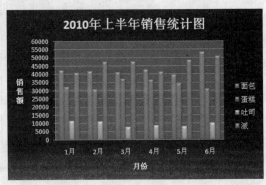

图 4.522　为数据系列添加标准偏差误差线步骤 1

（2）选择"面包"系列，单击"图表工具"→"布局"→"分析"→"误差线"→"标准偏差误差线"按钮，如图4.523所示。

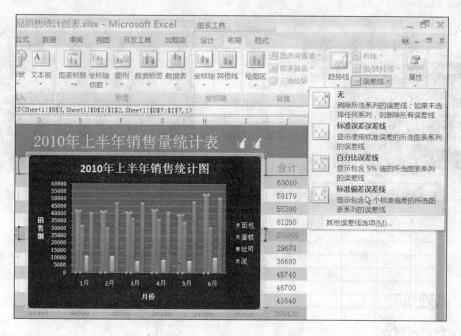

图4.523　为数据系列添加标准偏差误差线步骤2

（3）即可为"面包"系列添加误差线，如图4.524所示。
（4）采用同样的方法，可逐一对其他数据系列添加误差线，如图4.525所示。

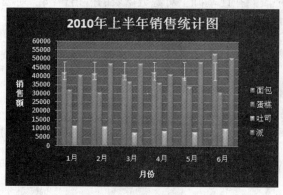

图4.524　为数据系列添加标准偏差误差线步骤3

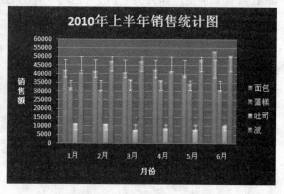

图4.525　为数据系列添加标准偏差误差线步骤4

2. 为图表添加趋势线

趋势线是用来显示某个数据系列中数据的变化趋势，从而让用户清晰地了解数据的变化情况。

【案例】为面包系列添加线性趋势线。

（1）选择"面包"系列，单击"图表工具"→"布局"→"分析"→"趋势线"→"线性趋势线"按钮，如图4.526所示。

（2）即可添加到图表中，如图4.527所示。

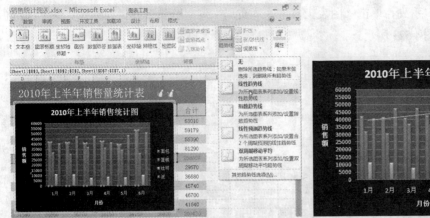

图 4.526　为图表添加趋势线步骤 1　　　　　　图 4.527　为图表添加趋势线步骤 2

目标 7：数据透视表

一、基础知识

（一）数据透视表

数据透视表是交互式报表，可以快速合并和比较大量数据。通过数据透视表能够方便地查看工作表中的数据信息，便于对数据进行分析和处理。

如图 4.528（a）所示为一个数据表，如图 4.528（b）所示为利用上年数据建立的数据透视表，源数据的"季度"作为列字段，"运动"作为行字段，在此基础上对源数据表的"销售额"列进行总和的计算。图中所标识的是运动"高尔夫"三季度的销售额，利用数据透视表非常直观地统计出了它三季度的总销售额。

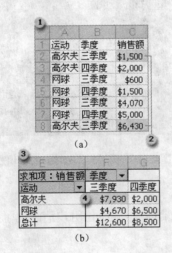

① 源数据

② 第三季度高尔夫汇总的源值

③ 数据透视表

④ C2 和 C8 中源值的汇总

图 4.528　数据透视表

1. 数据透视表术语解释

1）源数据

为数据透视表提供数据的基础行或数据库记录。可以从 Microsoft Excel 列表、外部数据库、多张Excel工作表或其他数据透视表创建数据透视表，如图4.529所示。

2）字段

从源列表或数据库中的字段衍生的数据的分类。例如，“运动”字段可能来自源列表中标记为“运动”且包含各种运动名称（高尔夫、网球）的列。源列表的该字段下包含销售数字，如图4.530所示。

3）项

字段的子分类或成员。项表示源数据中字段的唯一条目。例如，项“高尔夫”表示“运动”字段包含条目“高尔夫”的源列表中的所有数据行，如图4.531所示。

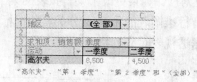

季度	地区	运动	销售额
一季度	东部	高尔夫	$5,000
一季度	东部	狩猎	$9,000
一季度	东部	网球	$1,500
二季度	东部	高尔夫	$2,000
二季度	东部	狩猎	$6,000
二季度	东部	网球	$500
一季度	西部	高尔夫	$3,500
一季度	西部	网球	$6,000
二季度	西部	高尔夫	$2,500
二季度	西部	网球	$3,200

在本主题中用来进行阐述的源数据。

图4.529 源数据

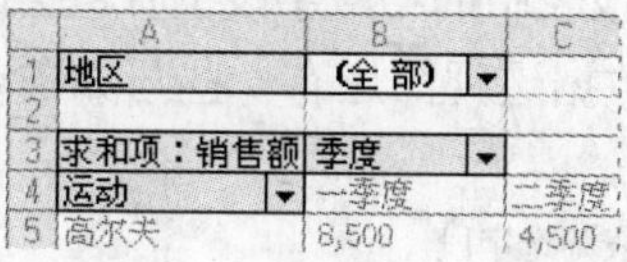

“地区”、“求和项：销售额”、“季度”和“运动”都是字段。

图4.530 字段

“高尔夫”、“第1季度”、“第2季度”和“(全部)”都是项。

图4.531 项

4）汇总函数

用来对数据字段中的值进行合并的计算类型。数据透视表通常为包含数字的数据字段使用SUM，而为包含文本的数据字段使用 COUNT。可选择其他汇总函数，如 AVERAGE、MIN、MAX和PRODUCT。

2. 字段类型

1）行字段

深色字段“运动”是行字段，其下的数据项是数据透视表的行标题，如图4.532所示。

包含多个行字段的数据透视表具有一个内部行字段（例中的“运动”），它离数据区最近。任何其他行字段都是外部行字段（例中的“地区”）。最外部行字段中的项仅显示一次，但其他行字段中的项按需重复显示，如图4.533所示。

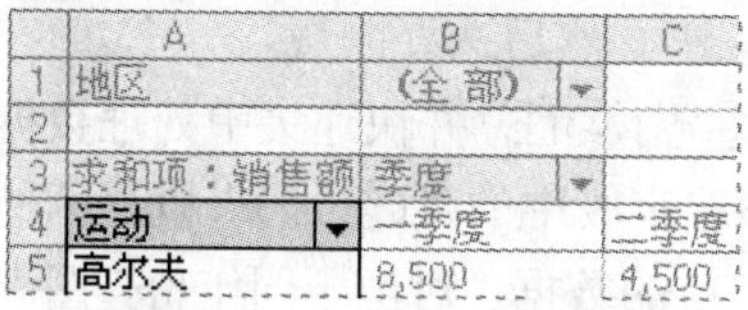

深色字段是行字段。

图4.532 行字段

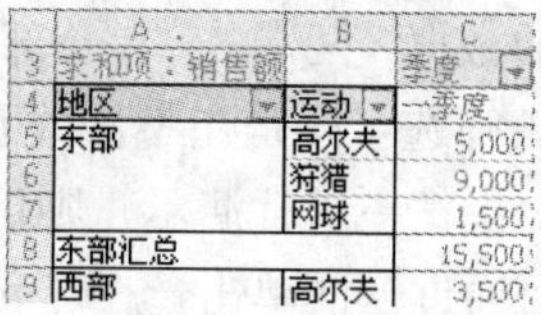

“地区”是外部行字段；“运动”是内部行字段。

图4.533 行字段中的项

2）列字段

深色字段“季度”是列字段，如图4.534所示。

3）页字段

页字段允许筛选整个数据透视表，以显示单个项或所有项的数据。如图 4.535 所示，显示的是“全部”运动的数据，单击“全部”旁的下三角按钮，可以选择只显示某种运动的数据。

图4.534 列字段

深色字段是页字段。

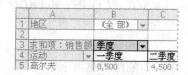

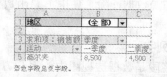

图4.535 显示“全部”运动数据

4）数据字段

数据字段提供要汇总的数据值。通常，数据字段包含数字，可用 SUM 汇总函数合并这些数据。但数据字段也可包含文本，此时数据透视表使用 COUNT 汇总函数。如果报表有多个数据字段，则报表中出现名为"数据"的字段按钮，用来访问所有数据字段，如图 4.536 所示。

图 4.536　数据字段

（二）数据透视图

数据透视图以图形形式表示数据透视表中的数据。正如在数据透视表中一样，可以更改数据透视图的布局和数据。数据透视图通常有一个使用相应布局的相关联的数据透视表。两个报表中的字段相互对应。如果更改了某一报表的某个字段位置，则另一报表中的相应字段位置也会改变。

除具有标准图表的系列、分类、数据标记和坐标轴以外，数据透视图还有一些与如图 4.537 所示的数据透视表对应的特殊元素。

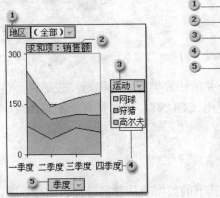

① ——报表筛选字段
② ——值字段
③ ——系列字段
④ ——项
⑤ ——分类字段

图 4.537　数据透视图与数据透视表对应的特殊元素

1. 报表筛选字段

用来根据特定项筛选数据的字段。在本例中，"区域"页字段显示所有区域的数据。若要显示单个区域的数据，可单击"（全部）"旁边的下三角按钮，然后选择区域。

使用报表筛选字段是在不修改系列和分类信息的情况下，汇总并快速集中处理数据子集的捷径。例如，如果正在进行演示，则可单击"年"报表筛选字段中的"（全部）"以显示所有年份的销售额，然后通过一次单击一个年份来集中分析特定年份的数据。对于不同年份，图表的每个报表筛选页都有相同分类和系列布局，因此可以很容易地对每一年的数据进行比较。另外，由于只允许每次检索大数据集中的一个报表筛选页，因此，在图表使用外部源数据时，报表筛选字段可节省内存。

2. 值字段

值字段来自基本源数据的字段，提供进行比较或计算的数据。在本例中，"销售总额"就是一个值字段，它用于汇总每项运动在各个地区的季度销售情况。第一个分类数据标记（第一季度）在坐标轴（Y）上的值约为 250。该数值是第一季度网球、旅游、高尔夫球销售额的总和。根据报表使用的源数据，除了使用汇总函数外，还可使用 AVERAGE、COUNT 和 PRODUCT 等其他计算公式。

3. 系列字段

系列字段是数据透视图中为系列方向指定的字段。字段中的项提供单个数据系列。在本例中，"运动"系列字段包含 3 个项：网球、旅行和高尔夫球。在图表中，系列由图例表示。

4. 项

项代表一个列或行字段中的唯一条目，且出现在报表筛选字段、分类字段和系列字段的下拉列表中。在本例中，"第一季度"、"第二季度"、"第三季度"和"第四季度"均是"季度"分类字段中的项，而"网球"、"旅行"和"高尔夫球"则是"运动"系列字段中的项。分类字段中的项在图表的分类轴上显示为标签。系列字段中的项位于图例中，并提供各个数据系列的名称。

5. 分类字段

分类字段是分配到数据透视图分类方向上的源数据中的字段。分类字段为那些用来绘图的数据点提供单一分类。在本例中，"季度"就是一个分类字段。在图表中，分类通常出现在图表的X轴或水平轴上。

二、能力训练

 能力点

- 创建数据透视表。
- 编辑数据透视表（添加字段和删除数据透视表中的字段；调整数据的位置；更改数据透视表和报表中各个字段的形式）。
- 美化数据透视表（套用数据透视表样式美化格式效果；更改字段的数字格式）。
- 管理数据透视表中的数据（展开或折叠数据透视表中的明细级别；隐藏与显示分类汇总项；更改汇总方式；对字段和项进行排序；对字段和项进行筛选；刷新数据）。
- 数据透视图（创建并使用数据透视图；编辑数据透视图；美化数据透视图）。

（一）创建数据透视表

【案例】打开"商品销售管理表"工作簿创建数据透视表，并使该表位于新工作表中。

（1）打开"商品销售管理表"工作簿，单击"插入"→"数据透视表"→"数据透视表"按钮，如图4.538所示。

（2）弹出"创建数据透视表"对话框，选择用于创建数据透视表的数据源和放置数据透视表的位置，单击"确定"按钮，如图4.539所示。

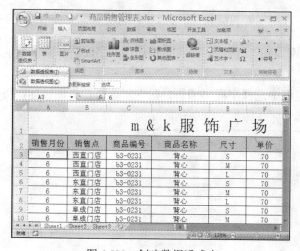

图4.538　创建数据透式表1

图4.539　创建数据透式表2

（3）自动在一个新工作表中生成了一个空白数据透视表，同时出现"数据透视表字段列表"任务窗格，如图4.540所示。

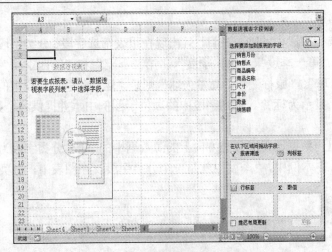

图 4.540　创建数据透式表 3

小贴士

选择用于创建数据透视表的数据源：

● 若要选择当前工作簿中的工作表或单元格区域，选择"选择一个表或区域"单选按钮，然后在"表/区域"文本框中输入单元格范围，或者单击文本框右侧的"跳转"按钮，从工作表中选择所需区域。

● 如果要使用其他工作簿中的数据，则选择"使用外部数据源"单选按钮，然后单击其下的"选择连接"按钮，从弹出的对话框中选择所需的工作簿。

选择放置数据透视表的位置：

● 若要将数据透视表放在新工作表中，以单元格 A1 为起始位置，可选择"新工作表"单选按钮。

● 若要将数据透视表放在现有工作表中，则选择"现有工作表"单选按钮，然后在"位置"文本框中指定要放置数据透视表的单元格区域的第一个单元格。

（二）编辑数据透视表

1. 添加字段和删除数据透视表中的字段

1）添加字段

【案例】将"销售月份"、"销售点"字段添加到"行标签"，将"销售额"字段添加到"数值标签"。

（1）在"选择要添加到报表的字段"列表框中选择字段"销售月份"复选框并按住鼠标，将其拖到"行标签"列表框中，如图 4.541 所示。

图 4.541　添加字段步骤 1

（2）接着将"销售点"字段拖到"行标签"列表框中，如图4.542所示。

图4.542 添加字段步骤2

（3）利用同样的方法，分别将"销售额"拖到"数值"列表框中，如图4.543所示。

图4.543 添加字段步骤3

 小贴士

添加字段，还可以在"选择要添加到报表的字段"列表框中选中要添加的字段，单击鼠标右键弹出快捷菜单。在快捷菜单中显示了"添加到报表筛选"、"添加到行标签"、"添加到列标签"和"添加到值"4个命令，用户根据需要选择添加位置即可。

或者在"选择要添加到报表的字段"列表框中选中各字段名称旁边的复选框。

2）删除字段

【案例】将"数值"标签中添加的"销售额"字段删除。

（1）在"数值"列表框中的"求和项：销售额"字段上单击鼠标右键，在弹出的快捷菜单中选择"删除字段"命令。

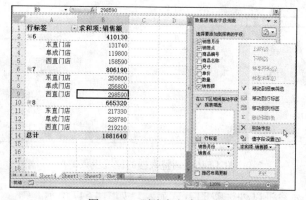

图4.544 删除字段步骤1

（2）在数据透视表中将不显示"销售额"字段，如图4.545所示。

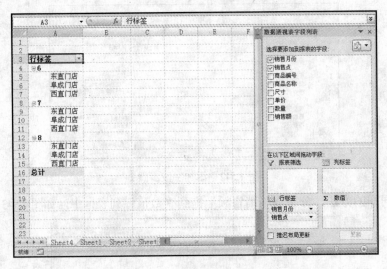

图 4.545　删除字段步骤 2

小贴士

删除字段，还可以直接在"选择要添加到报表的字段"列表框中取消选中字段选项。或者在"在以区域间拖动字段"中单击选中字段名，然后将它拖到数据透视表字段列表之外。

2. 调整数据的位置

1）将列移动到行标签区域中，或将行移动到列标签区域中

【案例】将"销售点"字段移动到列标签区域，将"销售月份"移动到"报表筛选"区域，并依序将"商品名称"、"单价"与"尺寸"添加到"行标签"，将"数量"添加到数据项。

（1）在"销售点"行标签上单击鼠标右键，在弹出的快捷菜单中选择"移动到列标签"命令，如图4.546所示。

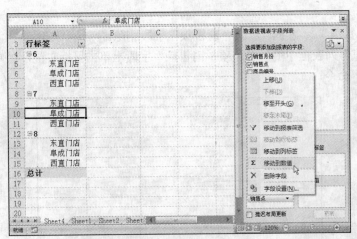

图 4.546　调整数据的位置步骤 1

（2）"销售点"行标签将以列标签的方式显示，如图4.547所示。

图 4.547　调整数据的位置步骤 2

（3）采用同样的方法，将"销售月份"标签移动到"报表筛选"中，如图4.548所示。

图 4.548　调整数据的位置步骤 3

（4）依次采用前面介绍的方法，将"商品名称"、"单价"与"尺寸"添加到"行标签"，将"数量"添加到数据项，如图4.549所示。

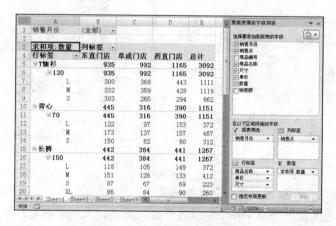

图 4.549　调整数据的位置步骤 4

小贴士

　　移动行、列标签还可以在"选择要添加到报表的字段"中的行标签上单击鼠标右键，在弹出的快捷菜单中选择"添加到列标签"命令。或者直接在"在以下区域间拖动字段"中拖动"行标签"到"列标签"。

2）调整行或列项的顺序

【案例】将"尺寸"字段移动到"单价"字段前。

（1）在"行标签"的"尺寸"字段上单击鼠标右键，在弹出的快捷菜单中选择"上移"命令，如图 4.550 所示。

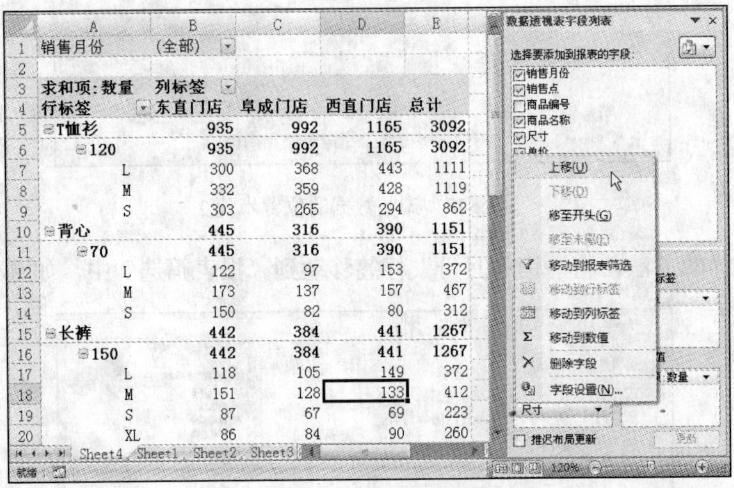

图 4.550　调整行的顺序步骤 1

（2）即可将"尺寸"字段移动到"单价"字段前，如图 4.551 所示。

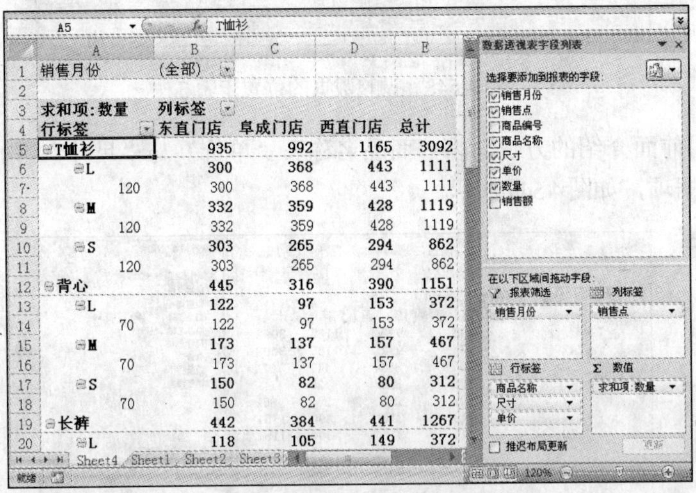

图 4.551　调整行的顺序步骤 2

3）更改数据透视表和报表中各个字段的形式

可以更改数据透视表和报表中各个字段的形式：压缩、大纲或表格。

【案例】将行标签"尺寸"、"单价"字段分列出来显示。

（1）选中行字段单元格，即 A5 单元格，单击鼠标右键，在弹出的快捷菜单中选择"字段设置"命令，如图 4.552 所示。

（2）弹出"字段设置"对话框，选择"布局和打印"选项卡，选择"以表格形式显示项目标签"单选按钮和"在每个项目标签后插入空行"复选框，单击"确定"按钮，如图 4.553 所示。

图 4.552　更改数据透视图和报表中
各字段的形式步骤 1

图 4.553　更改数据透视图和报表中
各字段的形式步骤 2

（3）即可将"尺寸"字段的数据从"商品名称"数据下分列出来，单独在 B 列显示，如图 4.554 所示。

（4）选择 B5 单元格，单击鼠标右键，在弹出的快捷菜单中选择"字段设置"命令，如图 4.555 所示。

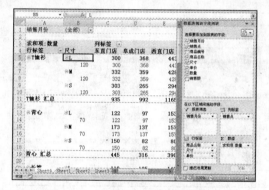

图 4.554　更改数据透视图和报表中
各字段的形式步骤 3

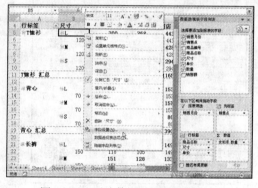

图 4.555　更改数据透视图和报表中
各字段的形式步骤 4

（5）弹出"字段设置"对话框，选择"布局和打印"选项卡，选择"以表格形式显示项目标签"单选按钮，单击"确定"按钮，如图 4.556 所示。

（6）即可将"单价"字段的数据从尺寸下分列出来，单独在 C 列中显示，如图 4.557 所示。

图 4.556　更改数据透视图和报表中
各字段的形式步骤 5

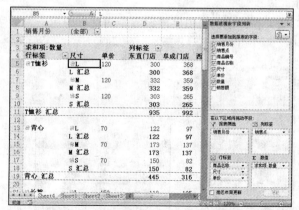

图 4.557　更改数据透视图和报表中
各字段的形式步骤 6

小贴士

　　打开"字段设置"对话框，还可以在选中设置的标签项单元格后，选择"数据透视表工具"→"选项"→"活动字段"组→"字段设置"命令。也可以双击以大纲或表格形式显示的行字段。

（三）美化数据透视表

1. 套用数据透视表样式美化格式效果

　　通过使用样式库可以轻松更改数据透视表的样式。Office Excel 2007 提供了大量可以用于快速设置数据透视表格式的预定义表样式（或快速样式）。

　　【案例】为数据透视表套用"数据透视表样式中等 2"样式。

　　（1）单击"数据透视表工具"→"设计"→"其他"按钮，选择需要的样式，如图 4.558 所示。

　　（2）即可将样式套用到数据透视表，如图 4.559 所示。

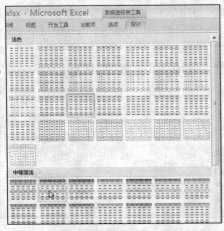

图 4.558　套用数据透视表样式美化格式效果步骤 1　　　图 4.559　套用数据透视表样式美化格式效果步骤 2

2. 更改字段的数字格式

　　【案例】将 D3:G15 单元格区域数据保留两位小数。

　　（1）选择 D3:G15 单元格区域，单击"选项"→"活动字段→"字段设置"按钮，如图 4.560 所示。

　　（2）在弹出的"值字段设置"对话框中单击"数字格式"按钮，如图 4.561 所示。

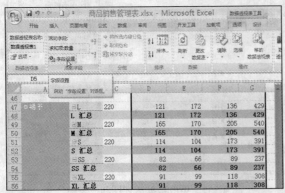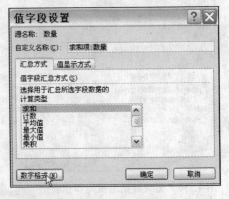

图 4.560　更改字段的数字格式步骤 1　　　　　图 4.561　更改字段的数字格式步骤 2

（3）弹出"设置单元格格式"对话框，在"分类"列表框中选择所需的格式类别和格式选项，然后依次单击"确定"按钮，如图4.562所示。

（4）单元格区域显示为指定的格式，如图4.563所示。

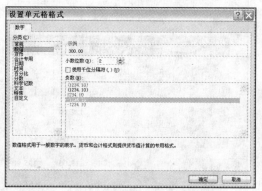

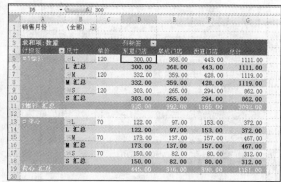

图4.562　更改字段的数字格式步骤1　　　　图4.563　更改字段的数字格式步骤2

 小贴士

也可以在值字段上单击鼠标右键，在弹出的快捷菜单中选择"数字格式"命令，设置单元格格式。

（四）管理数据透视表中的数据

1. 展开或折叠数据透视表中的明细级别

【案例】折叠、展开"T恤衫"字段的明细数据。

（1）单击折叠按钮 −，折叠明细级别，如图4.564所示。

（2）单击展开按钮 +，展开明细级别，如图4.565所示。

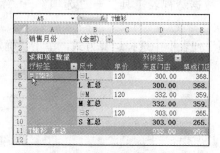

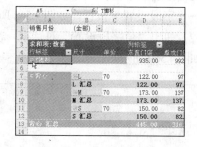

图4.564　折叠明细级别　　　　　　　图4.565　展开明细级别

 小贴士

也可以双击项目或者用鼠标右键单击行标签中的字段，在弹出的快捷菜单中选择"展开/折叠"命令，在其子菜单中进行相应设置。

2. 隐藏与显示分类汇总项

【案例】隐藏"尺寸"字段的分类汇总项。

（1）选择要隐藏的分类汇总项单元格（B6），单击鼠标右键，在弹出的快捷菜单中取消选择"分类汇总'尺寸'"命令，如图4.566所示。

（2）即可将分类汇总单元格隐藏起来，如图 4.567 所示。

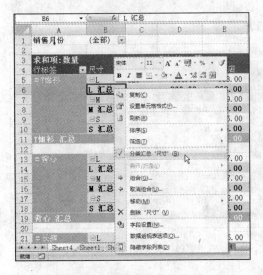

图 4.566　隐藏分类汇总项 1

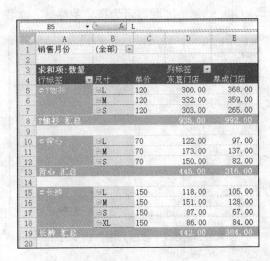

图 4.567　隐藏分类汇总项 2

 小贴士

如果要显示分类汇总项，可以再次选择"分类汇总'尺寸'"命令。

3. 更改汇总方式

数据透视表中默认的汇总方式为求和汇总，通过设置，可将汇总方式设置为求平均值、最大值等汇总方式。

【案例】将"数量"字段的汇总方式改为求平均值。

（1）选择"数量"字段的某个单元格，单击"数据透视表工具"→"选项"→"活动字段"→"字段设置"按钮，如图 4.568 所示。

（2）弹出"值字段设置"对话框，在"计算类型"列表框中选择运算方式，单击"确定"按钮，如图 4.569 所示。

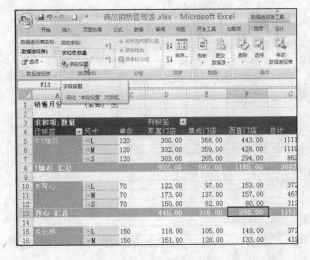

图 4.568　更改汇总方式 1

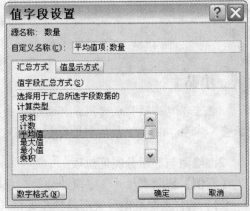

图 4.569　更改汇总方式 2

（3）按平均值的方式计算每种商品的各种尺寸的平均数量，如图 4.570 所示。

图 4.570　更改汇总方式 3

小贴士

在某一类运算的单元格上单击鼠标右键，在弹出的快捷菜单中选择"数据汇总依据"命令，然后在其级联菜单中选择某种运算，也可以更改数据的运算方式。

4．对字段和项进行排序

在数据透视表中，同样也可以对数据进行排序操作。

【案例】对 T 恤衫的数量进行升序排序，对所有商品的销售数量汇总数据进行降序排序。

（1）选中要排序的单元格区域中的任意单元格，如 G6，单击"数据透视表工具"→"选项"→"排序"→"升序"按钮，如图 4.571 所示。

（2）可对 T 恤衫的销售数量进行升序排序，如图 4.572 所示。

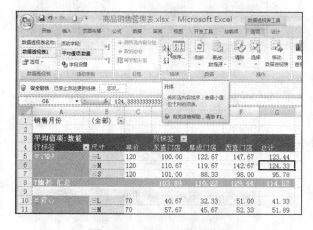

图 4.571　对字段升序排序步骤 1

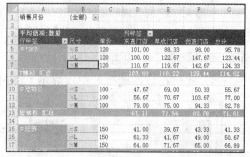

图 4.572　对字段升序排序步骤 2

（3）选中任意商品的汇总单元格，如 G13，单击"数据透视表工具"→"选项"→"排序"→"降序"按钮，如图 4.573 所示。

（4）可对所有商品的销售数量汇总数据进行降序排序，如图 4.574 所示。

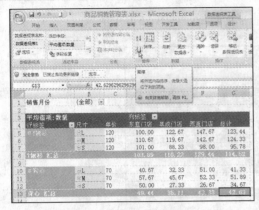
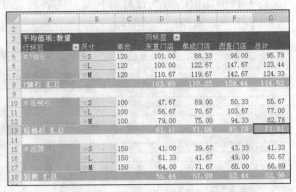

图 4.573　对字段降序排序步骤 1　　　　　　　图 4.574　对字段降序排序步骤 2

 小贴士

若要自定义排序操作，请在"选项"选项卡上的"排序"组中，单击"排序"按钮，在"按值排序"对话框中进行设置。

5．对字段和项进行筛选

对字段和项进行筛选，可筛选出的数据只显示符合指定条件的数据子集，并隐藏不想显示的数据。

【案例】查看 8 月份的销售数据，查看 L 尺寸商品的销售数据。

（1）在 A1 单元格中单击 ▼ 按钮，选择要筛选的条件"8"，单击"确定"按钮，如图 4.575 所示。

（2）此时在数据透视表中只显示 8 月份各项商品的销售数据，如图 4.576 所示。

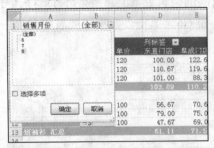
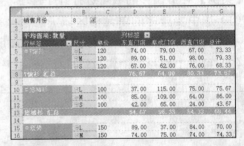

图 4.575　对字段和项进行筛选步骤 1　　　　图 4.576　对字段和项进行筛选步骤 2

（3）选择"尺寸"字段的任意单元格，单击行标签单元格中的按钮 ▼ ，选择要筛选的条件"L"，单击"确定"按钮，如图 4.577 所示。

（4）此时在数据透视表中仅显示 L 尺寸商品的销售数量，如图 4.578 所示。

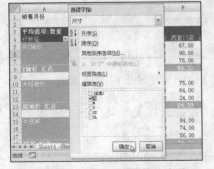
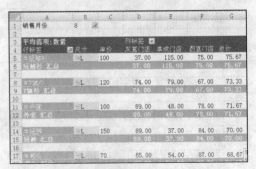

图 4.577　对字段和项进行筛选步骤 3　　　　图 4.578　对字段和项进行筛选步骤 4

小贴士

如果要同时显示多销售月份的销售记录，可以先选中"选择多项"筛选框，各销售月份前则会显示复选框，此时可一次性选择多月份的销售记录。

6．如何刷新数据

当更改数据透视表的数据源时，数据透视表并不会随着更改，而必须再另外执行刷新的操作。

（1）单击选择数据透视表范围内的任意一个单元格，单击"选项"标签，切换到"选项"选项卡工具按钮界面。

（2）单击"数据"组中的"刷新"按钮，在下拉菜单中单击"全部刷新"按钮即可。

【案例】将"Sheet1"工作表中西直门店 L 尺寸外套的销售量由 78 改为 100，然后刷新当前数据透视表。

（1）选择数据透视表内的任意一个单元格，单击"数据透视表工具"→"选项"→"数据"→"刷新"按钮，如图 4.579 所示。

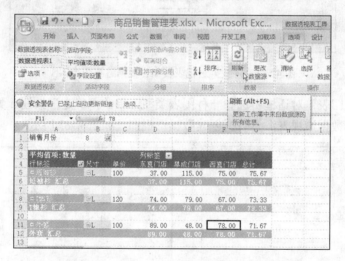

图 4.579　刷新数据步骤 1

（2）西直门店 L 尺寸外套的销售量由 78 改为 100，如图 4.580 所示。

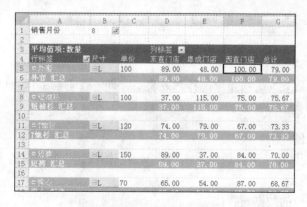

图 4.580　刷新数据步骤 2

（五）数据透视图

数据透视图是以图表的形式表示数据透视表中的数据。它既可以像数据透视表一样更改其中的数据，还具有图表直观地表现数据的优点。

1. 创建并使用数据透视图

【案例】将数据透视表转化为数据透视图。

（1）选择数据透视表中任一单元格，单击"数据透视表工具"→"选项"→"工具"→"数据透视图"按钮，如图4.581所示。

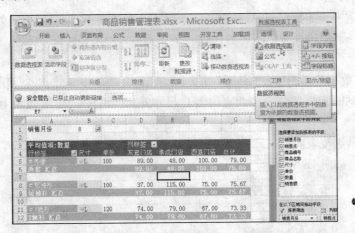

图4.581 将数据透视表转化为数据透视图步骤1

（2）在"插入图表"对话框中选择一种图表类型，单击"确定"按钮，如图4.582所示。

（3）即可根据数据透视表汇总数据创建数据透视图，如图4.583所示。

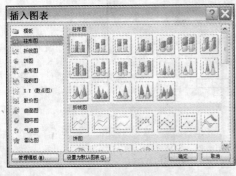

图4.582 将数据透视表转化为数据透视图步骤2

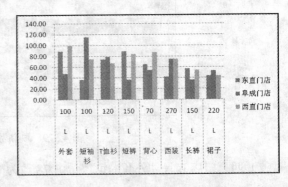

图4.583 将数据透视表转化为数据透视图

 小贴士

在"插入"→"图表"选项组中选择图表类型，即可在当前工作表中创建数据透视图表，并打开"数据透视图筛选"窗格。

2. 编辑数据透视图

在创建的数据透视图中，可以通过单击"数据透视图筛选"窗格中的下三角按钮，设置数据透视图中的显示方式。

【案例】查看7月份的数据透视图。

（1）在"数据透视图上的活动字段"窗体中的"报表筛选"下，单击▼按钮，选中"7"月份，单击"确定"按钮，如图4.584所示。

（2）此时数据透视图只显示"7"月份的销售数据，如图4.585所示。

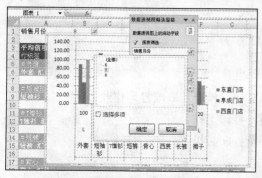
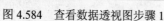
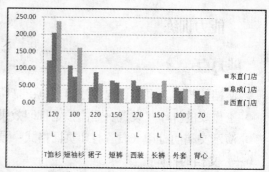

图 4.584　查看数据透视图步骤 1 　　　　图 4.585　查看数据透视图步骤 2

3. 美化数据透视图

由于数据透视图和普通图表十分类似，因此，也可以更改数据透视图的类型。还可以设置数据透视图中其他元素的格式，如设置图表背景、设置坐标轴位置、设置图例项等，由于和普通图表的设置方法完全一样，因此，这里就不再详细介绍了。

目标 8：文 件 打 印

一、基础知识

在对文档进行排版时，常用到一些专业的术语，如图 4.586 所示，具体如下。

（1）上边距（天头）：指版心上方至页面边沿的白边。

（2）下边距（地脚）：指版心下方至页面边沿的白边。

（3）左边距（订口）：指版心内侧的白边。

（4）右边距（翻口）：指版心外侧的白边。

（5）装订线：预留的文档装订位置。

注意：在"页面设置"对话框的"版式"选项卡中，"页眉"、"页脚"数值框中的数值并不是页眉和页脚的大小，而是页眉和页脚与页面上下边界的距离。

如图 4.587 所示，上边距和下边距都是 2.54 厘米，而图中页眉是 1.5 厘米，页脚是 1.75 厘米，由此可以得出页眉的计算公式：2.54-1.5=1.04 厘米，而页脚的计算公式是：2.54-1.75=0.79 厘米。

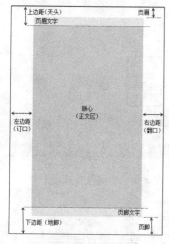

图 4.586　文档组成

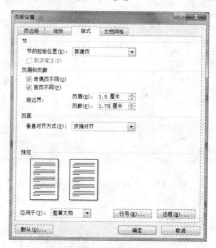

图 4.587　页面设置

二、能力训练

能力点

- 文档的打印（页面设置；打印预览；打印文档；检查、取消打印作业）。
- 工作表的打印（设置页面；预览打印效果；打印工作表）。
- 演示文稿的打印（设置打印页面格式；预览打印效果；打印幻灯片）。

（一）文档的打印

1. 页面设置

1）页面设置对话框

在创建文档时，Word 预设了一个以 A4 纸为基准的 Normal 模板，其版面几乎可以适用于大部分文档。对页面设置有特殊的要求，可以选择"页面布局"→"页面设置"命令，打开"页面设置"对话框进行所需的设置，该对话框共有以下 4 个选项卡。

① 页边距

在"页边距"选项卡中可对文本与纸张边缘距离、纸张方向等进行设置，如图 4.588 所示。

② 纸张

在"纸张"选项卡中可选择 Word 提供的纸张大小，也可以自定义纸张的大小，如图 4.589 所示。

③ 版式

许多书籍从封面到首页及后序，版式并不相同，有的相邻两页的版面设置也不相同，通过"版式"选项卡可设置页眉和页脚的显示方式和页面垂直对齐方式等，如图 4.590 所示。

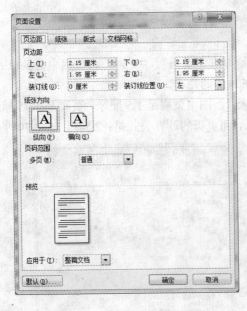

图 4.588　"页边距"选项卡

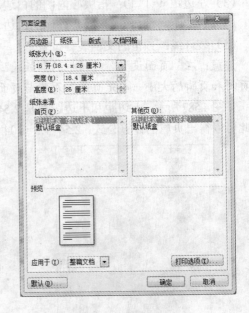

图 4.589　"纸张"选项卡

④ 文档网格

"文档网格"选项卡主要用来设置文档中文字的排列方式、文档是否需要网格，如果定义网格，可根据需要指定网格的行或字符数，如图 4.591 所示。

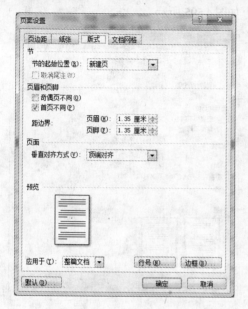

图 4.590　"版式"选项卡

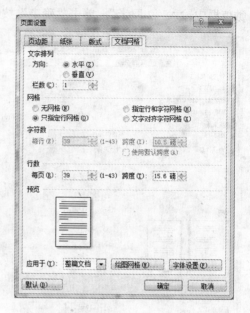

图 4.591　"文档网络"选项卡

2）利用"页面设置"对话框进行设置

【案例】打开"员工手册"文档，并对其页边距、纸型、版式进行设置。

（1）打开"员工手册"文档，选择"页面布局"→"页面设置"的对话框启动器，弹出"页面设置"对话框，如图 4.592 所示。

（2）选择"页边距"选项卡，在"上"、"下"数值框中输入"2.7 厘米"，在"左"、"右"数值框中输入"3 厘米"和"2 厘米"，在"装订线"数值框中输入"1 厘米"，如图 4.593 所示。

图 4.592　页面设置步骤 1

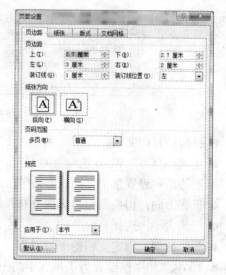

图 4.593　页面设置步骤 2

（3）选择"纸张"选项卡，在"纸张大小"下拉列表框中选择"B5（JIS）"选项，如图 4.594 所示。

（4）选择"版式"选项卡，选择"奇偶页不同"和"首页不同"复选框，并在"页眉"、"页脚"数值框中输入"2 厘米"，单击"确定"按钮，如图 4.595 所示。

图 4.594　页面设置步骤 3

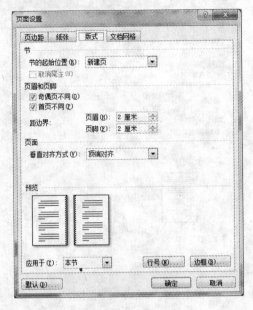

图 4.595　页面设置步骤 4

2. 打印预览

将文档打印输出前，先要对整个文档进行预览，查看其打印后的效果，防止浪费时间和纸张。

1）认识"打印预览"工具栏

单击"Microsoft Office"按钮，在弹出菜单中选择"打印"→"打印预览"命令，即可进入打印预览窗口，在该窗口的"打印预览"工具栏中各主要按钮和下拉列表框名称如图 4.596 所示。

图 4.596　打印预览

- 打印：打印文档。
- 选项：打开"Word 选项"对话框，可在该对话框中更改打印选项。
- 页边距：设置整个文档或当前节的边距大小。
- 纸张方向：切换页面的纵向分布和横向分布。
- 纸张大小：选择当前节的页面大小。
- 显示比例：指定文档的缩放级别。
- 100%：将文档缩放为正常大小的 100%。
- 单页：更改文档的显示比例，使整个页面适应窗口大小。
- 双页：更改文档的显示比例，使两个页面适应窗口大小。
- 页宽：更改文档的显示比例，使页面宽度与窗口宽度一致。

- 显示标尺：查看标尺，用于测量和对齐文档中的对象。
- 放大镜：将鼠标指针更改为放大镜，通过单击文档，可快速切换从 100% 到"适应整页"间的缩放级别。如果取消选中此项，则可编辑文档。
- 减少一页：尝试通过略微缩小文本大小和间距将文档缩减一页。
- 下一页：定位到文档的下一页。
- 上一页：定位到文档的前一页。
- 关闭：关闭"打印预览"，并返回到文档编辑模式。

2）使用打印预览

【案例】将"员工手册"文档进行打印预览，查看该文档总页码数，再将前 3 页显示，然后使用放大镜工具查看文档并查看显示比例为 10% 时的显示状态。

（1）打开"员工手册"文档，单击"Microsoft Office"按钮，在弹出的菜单中选择"打印"→"打印预览"命令，如图 4.597 所示。

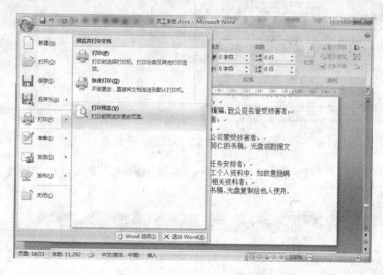

图 4.597　使用打印预览步骤 1

（2）进入打印窗口，在状态栏中查看其总页码，如图 4.598 所示。

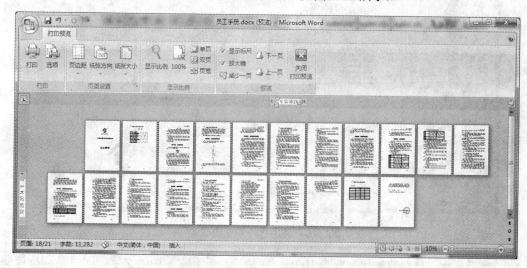

图 4.598　使用打印预览步骤 2

（3）单击"双页"按钮，打印预览窗口将两页同时显示出来，如图 4.599 所示。

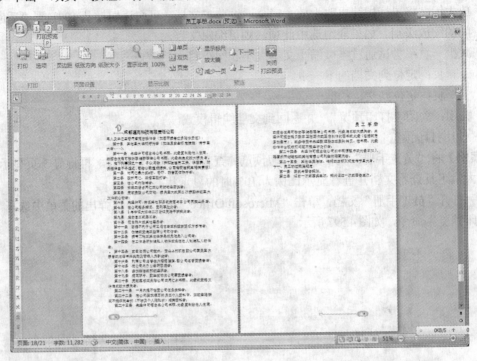

图 4.599　使用打印预览步骤 3

（4）选择"放大镜"复选框，将鼠标指针移动到编辑区，此时鼠标指针变为 形状，如图 4.600 所示。

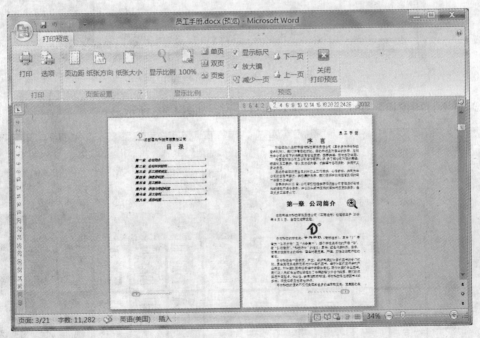

图 4.600　使用打印预览步骤 4

（5）单击鼠标，此时放大比例变为 100%，可清晰地看到文本中的文字，同时鼠标指针变为

🔍形状，如图 4.601 所示。

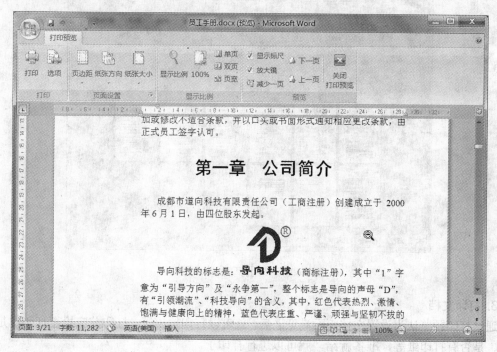

图 4.601　使用打印预览步骤 5

（6）单击"显示比例"按钮，弹出"显示比例"对话框，将"百分比"数值框设置为"10%"，如图 4.602 所示。

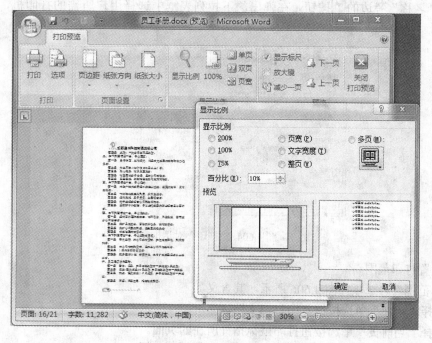

图 4.602　使用打印预览步骤 6

（7）此时文本将被缩小到 10%显示。预览完成后单击工具栏中的"关闭"按钮，退出打印预览窗口，如图 4.603 所示。

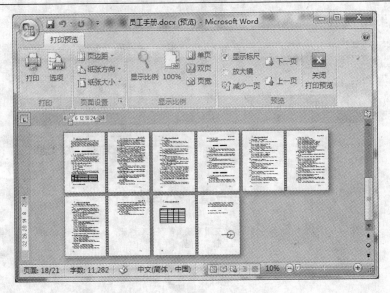

图 4.603　使用打印预览步骤 7

3. 打印文档

通过打印预览认为设置文档版面满意之后，就可以打印输出了。打印前应检查打印机是否安装好、是否有打印纸等，准备就绪，就可以进行打印了。

单击"Microsoft Office"按钮 ，在弹出的菜单中选择"打印"命令后，将弹出"打印"对话框，如图 4.604 所示。

1）选择打印机

单击"名称"旁边的 按钮，在弹出的下拉列表框中选择用户所需的打印机，如图 4.605所示。

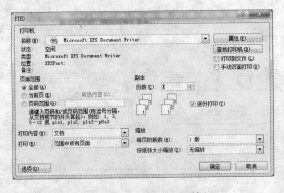

图 4.604　"打印"对话框

2）设置打印范围

"页面范围"各选项如图 4.606 所示，其含义如下：

● 选择"全部"单选按钮打印整篇文档。

● 选择"当前页"单选按钮打印鼠标指针所在的页面。

● 若用户选定了某些内容，则可选择"所选内容"单选按钮，打印时只打印选择的内容。

● 选择"页码范围"单选按钮，用户可在其后的文本框中输入要打印的页码。打印单页，直接输入页码；打印连续多页，用连字符连接起始页和终止页；打印不连续多页，用逗号将各页码隔开。

图 4.605　选择打印机

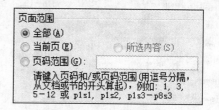

图 4.606　设置打印范围

3）选择打印内容

单击"打印内容"旁边的■按钮，在弹出的下拉列表框中选择要打印的内容，如"文档"、"文档属性"、"显示标记的文档"等，如图 4.607 所示。

当用户暂时没有合适打印机时可选择将文档打印到文件，创建打印文件以后再进行打印。

4）选择打印页面

单击"打印内容"旁边的■按钮，在弹出的下拉列表框中选择只打印奇数页、只打印偶数页或者是所有的页面，如图 4.608 所示。

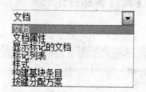

图 4.607　选择打印内容

图 4.608

5）手动打印双面

选择"手动双面打印"复选框，打印完一面后，将提示打印后的纸背面向上放回送纸器，再发送打印命令完成双面打印。

6）打开属性对话框

单击"属性"按钮可打开当前打印机的属性对话框。在该对话框中可单击各列表框旁边的■按钮设置纸张大小、送纸方向等。

 小贴士

在预览窗口中单击工具栏"打印"按钮，或者按【Ctrl+P】组合键，也可以打开"打印"对话框。

若不使用"打印"对话框打印，可单击"Microsoft Office"按钮，指向"打印"旁的下三角按钮，然后选择"快速打印"命令。

当用户暂时没有合适的打印机时可选择将文档打印到文件，创建打印文件以后再进行打印。

【案例】打印"员工手册"文档中的封面，份数为 2 份。

（1）单击"Microsoft Office"按钮，然后在弹出的菜单中选择"打印"→"打印"命令，将弹出"打印"对话框，如图 4.609 所示。

（2）在"页面范围"选项区域中选择"当前页"单选按钮，在"副本"选项区域的"份数"数值框中输入"2"，单击"确定"按钮，如图 4.610 所示。

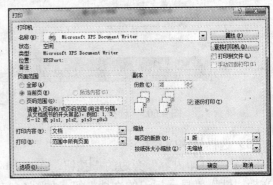

图 4.609　选择"打印"命令　　　　　　　　图 4.610　"打印"对话框

4. 查看、取消打印作业

【案例】查看前面设置好的"员工手册"文档打印进度，然后取消打印作业。

（1）单击"开始"按钮 ，然后选择"控制面板"命令，如图 4.611 所示。

（2）在"控制面板"中，单击"硬件和声音"中的"查看设备和打印机"链接，如图 4.612 所示。

图 4.611　查看、取消打印作业步骤 1　　　　图 4.612　查看、取消打印作业步骤 2

（3）选择当前使用的打印机图标，然后单击工具栏上的"查看现在正在打印什么"链接，如图 4.613 所示。

图 4.613　查看、取消打印作业步骤 3

（4）在要删除的打印作业上单击鼠标右键，在弹出的快捷菜单中选择"取消"命令，如图 4.614 所示。

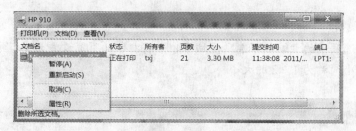

图 4.614　查看、取消打印作业步骤 4

（5）在弹出的对话框中单击"是"按钮以确定，如图 4.615 所示。

（二）工作表的打印

1. 页面设置

页面设置是指打印页面布局和格式的合理安排，如确定打印方向、页面边距和页眉与页脚等。在"页面布局"选项卡上的"页面设置"组中，单击"页面设置"对话框启动器，弹出"页面设置"对话框。

1）设置页面

通过"页面设置"对话框中的"页面"选项卡可设置打印的表格的打印方向、打印比例等，如图 4.616 所示。

图 4.615　查看、取消打印作业步骤 5　　　　图 4.616　"页面设置"对话框

- "方向"和"纸张大小"：与 Word 的页面设置相同。
- "缩放"：用于放大或缩小打印工作表，其中：
- ➢ "缩放比例"：允许在 10%～400%之间。
- ➢ "调整为"：表示把工作表拆分为几部分打印。
- ➢ "起始页码"：可输入打印的首页页码，后续页的页码自动递增。
- "打印"：单击该按钮可打开"打印内容"对话框，在其中可设置具体的打印选项。
- "打印预览"：单击该按钮可打开打印预览窗口，在其中可预览打印效果。
- "选项"：单击该按钮可打开"属性"对话框，在其中可对纸型、字体等进行详细设置。

【案例】打开"固定资产管理表"工作簿，将其打印方向设置为横向。

（1）在"页面布局"选项卡上的"页面设置"组中，单击"页面设置"对话框启动器，如图 4.617 所示，弹出"页面设置"对话框。

（2）选择"页面"选项卡，选择"方向"选项区域的"横向"单选按钮，然后单击"确定"按钮，如图4.618所示。

 小贴士

在"页面"选项卡的"缩放"选项区域中，若将打印的页宽设置为1，页高设置为2，此时通常将打印大小简称为1：2的大小。

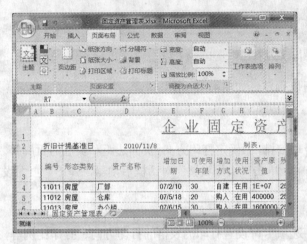

图 4.617　打印方向设置为横向步骤1　　　　图 4.618　打印方向设置为横向步骤2

2）设置页边距

若对打印后表格在页面中的位置不满意，可通过"页面设置"对话框的"页边距"选项卡进行相关设置，如图4.619所示。

● "上"、"页眉"、"左"、"右"、"下"和"页脚"数值框：可设置表格打印后距页边距的位置。

● "水平"和"垂直"复选框：可设置表格打印出来的对齐方式。

【案例】打开"固定资产管理表"工作簿，将其上、下、左和右的页边距都设置为"1.5"。"水平"居中。

（1）在"页面布局"选项卡上的"页面设置"组中，单击"页面设置"对话框启动器，如图4.620所示，弹出"页面设置"对话框。

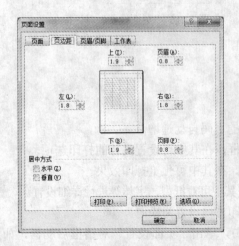 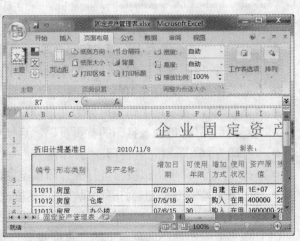

图 4.619　"页边距"选项卡　　　　　　图 4.620　设置页边距步骤1

（2）选择"页边距"选项卡，在"上"、"下"、"左"和"右"数值框中输入"1.5"，然后单击"确定"按钮，如图4.621所示。

小贴士

若为表格设置了页眉与页脚，还可在"页边距"选项卡的"页眉"和"页脚"数值框中设置页眉与页脚在页面中的位置。

当在"页面设置"对话框的"页边距"选项卡中设置需打印的表格距页面各边的位置时，在其中的预览框中可预览所做的设置。

3）设置页眉与页脚

在表格中设置了页眉后，打印出的表格顶部会出现设置的页眉；而页脚往往位于表格底部。在 Excel 中设置页眉和页脚时可使用系统自带的页眉或页脚，也可以对其进行自定义设置，如图 4.622 所示。

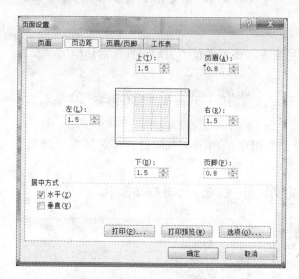

图 4.621　设置页边距步骤 2

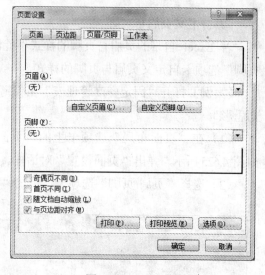

图 4.622　页眉与页脚

① 设置 Excel 自带页眉与页脚

Excel 自带有多种样式的页眉与页脚，通过它们可快速设置表格的页眉和页脚，其方法如下。

【案例】打开"固定资产管理表"工作簿，利用 Excel 自带的页脚样式，为表格设置一个"第1页，共? 页"的页脚。

（1）在"页面布局"选项卡上的"页面设置"组中，单击"页面设置"对话框启动器，如图4.623所示，弹出"页面设置"对话框。

（2）选择"页眉/页脚"选项卡，单击"页脚"右侧的下三角按钮，在弹出的下拉列表中选择"第1页，共? 页"选项，然后单击"确定"按钮，如图4.624所示。

小贴士

在"页眉"或"页脚"下拉列表框中选择"无"选项时，将删除原有的页眉或页脚。

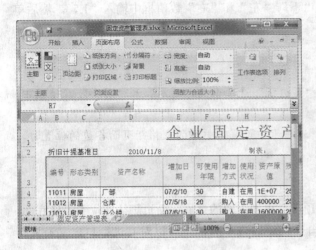

图 4.623　设置 Excel 自带页眉与页脚步骤 1　　　　　图 4.624　设置 Excel 自带页眉与页脚步骤 2

② 自定义页眉与页脚

若 Excel 自带的页眉与页脚的样式不能满足需要，还可通过"页眉设置"对话框的"页眉/页脚"选项卡自定义页眉与页脚的样式。

【案例】打开"固定资产管理表"工作簿，自定义页眉的样式，在页眉右侧输入"制表人：刘思彤"。

（1）在"页面布局"选项卡上的"页面设置"组中，单击"页面设置"对话框启动器，如图 4.625 所示，弹出"页面设置"对话框。

（2）选择"页眉/页脚"选项卡，单击"自定义页眉"按钮，如图 4.626 所示。

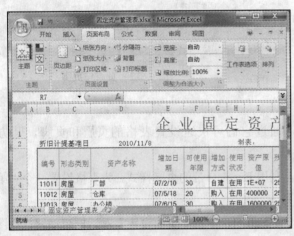

图 4.625　自定义页眉与页脚步骤 1　　　　　　图 4.626　自定义页眉与页脚步骤 2

（3）弹出"页眉"对话框，将文本插入点定位到"右"文本框中，输入"制表人：刘思彤"，然后单击"确定"按钮，如图 4.627 所示。

（4）返回"页面设置"对话框的"页眉/页脚"选项卡，单击"打印预览"按钮，如图 4.628 所示。

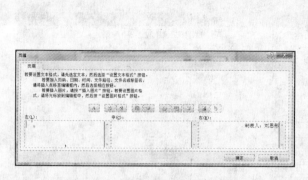

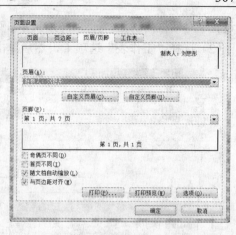

图 4.627　自定义页眉与页脚步骤 3　　　　　　　图 4.628　自定义页眉与页脚步骤 4

（5）在打开的预览窗口中可查看打印后的效果，确定无误后单击"关闭"按钮，如图 4.629 所示。

图 4.629　自定义页眉与页脚步骤 5

 小贴士

在自定义页眉或页脚的列表框中，只有当页眉或页脚中插入了图片后，才能激活设置图片格式的按钮，并对插入的图片进行格式设置。

在自定义页眉或页脚时，若需要对页眉或页脚的文本格式进行设置，则应先选择需设置的文本，然后单击设置文本格式的按钮。

自定义页眉或页脚错误时，删除相应文本框中的数据即可重新设置。

4）工作表设置

在打印表格时，Excel 除了可以设置页面外，还可设置打印的区域，这样便可根据实际需要只打印表格中相应的部分。

【案例】打开"固定资产管理表"工作簿，只打印"生产部"的固定资产数据。

（1）打开需设置打印区域的工作表，在"页面布局"选项卡的"页面设置"组中，单击"页面设置"对话框启动器，如图 4.630 所示，弹出"页面设置"对话框。

（2）选择"工作表"选项卡，然后单击"打印区域"右侧的 ▦ 按钮，如图 4.631 所示。

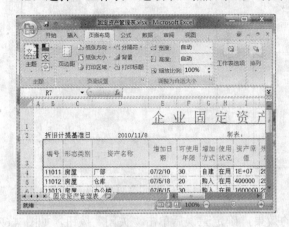

图 4.630　工作表设置步骤 1

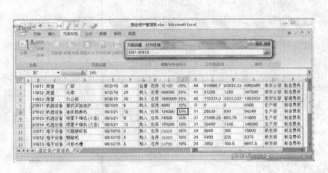

图 4.631　工作表设置步骤 2

（3）在表格中选择需打印的区域，然后单击 ▦ 按钮，如图 4.632 所示。

（4）返回"工作表"选项卡，单击"顶端标题行"右侧的 ▦ 按钮，如图 4.633 所示。

图 4.632　工作表设置步骤 3

图 4.633　工作表设置步骤 4

（5）选择单元格区域$1:$3，单击 ▦ 按钮，如图 4.634 所示。

（6）单击"确定"按钮，完成打印区域的设置，如图 4.635 所示。

图 4.634　工作表设置步骤 5

图 4.635　工作表设置步骤 6

小贴士

选择打印区域所在的单元格或单元格区域，然后选择"页面布局"→"打印区域"→"设置打印区域"命令，也可以设置打印区域。

设置打印区域后，将至虚线框上，当其变为✛时，按住鼠标左键不放并拖动鼠标可改变打印区域的位置。

Excel 可以将表格中隐藏的数据视为非打印的区域，利用这种方式也可设置表格的打印区域。

取消设置的打印区域的方法为：选择"页面布局"→"页面设置"→"取消打印区域"命令即可。

若需打印的工作表中存在批注，可在"页面设置"对话框的"工作表"选项卡的"批注"下拉列表框中设置批注打印后的位置，包括"无"、"工作表末尾"等选项。

在"页面设置"对话框的"工作表"选项卡中，选择"错误单元格打印为"下拉列表框中某个选项可设置错误单元格的打印方式，其中包括"显示值"、"空白"等选项。

2. 预览打印效果

除了前面提到的在"页面设置"对话框中单击"打印预览"按钮可预览打印效果外，还可利用预览窗口中的各种按钮进行预览设置。

【案例】打开"固定资产管理表"工作簿，放大、缩小表格的预览效果。

（1）打开需打印的工作表，单击"Microsoft Office"按钮，在弹出的菜单中选择"打印"→"打印预览"命令，如图4.636所示。

（2）将鼠标指针移至预览窗口的界面中，当其变为🔍形状时，单击鼠标可放大表格，如图4.637所示。

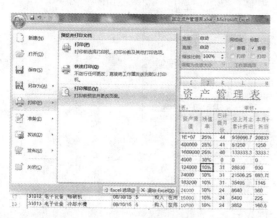

图4.636　预览打印效果步骤1

图4.637　预览打印效果步骤2

（3）当其变为🔍形状时，单击鼠标可缩小表格，如图4.638所示。

小贴士

在预览多页表格时，单击预览窗口中的"下一页"或"上一页"按钮，可切换当前预览的表格。单击"设置"按钮可打开"页面设置"对话框。

制表人：刘思彤

企业固定资产管理表

折旧计提基准日　2010/11/9　制表：　审核：　金额单位：元

编号	形态类别	资产名称	增加日期	可使用年限	增加方式	使用状况	资产原值	残值率	已计提月份	至上月止累计折旧	本月计提折旧额	本月末账面净值	使用部门	折旧科目
11011	房屋	厂部	07/2/10	30	自建	在用	1E+07	25%	44	916666.7	20833.33	9062500	南京总部	制造费用
11012	房屋	仓库	07/5/18	20	购入	在用	400000	25%	41	51250	1250	347500	南京总部	制造费用
11013	房屋	办公楼	07/6/15	30	购入	在用	1600000	25%	40	133333.3	3333.333	1463333	南京总部	管理费用
21011	机器设备	厢式实验电炉	08/10/8	5	购入	报废	4000	10%	0	0	0	4000	生产部	制造费用
21012	机器设备	油压裁断机	08/3/21	10	购入	在用	124000	10%	31	28830	930	94240	生产部	制造费用
21013	机器设备	喷雾干燥机(小型)	08/3/21	8	购入	在用	74000	10%	31	21506.25	693.75	51800	生产部	制造费用
21014	机器设备	喷雾干燥机(大型)	08/3/21	12	购入	在用	183200	10%	31	35495	1145	146560	生产部	制造费用
31011	电子设备	双辊破碎机	08/10/15	5	购入	在用	24000	10%	24	8640	360	15000	研发部	制造费用
31012	电子设备	颚破机	08/10/15	5	购入	在用	15000	10%	24	5400	225	9375	研发部	制造费用
31013	电子设备	冷却水槽	08/10/15	5	购入	在用	10700	10%	24	3852	160.5	6687.5	研发部	制造费用
31014	电子设备	激光粒度机	08/10/15	10	购入	在用	40000	10%	24	7200	300	32500	研发部	制造费用

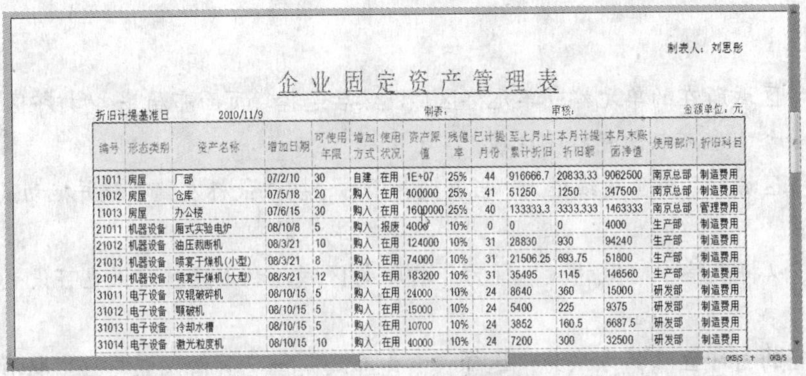

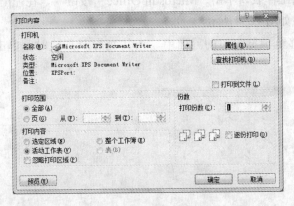

图 4.638　预览打印效果步骤 3

3. 打印工作表

进行了页面设置和打印预览后，如果对设置的效果满意，即可开始打印。Excel 除了可打印单张工作表、多张工作表外，还可以以报表的方式打印工作表、打印图表等，下面将分别介绍各种打印的方法。

注：除了选择“文件”→“打印预览”命令打开预览窗口外，直接单击“常用”工具栏中的“打印预览”按钮，也可打开窗口。

1）认识“打印内容”对话框

打印工作表之前，先来认识一下“打印内容”对话框。选择“文件”→“打印”命令可将其打开，在其中可对打印机、打印范围、打印内容及打印份数进行设置，如图 4.639 所示。

图 4.639

- 名称：在此下拉列表框中可选择打印机。
- 属性：可对打印机属性进行设置。
- 打印范围：在其中可对打印的表格范围进行设置。
- 打印内容：在其中可设置需打印的表格内容，如选定的区域、工作表等。
- 份数：在其中可设置打印的份数。
- 预览：单击该按钮可切换至预览窗口。

2）打印工作表

【案例】打开“固定资产管理表”工作簿，要求根据情况选择打印机，标题和表头需作为固定打印的部分，份数为 3。

（1）打开需打印的工作表，单击“Microsoft Office”按钮 ，在弹出的菜单中选择“打印”

→"打印"命令，如图4.640所示。

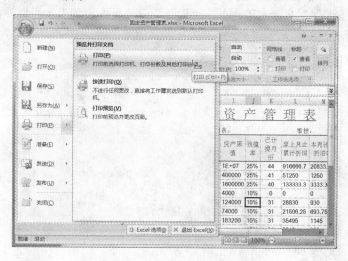

图 4.640　打印工作表步骤 1

（2）弹出"打印内容"对话框，在"名称"下拉列表中根据情况选择打印机，在"份数"选项区域的"打印份数"数值框中将数值设置为"3"，然后单击"确定"按钮，如图 4.641 所示。

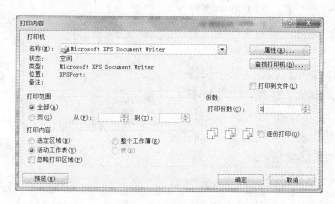

图 4.641　打印工作表步骤 2

 小贴士

在"页面设置"对话框的"份数"选项区域中，选择"逐份打印"复选框，可在打印多份相同的表格时，以逐份打印的方式进行打印。

（三）演示文稿的打印

在进行多媒体演示之前可以将演示文稿打印在纸上，便于演讲者演讲，观众观看。在PowerPoint 中可以以色彩、灰度或黑白 3 种方式打印演示文稿幻灯片、大纲、备注和观众讲义，也可以打印特定的幻灯片、讲义、备注、页或大纲。

1. 设置打印页面格式

在打印幻灯片之前，必须设置好打印的页面，包括调整页面的大小以适合各种纸张大小、调整幻灯片以合适标准的 35 毫米幻灯片（高价放映机）、设置打印的方向。

【案例】将"电脑课件"演示文稿的页面设置设置为 A4 纸，幻灯片的起始编号改为 4，幻灯片方向改为"纵向",其他保持默认的设置。

（1）打开"电脑课件"演示文稿,单击"设计"→"页面设置"按钮,弹出"页面设置"对话框,如图4.642所示。

图 4.642　设置打印页面格式步骤 1

（2）在"幻灯片大小"下拉列表框中选择"A4 纸张"选项,在"幻灯片编号起始值"数值框中输入"4",在"方向"选项区域的"幻灯片"下方选择"纵向"单选按钮,其他保持默认设置,然后单击"确定"按钮,如图4.643所示。

（3）设置页面后可以看到页面的宽度和高度已经有了变化,如图4.644所示。

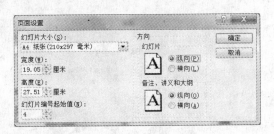

图 4.643　　设置打印页面格式步骤 2

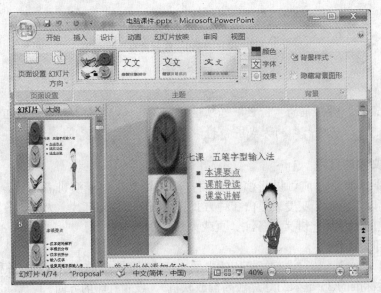

图 4.644　　设置打印页面格式步骤 3

小贴士

如果在"幻灯片大小"下拉列表框中选择"自定义大小"选项，在下方的宽度和高度数值框中即可根据实际需要输入纸张大小。

2. 预览打印效果

在打印演示文稿之前为了不浪费还可以预览打印效果。

单击"Microsoft Office"按钮 ，在弹出的菜单中选择"打印"→"打印预览"命令，打开"打印预览"视图，同时预览视图中自动出现"预览"工具栏，通过"预览"工具栏中的各个按钮可进行各种方式的预览，如图 4.645 所示。

图 4.645　预览视图

- 打印：单击该按钮将打开"打印"对话框。
- 选项：单击该按钮旁的下三角按钮将弹出相应的下拉菜单，在其中可以设置打印一些特殊的内容，如给幻灯片加框、打印隐藏的幻灯片、打印批注等。
- 打印内容：在该下拉列表框中可以选择打印的幻灯片。
- 纸张方向：设置当前幻灯片横向排放或纵向排放。
- 显示比例：在该下拉列表可以选择幻灯片显示的百分比。
- 上一页：单击该按钮预览当前的上一页。
- 下一页：单击该按钮预览当前页的下一页。
- 关闭：单击该按钮将退出预览状态，回到幻灯片编辑区。

【案例】预览"电脑课件"演示文稿的打印效果。

（1）打开需打印的工作表，单击"Microsoft Office"按钮 ，在弹出的菜单中选择"打印"→"打印预览"命令，如图 4.646 所示。

（2）单击"选项"按钮，在弹出的下拉菜单中选择"颜色/灰度"→"灰度"命令，将幻灯片设为灰色显示和打印，如图 4.647 所示。

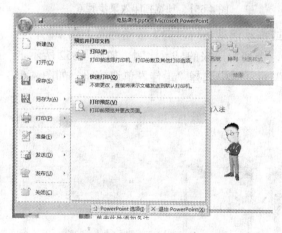

图 4.646　预览打印效果步骤 1

图 4.647　预览打印效果步骤 2

（3）单击"下一页"按钮，预览下一页的打印效果，此时"上一页"按钮被激活，如图 4.648 所示。

（4）在"打印内容"下拉表框中选择"大纲视图"选项，如图 4.649 所示。

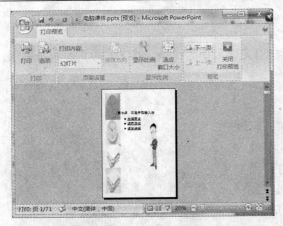

图 4.648 预览打印效果步骤 3

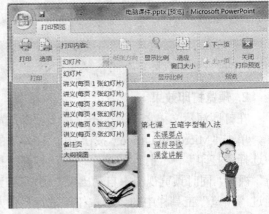

图 4.649 预览打印效果步骤 4

（5）预览所有幻灯片的大纲内容，如图 4.650 所示。

（6）在"显示比例"下拉表框中选择"100%"选项，这样便于看清楚大纲中的文字，如图 4.651 所示。

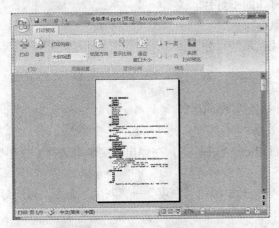

图 4.650 预览打印效果步骤 5

图 4.651 预览打印效果步骤 6

（7）效果如图 4.652 所示，通过滚动鼠标滚轮或拖动滚动条可以向下滚动翻阅大纲中的内容。在预览视图中，当鼠标指针为 图 形状时单击鼠标，会变为原来的显示比例，如图 4.652 所示。

（8）单击"显示比例"按钮，在"显示比例"对话框中选择"最佳"单选按钮，如图 4.653 所示。

图 4.652 预览打印效果步骤 7

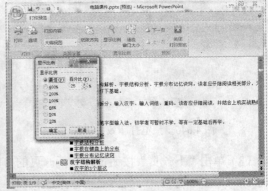

图 4.653 预览打印效果步骤 8

（9）在"打印内容"下拉列表中选择"讲义（每页6张幻灯片）"选项，如图4.654所示。

（10）单击"选项"按钮，选择"颜色/灰度"→"颜色"命令，如图4.655所示。

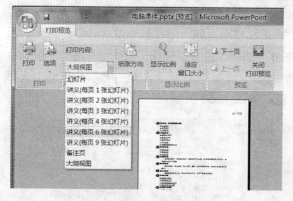

图4.654 预览打印效果步骤9

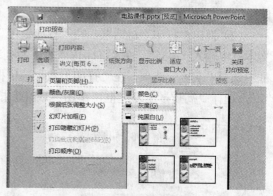

图4.655 预览打印效果步骤10

（11）预览第一页的打印效果，单击"选项"按钮，选择"打印顺序"→"垂直"命令，如图4.656所示。

（12）可以设置打印幻灯片的先后顺序，如图4.657所示。

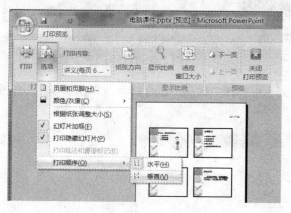

图4.656 预览打印效果步骤11

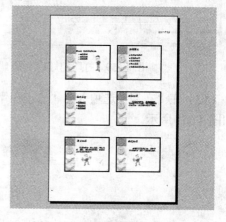

图4.657 预览打印效果步骤12

 小贴士

预览幻灯片时通过滚动鼠标滚轮也可以预览上一页或下一页。当鼠标指针为 形状时，单击可快速将显示比例设为100%。

3. 打印幻灯片

通过打印预览确认幻灯片正确无误后，就可以通过打印机将制作好的演示文稿打印出来了。

单击"Microsoft Office"按钮 ，在弹出的菜单中选择"打印"→"打印"命令，弹出"打印"对话框，如图4.658所示。

【案例】将"电脑课件"演示文稿用A4纸打印第4～35张幻灯片的讲义，要求打印两份，打印时采用横向方

图4.658 "打印"对话框

式，颜色为灰度，并且从后往前打印，每张纸上打印两张幻灯片。

（1）打开需打印的演示文稿，单击"Microsoft Office"按钮 ⬛，在弹出的菜单中选择"打印"→"打印"命令，如图 4.659 所示。

（2）弹出"打印"对话框，在"打印范围"选项区域中选择"幻灯片"单选按钮，在其后的文本框中输入"4-35"，在"打印内容"下拉列表框中选择"讲义"选项，"颜色/灰度"下拉列表框中选择"灰度"选项，在"打印份数"数值框中输入"2"，在"每页幻灯片数"数值框中选择"2"，选择"高质量"复选框，单击"属性"按钮，如图 4.660 所示。

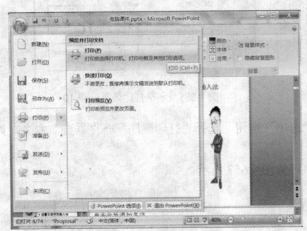

图 4.659 打印幻灯片步骤 1

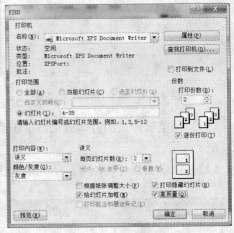

图 4.660 打印幻灯片步骤 2

（3）在"布局"选项卡的"方向"下拉列表中选择"横向"选项，依次单击"确定"按钮，如图 4.661 所示。

图 4.661 打印幻灯片步骤 3

能力五：休闲娱乐

目标1：听 音 乐

一、基础知识

音频的文件类型

音频文件类型有.mp3、.wma、.midi、.cda 等。平时使用计算机听到的歌曲中.mp3 和.wma 文件居多，并且在音质相同的情况下，.wma 文件的容量要比.mp3 文件小得多。

.cda 是 CD 音乐的文件类型格式，能提供高品质的音乐，但文件较大。

.midi 音频文件是一种简单的电子音乐格式，严格地说，不是一种实质意义上的音频文件，不支持真人原唱或者人声。

千千静听是一款完全免费的音乐播放软件，集播放、音效、转换、歌词等众多功能于一身，是目前国内最受欢迎的音乐播放软件，它支持几乎所用常见的音频格式。

二、能力训练

 能力点

- 千千音乐窗。
- 播放列表。
- 歌词秀。

（一）千千音乐窗

"千千音乐窗"使用户不用再网上搜索下载歌曲，直接轻松一点，即可用千千静听播放喜欢的歌曲。

【案例】利用千千音乐窗播放和下载音乐。

（1）启动千千静听，主界面如图 5.1 所示。

（2）单击"音乐窗"按钮，打开"千千音乐窗"窗口，如图 5.2 所示。

（3）在音乐窗中选中歌曲后，单击"确定"按钮即可在线播放；单击"下载"按钮即可打开包含该歌曲下载链接的网页，根据提示即可下载到本地，如图 5.3 所示。

（4）使用音乐窗顶部的"后退"和"前进"按钮，可以像浏览网页一样方便地查看音乐窗中的歌曲内容。

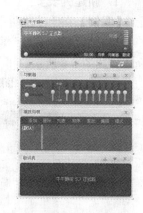

图 5.1 使用千千静听步骤 1

（二）歌词秀

千千歌词秀有"歌词显示"和"歌词编辑"两个模式，默认状态下是显示模式。

【案例】在播放音乐时显示歌词。

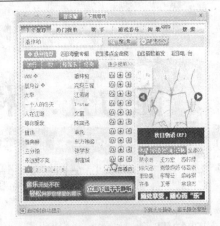

图 5.2 使用千千静听步骤 2　　　　　图 5.3 使用千千静听步骤 3

（1）在显示区单击鼠标右键，在弹出的快捷菜单中选择"编辑歌词"命令，即可打开"编辑"模式，如图 5.4 示。

（2）在编辑模式下，单击"返回歌词秀"按钮，即可返回显示模式，如图 5.5 所示。

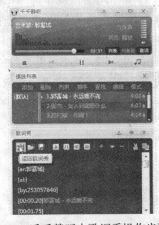

图 5.4 千千静听中歌词秀操作步骤 1　　　图 5.5 千千静听中歌词秀操作步骤 2

（三）播放列表

1．新建列表

【案例】在千千静听中新建一个播放列表。

（1）在"播放列表"窗口左侧的列表区单击鼠标右键，在弹出的快捷菜单中选择"新建列表"命令，如图 5.6 所示。

（2）输入列表名称即可，如图 5.7 所示。

图 5.6 新建列表步骤 1　　　　　图 5.7 新建列表步骤 2

2. 向列表中添加音乐

【案例】向列表中添加音乐。

（1）在列表区选中要添加的列表，如图 5.8 所示。

（2）如果想添加本地的个别音乐文件，可以选择"添加"→"文件"命令，在弹出的"打开"对话框中选择要添加的文件，如图 5.9 所示。

图 5.8　千千静听中添加音乐的步骤 1　　　　图 5.9　千千静听中添加音乐的步骤 2

（3）如果想添加本地整个文件夹中的音乐文件，可以选择"添加"→"文件夹"命令，选择要添加的文件夹，如图 5.10 所示。

（4）如果想添加网上的音乐，可以打开千千音乐窗，然后在其中选择要添加的音乐，并单击"添加"按钮，选择要添加的播放列表，单击"确定"按钮即可。

 小贴士

> 千千静听有 5 种播放模式，可以通过"模式"菜单下的"模式"选择。这 5 种模式分别是单曲播放、单曲循环、顺序播放、循环播放、随机播放。

图 5.10　千千静听中添加音乐的步骤 3

目标 2：看　电　影

一、基础知识

常见的视频格式及特点：

- AVI 文件：AVI 文件是目前比较流行的视频文件格式。采用有损压缩技术将视频信息和音频信息混合交错地存储在同一文件中，从而解决了视频和音频的同步问题。
- MPEG 文件：MPEG 文件是专门用于处理运动图像的，它采用了压缩技术的视频格式文件。其压缩的速度非常快，而解压缩的速度几乎可以达到实时的效果。
- DAT 文件：DAT 文件是 VCD 影碟的文件格式，也是基于 MPEG 压缩方法的一种文件格式。
- MOV 文件：MOV 文件格式是 Quick Time for Windows 视频处理软件所选用的视频文件格式。
- DIR 文件：DIR 文件是 Macromedia 公司的 Director 多媒体著作工具产生的视频文件格式。

● 暴风影音是目前最流行的媒体播放器，几乎支持所有的媒体文件格式，而且操作简单、使用方便。

二、能力训练

能力点

● 格式关联。
● 使用播放列表。

（一）格式关联

【案例】更改暴风影音的文件格式关联。

（1）打开暴风影音，其主界面如图 5.11 所示。

（2）选择"主菜单"→"高级选项"命令，弹出"高级选项"对话框，选择"文件关联"选项，切换到"文件关联"页面，如图 5.12 所示。

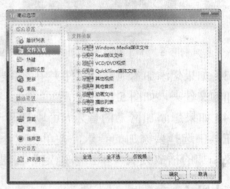

图 5.11　使用暴风影音的步骤 1　　　　　图 5.12　使用暴风影音的步骤 2

（二）播放列表

【案例】添加播放列表。

（1）暴风影音主界面的右侧就是"播放列表"，单击"添加"按钮，弹出"打开"对话框，如图 5.13 所示。

（2）用户可以一次选择多个文件，也可以选择一个，选择好后，单击"打开"按钮，所选视频就会被添加到"播放列表"中，如图 5.14 所示。

图 5.13　添加播放列表步骤 1　　　　　图 5.14　添加播放列表步骤 2

（3）如果想开始播放，双击播放列表中的任意文件即可，如图 5.15 所示。

（4）播放完毕后，单击"删除"按钮，即可清除列表中选中的文件，如图 5.16 所示。

图 5.15　添加播放列表步骤 3

图 5.16　添加播放列表步骤 4

目标 3：图 片 欣 赏

一、基础知识

（一）常见图片格式

ACDSee 是目前最流行的数字图像处理软件，它们广泛应用于图片的获取、管理、浏览、优化及与他人的分享等方面。

常见图片格式：BMP、GIF、JPEG、PCD、PCX、PNG、TGA、TIFF、WMF 等。

（二）HyperSnap 的主要特点

HyperSnap 是一个屏幕抓图工具，主要特点如下：

● 不仅能抓取标准桌面程序，还能抓取 DirectX、3Dfx Glide 游戏和视频或 DVD 屏幕图。

● 能以 20 多种图形格式（包括 BMP、GIF、JPEG、TIFF、PCX 等）保存并阅读图片。

● 可以用快捷键或自动计时器从屏幕上抓图。

它的功能还包括在所抓的图像中显示鼠标轨迹、收集工具，有调色板功能并能设置分辨率，还能选择从 TWAIN 装置中（扫描仪和数码相机）抓图。

二、能力训练

 能力点

● 浏览图片。

● 截取图片。

（一）浏览图片

1. ACDSee 浏览图片

1）手动浏览

【案例】利用 ACDSee，手动浏览一个存有图像文件的文件夹。

（1）启动 ACDSee，在文件夹目录中选择一个存有图像文件的文件夹，这样文件列表窗口即会显示此文件下所有文件的缩略图，在预览窗口中则会显示选定的图片，如图 5.17 所示。

（2）在主窗口的文件列表窗口中单击一个图像缩略图，然后按回车键，ACDSee 则会切换到观光模式，如图 5.18 所示。

图 5.17　ACDSee 软件的使用步骤 1　　　　　　图 5.18　ACDSee 软件的使用步骤 2

（3）在观光模式中，可以按【PageDown】（或者【↑】、【→】）键向后查看图片；按【PageUp】（或者【↓】、【←】）键向前查看图片，如图 5.19 所示。

（4）选择"视图"→"全屏幕"命令，ACDSee 将以全屏幕的形式显示当前图像。在全屏模式下，查看图片的快捷键依然有效，如图 5.20 所示。

图 5.19　ACDSee 软件的使用步骤 3　　　　　　图 5.20　　ACDSee 软件的使用步骤 4

2）自动浏览

【案例】自动浏览含有图像的文件夹。

（1）在 ACDSee 的主界面中选择"工具"→"配置自动幻灯片放映"命令，弹出"幻灯放映属性"对话框，如图 5.21 所示。

（2）用户可以设置幻灯片显示的内容，然后切换到"基本"选项卡，如图 5.22 所示。

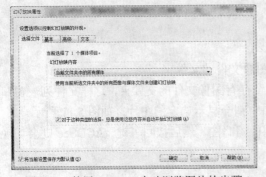

图 5.21　使用 ACDSee 自动浏览图片的步骤 1　　　图 5.22　使用 ACDSee 自动浏览图片的步骤 2

（3）在"幻灯片持续时间"微调框中输入图像停留时间。在"选择转场"列表框中选择一种转场效果，单击"确定"按钮。ACDSee 即开始放映幻灯片，如图 5.23 所示。

（4）下一次放映时，如果不需要更改幻灯片设置，可以直接在 ACDSee 主界面中选择"工具"→"自动幻灯片放映"命令（或者按【Ctrl+S】组合键）来放映，如图 5.24 所示。

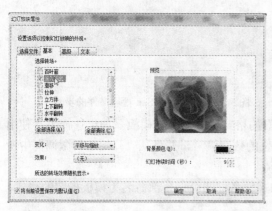

图 5.23　使用 ACDSee 自动浏览图片的步骤 3

图 5.23　使用 ACDSee 自动浏览图片的步骤 4

2．管理文件

【案例】批量重命名多个文件。

（1）在 ACDSee 的文件夹目录树中单击鼠标右键，弹出快捷菜单，用户从中可以选择相应的命令对文件夹进行相应的管理，如图 5.25 所示。

（2）在 ACDSee 的文件列表窗口中单击鼠标右键，弹出快捷菜单，如图 5.26 所示。

图 5.25　使用 ACDSee 管理文件的步骤 1

图 5.26　使用 ACDSee 管理文件的步骤 2

（3）选择"移动到文件夹"命令，在"文件夹"选项卡的列表框中选择目的文件夹，然后单击"确定"按钮即可将文件移动到文件夹中，如图 5.27 所示。

（4）ACDSee 可对图片进行批量重命名，在 ACDSee 的文件列表窗口中选择需要重命名的多个文件，然后选择"工具"→"批量重命名"命令，在"批量重命名"对话框中选择"模板"选项卡，如图 5.28 所示。

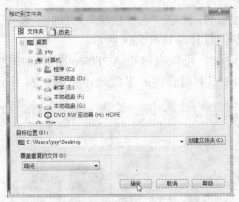
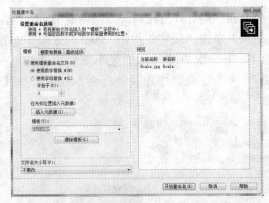

图 5.27　使用 ACDSee 管理文件的步骤 3　　　　图 5.28　使用 ACDSee 管理文件的步骤 4

（5）在"模板"下列表框中，按照"前缀###"的格式输入文件名模板。如果选择了"使用数字替换#"单选按钮，则通配符"###"代表了 3 位的数字编号，并且从"开始于"微调框中所示数值开始计数，如图 5.29 所示。

（6）单击"开始重命名"按钮，这样所选择的文件名称即可被全部命名为模板指定的格式，如图 5.30 所示。

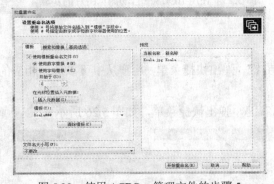
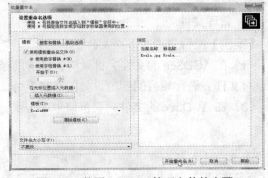

图 5.29　使用 ACDSee 管理文件的步骤 5　　　　图 5.30　使用 ACDSee 管理文件的步骤 6

3．转换图片格式

【案例】利用 ACDSee 批量转换图片文件格式。

转换图片格式的操作步骤如下：

（1）在文件列表窗口选择要转换的图片，可以按【Ctrl】键或【Shift】键选择多张图片，如图 5.31 所示。

（2）选择"工具"→"转换文件格式"命令，弹出"批量转换文件格式"对话框，如图 5.32 所示。

图 5.31　使用 ACDSee 转换图片的步骤 1　　　　图 5.32　使用 ACDSee 转换图片的步骤 2

（3）在对话框中选择要转换的图片格式，ACDSee 提供了多种可转换的格式，如图 5.33 所示。

（4）单击"下一步"按钮，设置相应的文件夹，以保存转换后的图片，如图 5.34 所示。

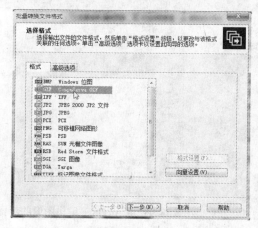
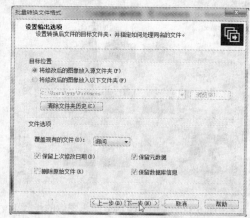

图 5.33　使用 ACDSee 转换图片的步骤 3　　　　图 5.34　使用 ACDSee 转换图片的步骤 4

（5）单击"下一步"按钮，在弹出的对话框中设置多页图像的输入/输出，如图 5.35 所示。

（6）设置完成后，单击"开始转换"按钮，ACDSee 即可开始转换图像的格式，如图 5.36 所示。

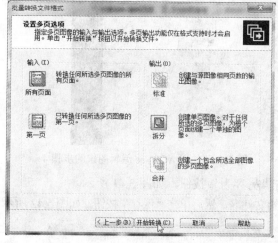
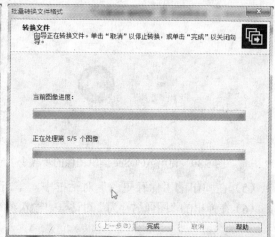

图 5.35　使用 ACDSee 转换图片的步骤 5　　　　图 5.36　使用 ACDSee 转换文件的步骤 6

4．图像编辑

对图像的简单处理，通常可以用 ACDSee 完成。在 ACDSee 的文件列表窗口中选择需要进行处理的图像文件，然后选择"工具"→"使用编辑器打开"→"编辑模式"命令，打开 ACDSee 图像编辑窗口。

在此窗口中，ACDSee 提供了一些常用的编辑工具，可以对图片进行简单地编辑。

【案例】为选定的图片添加边框。

（1）选择需要编辑的图片，在菜单栏中单击"编辑图像"按钮，如图 5.37 所示。

（2）打开编辑窗口，在"编辑面板：主菜单"中单击"边框"按钮，如图 5.38 所示。

（3）在"边框"面板中设置"大小"为 6、"纹理"为"纹理 12"、"边缘"为不规则、"边缘模糊"为 5、"边缘效果"为阴影，设置后单击"完成"按钮，如图 5.39 所示。

（4）回到"编辑面板：主菜单"中单击"完成编辑"按钮，如图 5.40 所示。

图 5.37　使用 ACDSee 编辑图像的步骤 1

图 5.38　使用 ACDSee 编辑图像的步骤 2

图 5.39　使用 ACDSee 编辑图像的步骤 3

图 5.40　使用 ACDSee 编辑图像的步骤 4

（5）在弹出的"保存更改"对话框中，单击"另存为"按钮，如图 5.41 所示。

（6）在弹出的"图像另存为"对话框中输入新的文件名，然后单击"保存"按钮，如图 5.42 所示。

图 5.41　使用 ACDSee 编辑图像的步骤 5

图 5.42　使用 ACDSee 编辑图像的步骤 6

（二）截图图片

1. 区域抓图

【案例】截取图片中的某个区域。

（1）启动 HyperSnap，选择"捕捉"→"区域"命令（或按【Ctrl+Shift+R】组合键），此时

HyperSnap 窗口最小化，鼠标指针变为满屏的"+"形，如图 5.43 所示。

（2）拖动鼠标选择要抓取的区域，再单击鼠标，如图 5.44 所示。

图 5.43　区域抓图步骤 1　　　　　　图 5.44　区域抓图步骤 2

（3）系统自动切换到 HyperSnap 中，并显示刚才所抓取的图片，如图 5.45 所示。

图 5.45　区域抓图步骤 3

2．抓取游戏或多媒体播放器中的图片

【案例】截取正在播放的 DVD 中的图片。

（1）选择"捕捉"→"启用视频或游戏捕捉"命令，如图 5.46 所示。

（2）选择要捕捉的类型，如果不确定就将 3 个选项全选，然后单击"确定"按钮，如图 5.47 所示。

 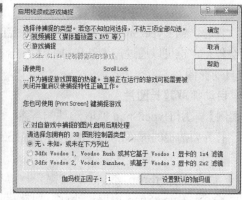

图 5.46　截取正在播放的 DVD 中的图片步骤 1　　图 5.47　截取正在播放的 DVD 中的图片步骤 2

（3）按照正常方式进入游戏（或播放的 DVD），按热键【ScrollLock】抓图，抓图成功后计算机会发出照相的咔嚓声，如图 5.48 所示。

（4）切换到 HyperSnap 窗口，可看到刚才所抓的图片，如图 5.49 所示。

图 5.48　截取正在播放的 DVD 中的图片步骤 3　　　图 5.49　截取正在播放的 DVD 中的图片步骤 4

3．自动抓图

【案例】采用 HyperSnap 的"快速保存"功能自动抓图。

（1）选择"捕捉"→"捕捉设定"命令，如图 5.50 所示。

（2）在弹出的"捕捉设定"对话框中选择"快速保存"选项卡，然后选择"自动保存捕捉的图片到文件"复选框，更改文件保存的位置，设置文件名递增次序，每隔几秒重复一次，单击"应用"和"确定"按钮回到主界面，如图 5.51 所示。

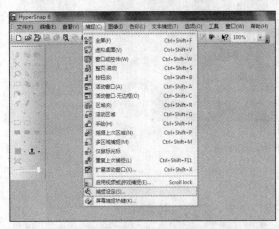 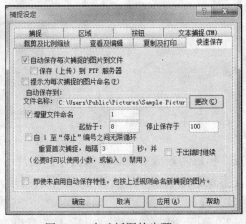

图 5.50　自动抓图的步骤 1　　　　　　　图 5.51　自动抓图的步骤 2

（3）在主界面第一次按抓图热键抓取一幅画面后，每隔 3 秒，HyperSnap 自动对同一区域抓图，图片依次保存，当 HyperSnap 自动抓图达到规定的次数便会停止，也可以通过按【Shift+F11】组合键来停止自动抓图。

4．自动抓取超长图片

【案例】采用 HyperSnap 抓取滚动的屏幕。

（1）打开要捕捉的屏幕，如某个网页，如图 5.52 所示。

（2）启动 HyperSnap，选择"捕捉"→"整页滚动"命令，HyperSnap 窗口最小化，用鼠标单击要捕捉的页面，页面自动滚动至网页底部时捕捉完毕，如图 5.23 所示。

图 5.52　自动抓取超长图片步骤 1

（3）系统自动切换到 HyperSnap 中，并显示刚才所抓取的页面，如图 5.54 所示。

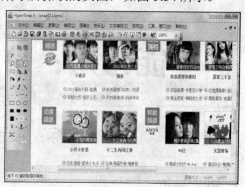

图 5.53　自动抓取超长图片步骤 2　　　　　图 5.54　自动抓取超长图片步骤 3

5．保存光标

【案例】采用 HyperSnap 抓取包含光标的图片。

（1）选择"捕捉"→"捕捉设定"命令，如图 5.55 所示。

（2）弹出"捕捉设定"对话框选择"捕捉"选项卡，然后选择"包括光标图像"复选框，单击"确定"按钮，如图 5.56 所示。

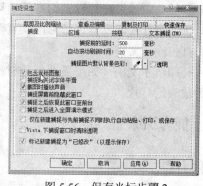

图 5.55　保存光标步骤 1　　　　　　　　图 5.56　保存光标步骤 2

6．抓取下拉菜单以及快捷键

【案例】抓取 Word 中的"文件"下拉菜单。

（1）启动 HyperSnap，并将其最小化，如图 5.57 所示。

（2）打开 Word，选择"文件"菜单，然后按【Ctrl+Shift+W】组合键，选择要抓取部分，单击鼠标左键，即可完成抓图，如图 5.58 所示。

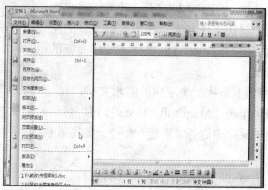

图5.57　抓取下拉菜单步骤1　　　　　　图5.58　抓取下拉菜单步骤2

能力六：自 我 展 示

目标：展示自我形象

一、基础知识

制作演示文稿的一般步骤：

（1）规划幻灯片。

（2）收集相关素材。

（3）创建演示文稿。

（4）制作静态的幻灯片，并进行美化设计。

（5）添加动画效果，并设置幻灯片的切换方式。

（6）预览幻灯片，反复进行修改、直至满意为止。

（7）打包演示文稿。

（8）打印演示文稿（如果需要纸质材料的话）。

（9）放映幻灯片。

二、能力训练

能力点

- 设置演示文稿外观。
- 编辑演示文稿。
- 在幻灯片中使用多媒体对象。
- 演示文稿的链接和动作按钮。
- 设置幻灯片的动画效果。
- 放映幻灯片。
- 对演示文稿打包。

（一）创建演示文稿

启动 PowerPoint 2007 后，计算机将自动新建一个默认文件名为"演示文稿 1"的空白演示文稿，用户也可以根据需要建立新的演示文稿。

【案例】新建一个空白的演示文稿。

（1）单击"Microsoft Office 按钮"然后在弹出的菜单中选择"新建"命令，如图 6.1 所示。

（2）弹出"新建演示文稿"对话框，在"模板"列表框中选择新建演示文稿的模板，如"空白演示文稿"，单击"创建"按钮，如图 6.2 所示。

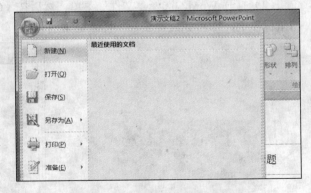

图 6.1　创建演示文稿操作步骤 1

图 6.2 创建演示文稿操作步骤 2

（二）保存演示文稿

【案例】将新建的演示文稿保存为"宣传手册"。

（1）单击"Microsoft Office 按钮" ，在弹出的菜单中选择"保存"命令，如图 6.3 所示。

（2）在"另存为"对话框中选择文件保存的位置，并输入文件名"宣传手册"，如图 6.4 所示。

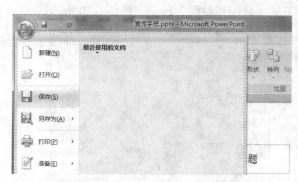

图 6.3 保存演示文稿操作步骤 1

图 6.4 保存演示文稿操作步骤 2

（三）设置演示文稿外观

1．应用幻灯片主题

【案例】打开"亚新服饰有限公司.pptx"演示文稿，为其应用"聚合"主题并对主题字体进行修改。

（1）选择"设计"选项卡，在"主题"组中单击"其他"按钮，如图 6.5 所示。

（2）在弹出的下拉列表中选择准备应用的主图，如"暗香扑面"，如图 6.6 所示。

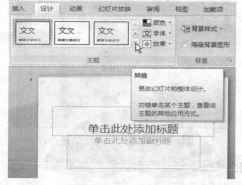

图 6.5 应用幻灯片主题操作步骤 1

图 6.6 应用幻灯片主题操作步骤 2

2. 设置幻灯片母版

【案例】利用幻灯片母版为演示文稿中每张幻灯片的右上角设置一个公司商标标志。

（1）选中准备插入幻灯片母版的幻灯片，选择"视图"选项卡，单击"幻灯片母版"按钮，如图 6.7 所示。

（2）然后选择"暗香扑面"幻灯片母版，如图 6.8 所示。

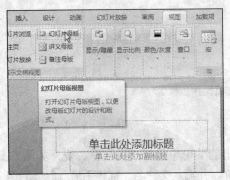

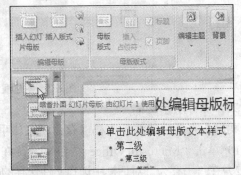

图 6.7　设置幻灯片母版的操作步骤 1　　　　图 6.8　设置幻灯片母版的操作步骤 2

（3）选中"日期和时间"文本框，如图 6.9 所示。

（4）选择"插入"选项卡，单击"文本"下的"日期和时间"按钮，如图 6.10 所示。

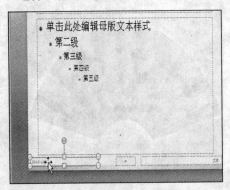

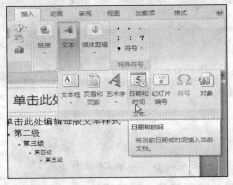

图 6.9　设置幻灯片母版的操作步骤 3　　　　图 6.10　设置幻灯片母版的操作步骤 4

（5）弹出"页眉和页脚"对话框，在"语言（国家/地区）"下拉列表框中，选择"中文（中国）"选项，在"自动更新"下拉列表框中，选择"2010-9-16"选项，如图 6.11 所示。

（6）单击"全部应用"按钮，关闭"页眉/页脚"对话框，如图 6.12 所示。

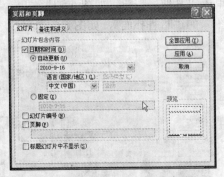

图 6.11　设置幻灯片母版的操作步骤 5　　　　图 6.12　设置幻灯片母版的操作步骤 6

（7）选择"插入"→"图片按钮"命令，弹出"插入图片"对话框，如图 6.13 所示。

（8）在素材文件夹中选择"logo.jpg"文件，单击"插入"按钮将其插入到母版中，如图 6.14 所示。

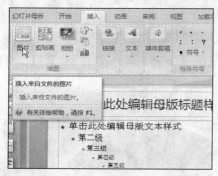

图 6.13　设置幻灯片母版的操作步骤 7

图 6.14　设置幻灯片母版的操作步骤 8

（9）将图片移动到母版的右上角，调整合适的大小和位置，如图 6.15 所示。

（10）单击"关闭幻灯片母版"按钮，返回普通视图，所有幻灯片的右上角都添加了标志图片，如图 6.16 所示。

图 6.15　设置幻灯片母版的操作步骤 9

图 6.16　设置幻灯片母版的操作步骤 10

 小贴士

母版是演示文稿中所有幻灯片的底版。在母版中设置的文本、对象和格式将添加到演示文稿的所有幻灯片中，设置母版可以控制演示文稿的整体外观。母版分为 3 类：幻灯片母版、讲义母版和备注母版。其中最常见的是幻灯片母版。

（四）编辑演示文稿

1. 设置幻灯片版式

【案例】将第一张幻灯片的版式设为"标题幻灯片"。

（1）选中准备设置版式的幻灯片，在"开始"选项卡中，单击"版式"按钮，如图 6.17 所示。

（2）然后选择"标题幻灯片"版式，如图 6.18 所示。

图 6.17　设置幻灯片版式步骤 1

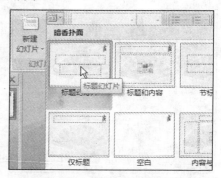

图 6.18　设置幻灯片版式步骤 2

2．输入幻灯片内容

【案例】为第一张幻灯片输入相应的内容。

（1）在"幻灯片"窗格中，单击"单击此处添加标题"，然后输入文字"亚新服饰有限公司"，如图 6.19 所示。

（2）选中标题文字"亚新服饰有限公司"，如图 6.20 所示。

图 6.19　输入幻灯片内容步骤 1

图 6.20　输入幻灯片内容步骤 2

（3）选择"开始"→"字体"命令，将其字体设为"华文彩云"，如图 6.21 所示。

（4）选择"开始"→"字号"命令，将其字号设为"60"，如图 6.22 所示。

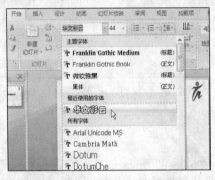

图 6.21　输入幻灯片内容步骤 3

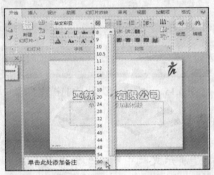

图 6.22　输入幻灯片内容步骤 4

3．插入艺术字

【案例】为第一张幻灯片插入艺术字并将第二行艺术字设置为"朝鲜鼓"样式。

（1）选择"插入"选项卡，单击"文本"下的"艺术字"按钮，如图 6.23 所示。

（2）选择艺术字样式中第 6 行，第 3 列，如图 6.24 所示。

（3）在文本框内输入文字和符号，如图 6.25 所示。

（4）选择"格式"选项卡，单击"文本效果"按钮，如图 6.26 所示

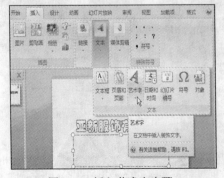

图 6.23　插入艺术字步骤 1

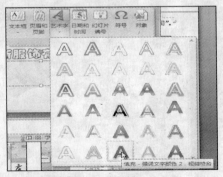

图 6.24　插入艺术字步骤 2

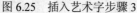

图 6.25　插入艺术字步骤 3

图 6.26　插入艺术字步骤 4

（5）选择"转换"→"朝鲜鼓"命令，如图 6.27 所示。

（6）这样即可完成艺术字的设置，效果，如图 6.28 所示。

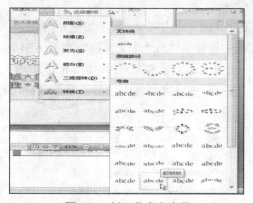

图 6.27　插入艺术字步骤 5

图 6.28　插入艺术字步骤 6

4．插入新幻灯片

【案例】在第一张幻灯片后插入一张新的幻灯片。

（1）在窗口左侧选择第一张幻灯片，如图 6.29 所示。

（2）选择"新建幻灯片"下的"标题和内容"版式，如图 6.30 所示。

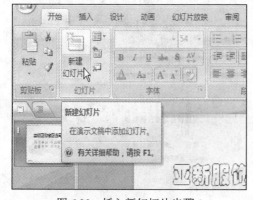

图 6.29　插入新幻灯片步骤 1

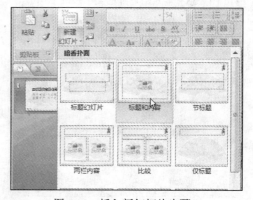

图 6.30　插入新幻灯片步骤 2

（3）新幻灯片即被插在当前幻灯片之后，如图 6.31 所示。

（4）使用同样的方法，在第 2 张幻灯片之后插入第 3 张和第 4 张幻灯片，如图 6.32 所示。

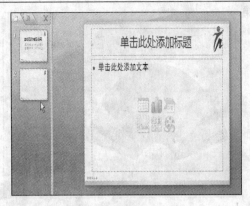

图 6.31　插入新幻灯片步骤 3　　　　图 6.32　插入新幻灯片步骤 4

5. 输入幻灯片的文字

【案例】为第二张幻灯片输入文字，标题字体设置为"华文新魏"、字号为"54"、颜色为"紫色"，内容字体为"隶书"、字号为"36"、颜色为"蓝色"。

（1）单击第 3 张幻灯片中标题文本框，输入文字"演示的主要内容"，如图 6.33 所示。

（2）选择"开始"选项卡，在"字体"下拉列表中设置字体为"华文新魏"，如图 6.34 所示。

（3）选择"开始"选项卡，在"字号"下拉列表中设置字号为"54"，如图 6.35 所示。

（4）选择"开始"选项卡，在"字体颜色"下拉列表中设置字体颜色为"紫色"，如图 6.36 所示。

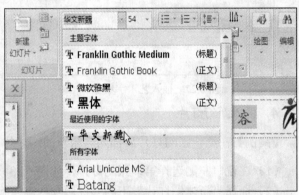

图 6.33　输入幻灯片的文字步骤 1　　　　图 6.34　输入幻灯片的文字步骤 2

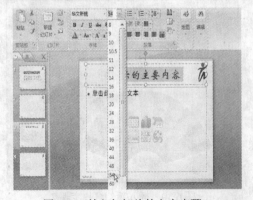
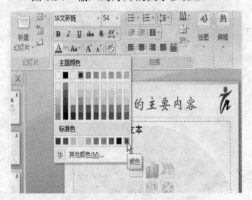

图 6.35　输入幻灯片的文字步骤 3　　　　图 6.36　输入幻灯片的文字步骤 4

（5）单击内容文本框，输入演示的小标题，如图 6.37 所示。

（6）设置字体为"隶书"，字号为"36"，颜色为"蓝色"，如图 6.38 所示。

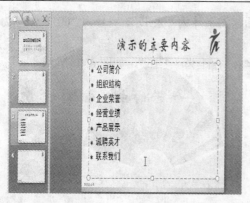

图 6.37 输入幻灯片的文字步骤 5　　　　　图 6.38 输入幻灯片的文字步骤 6

6. 设置项目符号

【案例】在第二张幻灯片中的内容设置"➤"样式的项目符号并居中。

（1）选择内容文本框中的所有小标题，选择"开始"选项卡，单击"项目符号"按钮，如图 6.39 所示。

（2）在弹出的下拉列表中选择"箭头项目符号"，如图 6.40 所示。

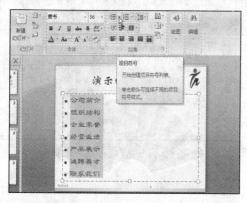

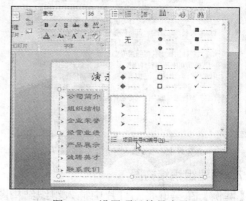

图 6.39 设置项目符号步骤 1　　　　　图 6.40 设置项目符号步骤 2

（3）弹出"项目符号和编号"对话框，在"颜色"下拉列表框中选择"红色"，如图 6.41 所示。

（4）单击"确定"按钮，关闭"项目符号和编号"对话框，如图 6.42 所示。

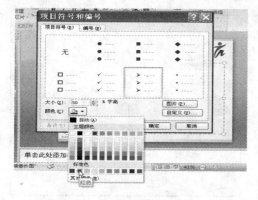

图 6.41 设置项目符号步骤 3　　　　　图 6.42 设置项目符号步骤 4

（5）单击"段落"→"居中"按钮，将所有项目符号设置为居中，如图 6.43 所示。

（6）完成后的效果如图 6.44 所示。

（7）用同样的方法创建第 4 张幻灯片，设置标题的字体为"隶书"、字号为"60"、颜色为"绿色"，如图 6.45 所示。

（8）设置内容的字体为"楷体"、字号为"24"，行距为"1.15"，如图 6.46 所示。

图 6.43 设置项目符号步骤 5

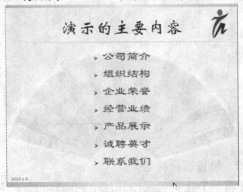

图 6.44 设置项目符号步骤 6

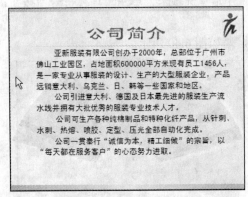

图 6.45 设置项目符号步骤 7

图 6.46 设置项目符号步骤 8

7. 创建组织结构图

【案例】在第五张幻灯片中插入组织结构图。

（1）在第 4 张幻灯片后插入一张新幻灯片，版式为"标题和内容"，如图 6.47 所示。

（2）在标题栏中输入"组织结构"，并设置字体为"华文新魏"、字号为"60"、字形为"加粗"、颜色为"深青"，如图 6.48 所示。

图 6.47 创建组织结构图步骤 1

图 6.48 创建组织结构图步骤 2

（3）在内容文本框中单击"插入 SmartArt 图形"图标，如图 6.49 所示。

（4）弹出"选择 SmartArt 图形"对话框，选择"层次结构"选项，然后单击"层次结构"

图标。单击"确定"按钮,如图6.50所示。

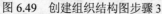

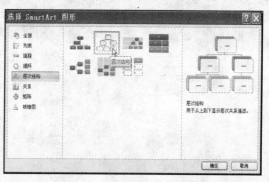

图6.49 创建组织结构图步骤3　　　　图6.50 创建组织结构图步骤4

(5)选中"第2行,第1列"的文本框,然后选择"设计"选项卡,单击"添加形状"下的下三角按钮,在弹出的下拉列表中选择"在前方添加形状"选项,如图6.51所示。

(6)按照同样的方法,添加如图6.52所示的所有图形。

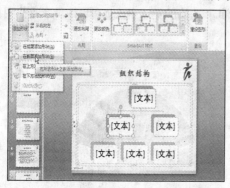

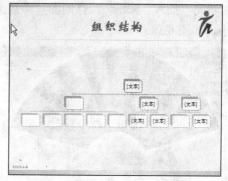

图6.51 创建组织结构图步骤5　　　　图6.52 创建组织结构图步骤6

(7)按【Shift】键,依次选中所有的文本框,选择"开始"选项卡,在"文字方向"下拉列表中选择"竖排"选项,如图6.53所示。

(8)依次按照要求输入文本框中的所有文字,如图6.54所示。

图6.53 创建组织结构图步骤7　　　　图6.54 创建组织结构图步骤8

(五)在幻灯片中使用多媒体对象

1.插入图片

【案例】在第六张幻灯片中插入企业荣誉的图片。

(1)在第5张幻灯片后插入一张新幻灯片,版式为"标题和内容",在标题栏中输入"企业荣誉"。将第 5 张幻灯片标题的格式复制到第 6 张幻灯片标题，如图 6.55 所示。

（2）在内容文本框中单击"插入来自文件的图片"图标，如图 6.56 所示。

图 6.55　在幻灯片中插入图片步骤 1　　　　图 6.56　在幻灯片中插入图片步骤 2

（3）弹出"插入图片"对话框，在"查找范围"下拉列表框中选择存放图片的文件夹，然后选择要插入的图片，如图 6.57 所示。

（4）单击"插入"按钮。选择的图片即被插入演示文稿的第 6 张幻灯片中。并调整图片的位置和大小，如图 6.58 所示。

图 6.57　在幻灯片中插入图片步骤 3　　　　图 6.58　在幻灯片中插入图片步骤 4

2．插入声音

【案例】在第一张幻灯片中插入声音文件"万世巨星.MP3"。

（1）选择第 1 张幻灯片，选择"插入"选项卡，单击"媒体剪辑"→"声音"按钮，如图 6.59 所示。

（2）在"查找范围"下拉列表框中选择存放声音文件的文件夹，在声音文件列表框中选择"万世巨星.MP3"，如图 6.60 所示。

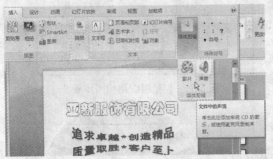

图 6.59　在幻灯片中插入音乐步骤 1　　　　图 6.60　在幻灯片中插入音乐步骤 2

（3）单击"确定"按钮，即在幻灯片上会插入一个声音图标，同时弹出对话框，如图6.61所示。

（4）单击"自动"按钮，调整声音图标的大小，并将其拖放到幻灯片的左上角，如图6.62所示。

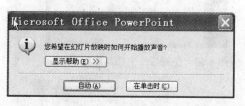

图 6.61　在幻灯片中插入音乐步骤 3

图 6.62　在幻灯片中插入音乐步骤 4

（5）选中声音图标，选择"选项"选项卡，然后选择"放映时隐藏"和"循环播放，直到停止"两个复选框，并单击"播放声音"右侧的下三角按钮，在弹出的下拉列表中选择"跨幻灯片播放"选项，如图6.63所示。

（6）声音文件设置完成。

3．插入影片

【案例】在第二张幻灯片中插入声音文件"时装秀.avi"。

（1）在演示文稿"亚新服饰有限公司"中，选择第2张幻灯片，如图6.64所示。

（2）选择"开始"选项卡，单击"版式"→"标题幻灯片"按钮，如图6.65所示。

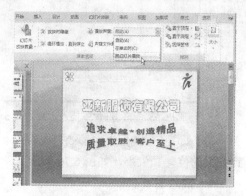

图 6.63　在幻灯片中插入音乐步骤 5

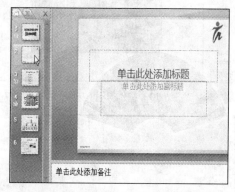

图 6.64　在幻灯片中插入影片步骤 1

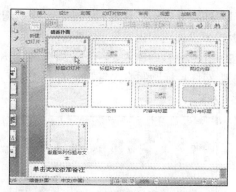

图 6.65　在幻灯片中插入影片步骤 2

（3）创建标题，在标题栏中输入"视频展示"；使用格式刷，将第4张幻灯片标题的格式复制到第2张幻灯片标题，如图6.66所示。

（4）选择"插入"选项卡，单击"媒体剪辑"→"影片"按钮，如图6.67所示。

（5）在"查找范围"下拉列表框中选择存放视频文件的文件夹，在视频文件列表框中选择"时装秀.avi"，如图6.68所示。

（6）单击"确定"按钮，弹出询问对话框，单击"自动"按钮，如图6.69所示。

图 6.66　在幻灯片中插入影片步骤 3

图 6.67　在幻灯片中插入影片步骤 4

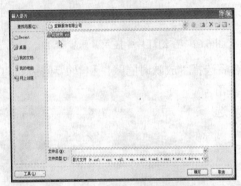

图 6.68　在幻灯片中插入影片步骤 5

图 6.69　在幻灯片中插入影片步骤 6

（7）即可在幻灯片中插入视频文件，并调整窗口到合适的位置和大小，如图 6.70 所示。

4．插入图表

【案例】在第七张幻灯片中插入"企业业绩"的图表。

（1）在第 6 张幻灯片之后，插入一张新幻灯片，版式为"标题和内容"，如图 6.71 所示。

（2）在标题栏中输入"经营业绩"，使用格式刷，将第 5 张幻灯片标题的格式复制到第 7 张幻灯片标题，如图 6.72 所示。

图 6.70　在幻灯片中插入影片步骤 7

图 6.71　在幻灯片中插入图表的步骤 1

图 6.72　在幻灯片中插入图表的步骤 2

（3）在内容文本框中，单击"插入图表"图标，如图 6.73 所示。

（4）在"插入图表"对话框中，选择"柱形图"→"簇状柱形图"选项卡，如图 6.74 所示。

图 6.73 在幻灯片中插入图表的步骤 3

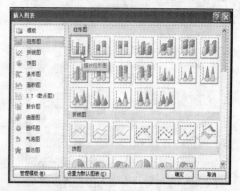

图 6.74 在幻灯片中插入图表的步骤 4

（5）单击"确定"按钮，幻灯片中即显示一个样板数据表和一个相应的图表，如图 6.75 所示。

（6）在数据表中输入实际的数据以替代示例数据，相应的图表也随之改变，如图 6.76 所示。

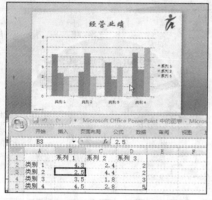

图 6.75 在幻灯片中插入图表的步骤 5

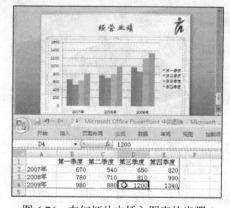

图 6.76 在幻灯片中插入图表的步骤 6

（7）选中图表，选择"图表工具"中的"设计"选项卡，单击"切换行/列"按钮，如图 6.77 所示。

（8）选中图表，选择"图表工具"中的"布局"选项卡，单击"图表标题"下的下三角按钮，如图 6.78 所示。

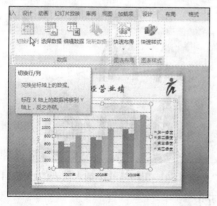

图 6.77 在幻灯片中插入图表的步骤 7

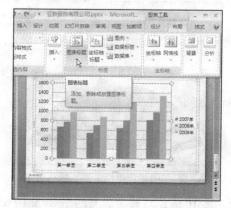

图 6.78 在幻灯片中插入图表的步骤 8

（9）在弹出的下拉列表中选择"图表上方"选项，如图 6.79 所示。

（10）在"图表标题"处输入"亚新服饰有限公司近三年经营业绩"，如图 6.80 所示。

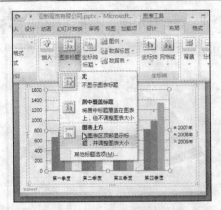

图 6.79　在幻灯片中插入图表的步骤 9

图 6.80　在幻灯片中插入图表的步骤 10

（11）选中图表，选择"图表工具"中的"布局"选项卡，然后单击"坐标轴标题"→"主要纵坐标标题"→"竖排标题"按钮，如图 6.81 所示。

（12）在"坐标轴标题"处输入"单位：万元人民币"，如图 6.82 所示。

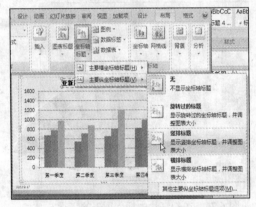

图 6.81　在幻灯片中插入图表的步骤 11

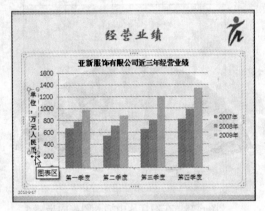

图 6.82　在幻灯片中插入图表的步骤 12

（13）第 8 张幻灯片为"产品展示"，其制作方法与第 3 张幻灯片相同，如图 6.83 所示。

（14）第 9 张幻灯片为"男西服"，如图 6.84 所示。

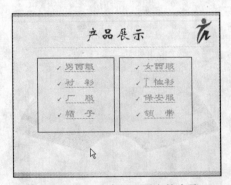

图 6.83　在幻灯片中插入图表的步骤 13

图 6.84　在幻灯片中插入图表的步骤 14

（15）第 10 张幻灯片为"女西服"，如图 6.85 所示。

（16）第 11 张幻灯片为"衬衫"，如图 6.86 所示。

（17）第 12 张幻灯片为"T 恤衫"，如图 6.87 所示。

（18）第 13 张幻灯片为"厂服"，如图 6.88 所示。

图 6.85 在幻灯片中插入图表的步骤 15

图 6.86 在幻灯片中插入图表的步骤 16

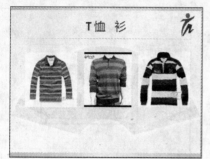

图 6.87 在幻灯片中插入图表的步骤 17

图 6.88 在幻灯片中插入图表的步骤 18

（19）第 14 张幻灯片为"保安服"，如图 6.89 所示。

（20）第 15 张幻灯片为"帽子"，如图 6.90 所示。

图 6.89 在幻灯片中插入图表的步骤 19

图 6.90 在幻灯片中插入图表的步骤 20

（21）第 16 张幻灯片为"领带"，如图 6.91 所示。

5．插入表格

【案例】在第 17 张幻灯片中制作"诚聘英才"的表格，并进行相应的修饰。

（1）在第 16 张幻灯片之后，插入一张新幻灯片，版式为"标题和内容"，如图 6.92 所示。

（2）在标题栏中输入"诚聘英才"，使用格式刷，将第 5 张幻灯片标题的格式复制到第 17 张幻灯片标题，如图 6.93 所示。

（3）在内容文本框中，单击"插入表格"图标，如图 6.94 所示。

（4）弹出"插入表格"对话框，输入表格的行数和列数，如图 6.95 所示。

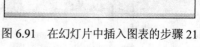

图 6.91 在幻灯片中插入图表的步骤 21

图 6.92　在幻灯片中插入表格的步骤 1

图 6.93　在幻灯片中插入表格的步骤 2

图 6.94　在幻灯片中插入表格的步骤 3

图 6.95　在幻灯片中插入表格的步骤 4

（5）单击"确定"按钮，在幻灯片中插入一个 4×2 的表格，如图 6.96 所示。

（6）将鼠标指针指向两列的中线，调整表格的列宽，如图 6.97 所示。

图 6.96　在幻灯片中插入表格的步骤 5

图 6.97　在幻灯片中插入表格的步骤 6

（7）输入表格的文字内容，如图 6.98 所示。

（8）设置列标题字体为"幼圆"、字号为"20"；行标题字体为"隶书"、字号为"24"；其他单元格中文字字体为"楷体"、字号为"20"，如图 6.99 所示。

图 6.99　在幻灯片中插入表格的步骤 8

图 6.100　在幻灯片中插入表格的步骤 9

（9）第 18 张幻灯片为"联系我们"，制作的方法与第 3 张幻灯片相同，如图 6.100 所示。

（六）演示文稿的链接和动作按钮

1. 创建指向本演示文稿的超链接

【案例】在第 3 张幻灯片内容文本框中第 5 个条目"产品展示"上设置超链接，使之在播放时，单击它能跳转到第 8 张幻灯片上。

（1）在第 3 张幻灯片中，选中"产品展示"，如图 6.101 所示。

（2）然后选择"插入"选项卡，单击"链接"→"超链接"按钮，如图 6.102 所示。

图 6.98　在幻灯片中插入表格的步骤 7

图 6.101　演示文稿中插入链接步骤 1

图 6.102　演示文稿中插入链接步骤 2

（3）弹出"插入超链接"对话框，在"链接到"选项组中，选择"本文档中的位置"选项，在"请选择文档中的位置"列表框中，选定第 8 张幻灯片"产品展示"，如图 6.103 所示。

（4）单击"确定"按钮，"产品展示"的超链接设置完毕，如图 6.104 所示。

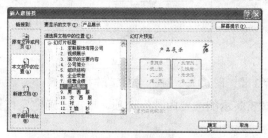

图 6.103　演示文稿中插入链接步骤 3

图 6.104　演示文稿中插入链接步骤 4

（5）用同样的方法，设置第 3 张幻灯片中其他条目的超链接，如图 6.105 所示。

（6）在第 8 张幻灯片内容文本框中各个条目上，还可以设置二级超链接，其方法与设置一级超链接的方法一样，如图 6.106 所示。

图 6.105　演示文稿中插入链接步骤 5

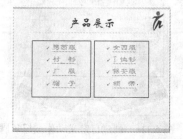

图 6.106　演示文稿中插入链接步骤 6

2. 创建自定义动作按钮

【案例】为第四张幻灯片右下角处设置动作按钮。

（1）选择第 4 张幻灯片，选择"插入"选项卡，单击"形状"→"动作按钮"→"动作按钮：自定义"按钮，如图 6.107 所示。

（2）当鼠标指针变成了"＋"字形时，拖动鼠标在幻灯片的右下角画出"动作按钮"，如图 6.108 所示。

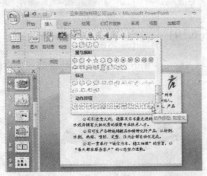

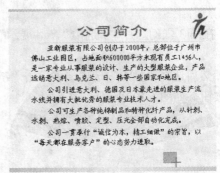

图 6.107　创建自定义动作按钮步骤 1　　　　图 6.108　创建自定义动作按钮步骤 2

（3）释放鼠标，弹出"动作设置"对话框，如图 6.109 所示。

（4）选择"超链接到"单选按钮，在"超链接到"下拉列表框中，选择"幻灯片"选项，如图 6.110 所示，弹出"超链接到幻灯片"对话框。

图 6.109　创建自定义动作按钮步骤 3　　　图 6.110　创建自定义动作按钮步骤 4

（5）在"幻灯片标题："列表框中选择"3.演示的主要内容"选项，单击"确定"按钮，如图 6.111 所示。

（6）返回"动作设置"对话框，单击"确定"按钮，完成超链接设置，如图 6.112 所示。

图 6.111　创建自定义动作按钮步骤 5　　　图 6.112　创建自定义动作按钮步骤 6

3．设置动作按钮的格式

【案例】为上面制作的动作按钮设置填充和线条颜色，以及按钮的大小和位置。

（1）在所创建的自定义动作按钮上单击鼠标右键，在弹出的快捷菜单中选择"设置形状格式"

命令，如图 6.113 所示。

（2）弹出"设置形状格式"对话框，然后选择"填充"类别，选择"纯色填充"单选按钮，在"颜色"下拉列表中选择"浅绿"，如图 6.114 所示。

图 6.113　动作按钮设置步骤 1

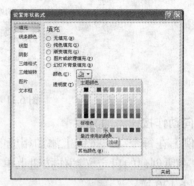

图 6.114　动作按钮设置步骤 2

（3）选择"线条颜色"类别，然后选择"实线"单选按钮，在"颜色"下拉列表中，选择"蓝色"，如图 6.115 所示。

（4）单击"关闭"按钮，完成"填充"和"线条颜色"的设置，如图 6.116 所示。

图 6.115　动作按钮设置步骤 3

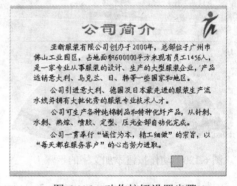

图 6.116　动作按钮设置步骤 4

（5）在自定义按钮上单击鼠标右键，在弹出的快捷菜单中选择"大小和位置"命令，如图 6.117 所示。

（6）弹出"大小和位置"对话框，选择"大小"选项卡，在"高度"数值框中输入"1 厘米"；在"宽度"数值框中输入"2 厘米"，如图 6.118 所示。

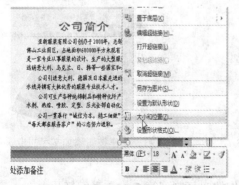

图 6.117　动作按钮设置步骤 5

图 6.118　动作按钮设置步骤 6

（7）单击"关闭"按钮，完成自定义按钮的大小设置，如图 6.119 所示。

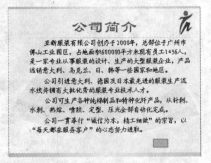

图 6.119 动作按钮设置步骤 7

4. 向动作按钮添加文字

【案例】在每个动作按钮上添加相应的文字。

（1）在所创建的自定义动作按钮上单击鼠标右键，在弹出的快捷菜单中选择"编辑文字"命令，如图 6.120 所示。

（2）输入文字"返回"，如图 6.121 所示。

图 6.120 动作按钮添加文字的步骤 1　　　　图 6.121 动作按钮添加文字的步骤 2

（3）选中所输入的文字，设置其字体为"幼圆"、字号为"16"、字形为"加粗"、颜色为"深红色"，如图 6.122 所示。

（4）创建"前进"和"后退"动作按钮的方法与"返回"的方法一致，无须添加文字，如图 6.123 所示。

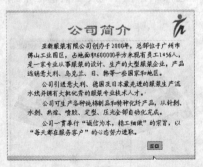

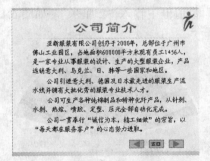

图 6.122 动作按钮添加文字的步骤 3　　　　图 6.123 动作按钮添加文字的步骤 4

5. 其他幻灯片动作按钮的创建

【案例】将第四张幻灯片中制作好的动作按钮复制到第 5～18 张幻灯片中。

（1）在第 4 张幻灯片中，按【Shift】键，单击"前进"、"返回"和"后退"动作按钮，则同时选中 3 个动作按钮，如图 6.124 所示。

（2）单击工具栏中的"复制"按钮，如图 6.125 所示。

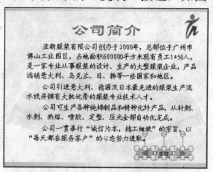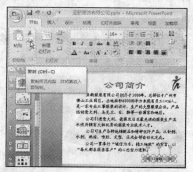

图 6.124　其他幻灯片动作按钮的创建步骤 1　　　图 6.125　其他幻灯片动作按钮的创建步骤 2

（3）分别选定第 5、6、7、8、9、17 和 18 张幻灯片，然后单击 "粘贴"按钮，将其复制到选定的各张幻灯片中，如图 6.126 所示。

（4）在第 9 张幻灯片中，在"返回"动作按钮上单击鼠标右键，在弹出的快捷菜单中选择"编辑超链接"命令，如图 6.127 所示。

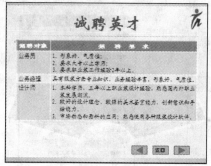

图 6.126　其他幻灯片动作按钮的创建步骤 3　　　图 6.127　其他幻灯片动作按钮的创建步骤 4

（5）弹出"动作设置"对话框，选择"超链接到"单选按钮，在其下拉列表框中，选择"幻灯片"命令，设置超级链接到的目标为"8.产品展示"选项，如图 6.128 所示。

（6）将第 9 张幻灯片中的 3 个动作按钮，分别复制到第 10～16 张幻灯片中，如图 6.129 所示。

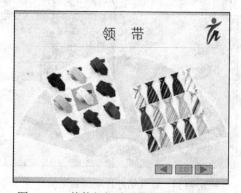

图 6.128　其他幻灯片动作按钮的创建步骤 5　　　图 6.129　其他幻灯片动作按钮的创建步骤 6

（七）设置幻灯片的动画效果

1. 自定义动画

【案例】打开"亚新服饰有限公司.pptx"演示文稿，为其设置自定义动画效果。

（1）选择最后一张幻灯片，选中第一行文字，如图 6.130 所示。

（2）选择"动画"选项卡，单击"动画"→"自定义动画"按钮，如图 6.131 所示。

图 6.130　设置幻灯片动画效果的步骤 1　　　　图 6.131　设置幻灯片动画效果的步骤 2

（3）弹出"自定义动画"任务窗格，单击"添加效果"下三角按钮，在弹出的下拉列表中选择"进入"→"其他效果"选项，如图 6.132 所示。

（4）弹出"添加进入效果"对话框，从中选择"颜色打印机"选项，然后单击"确定"按钮，如图 6.133 所示。

图 6.132　设置幻灯片动画效果的步骤 3　　　　图 6.133　设置幻灯片动画效果的步骤 4

（5）在"开始"下拉列表中，选择"之前"选项，如图 6.134 所示。

（6）在设置动画下拉列表框中选择"效果选项"，如图 6.135 所示。

 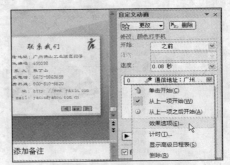

图 6.134　设置幻灯片动画效果的步骤 5　　　　图 6.135　设置幻灯片动画效果的步骤 6

（7）在"颜色打字机"对话框的"效果"选项卡中设置首选颜色为"红色"，辅助颜色为"绿色"，在"增强"选项组的"声音"下拉列表框中选择"打字机"选项，如图 6.136 所示。

（8）按同样的方法依次设置其他各行，并将其"开始"选项设置为"之后"，如图 6.137 所示。

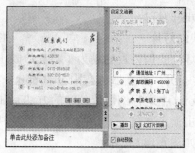

图 6.136　设置幻灯片动画效果的步骤 7　　　图 6.137　设置幻灯片动画效果的步骤 8

2．设置幻灯片切换

【案例】打开"亚新服饰有限公司.pptx"演示文稿，为其设置幻灯片切换效果。

在演示文稿"亚新服饰有限公司"中，设置反映时幻灯片的切换方式，要求如下：

第 1 张：切换方式为"盒状展开"，速度为"慢速"；

第 2 张：无切换；

第 3 张：切换方式为"纵向棋盘式"；

第 4 张：切换方式为"扇形展开"；

第 5 张：切换方式为"顺时针回旋，1 根轮辐"；

第 6 张：切换方式为"左右向中央收缩"，速度为"慢速"；

……

（1）选中第一张幻灯片，选择"动画"选项卡，单击"切换方案"→"盒状展开"按钮，如图 6.138 所示。

（2）在"切换速度"下拉列表中，选择"慢速"选项，如图 6.139 所示。

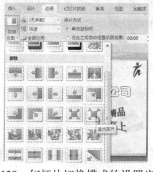

图 6.138　幻灯片切换模式的设置步骤 1　　　图 6.139　幻灯片切换模式的设置步骤 2

（3）单击"预览"按钮，可以预览所设置幻灯片切换的效果，如图 6.140 所示。

（4）使用上述方法，对各张幻灯片逐一设置切换方式，如图 6.141 所示。

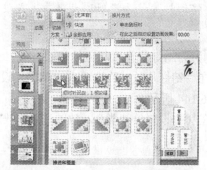

图 6.140　幻灯片切换模式的设置步骤 3　　　图 6.141　幻灯片切换模式的设置步骤 4

（八）放映幻灯片

1．放映幻灯片

制作幻灯片的最终目的是为了将其放映出来，展示给观众看。

【案例】打开"亚新服饰有限公司.pptx"演示文稿，为其设置幻灯片切换效果。

PowerPoint 中进行幻灯片放映的方法有如下两种：

（1）单击演示文稿左下角的"幻灯片放映"按钮或按【Shift+F5】组合键，可从当前幻灯片开始放映，如图 6.142 所示。

（2）在"幻灯片放映"选项卡中单击"从头开始"按钮或按【F5】键，可从第一张幻灯片开始放映演示文稿，如图 6.143 所示。

　　图 6.142　幻灯片播放步骤 1　　　　　　　图 6.143　幻灯片播放步骤 2

 小贴士

　　　幻灯片放映完成后，会自动出现屏幕，显示"放映结束，单击鼠标退出"，这里单击鼠标即可退出；在放映过程中按【Esc】键也可以退出幻灯片放映。

2．设置放映方式

　　默认情况，PowerPoint 会按照设置的演讲者放映方式来放映幻灯片，而且放映过程需要人工控制。在实际放映时演讲者可能会对放映方式有不同的需求，如让观众自动浏览、不要人工干预等，这时可以控制幻灯片的放映方式。

1）设置放映类型

　　设置幻灯片的放映方式包括设置幻灯片的放映类型、放映选项、放映幻灯片的范围以及换片方式和性能等。

 小贴士

　　　需要将幻灯片放映投射到大屏幕上或使用演示文稿会议时，可以采用演讲者放映（全屏幕）的方式。

【案例】为幻灯片设置相应的放映方式。

（1）在"幻灯片放映"选项卡中单击"设置幻灯片放映"按钮，弹出"设置放映方式"对话框，如图 6.144 所示。

（2）在其中设置放映类型、放映选项、放映范围以及换片方式等，完成后单击"确定"按钮，如图 6.145 所示。

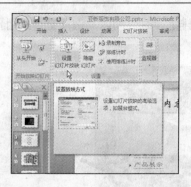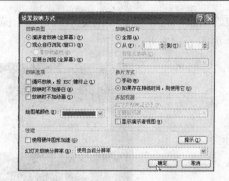

图 6.144 设置放映类型步骤 1   图 6.145 设置放映类型步骤 2

 小贴士

● 演讲者放映（全屏幕）：这是最常用的方式，可全屏显示幻灯片。在演讲者自行播放时，演讲者具有完整的控制权，可采用人工或自动方式放映，也可以将演示文稿暂停，添加会议细节或即席反应；还可以在放映过程中录下旁白。

● 观众自行浏览（窗口）：这种方式是在标准窗口中放映幻灯片。其中包含多个菜单命令，若个别观众浏览演示文稿，则可以利用"Web"工具栏打开其他演示文稿或 Office 文档；还可以使用滚动条、【PageDown】键、【PageUp】键放映幻灯片，但不能通过单击鼠标放映。

● 在展台浏览（全屏幕）：这种方式是 3 种放映类型中最简单的一种。这种方式将自动运行全屏幻灯片放映，并且循环放映演示文凭。在这种方式下，不能单击鼠标手动放映幻灯片，但可以通过单击超链接和动作按钮来切换。在展览会场或会议中运行无人管理幻灯片放映时可以使用这种方式。在放映过程中，除了保留鼠标指针用于选择屏幕对象进行放映外，其他的功能全部失效，终止放映只能使用【Esc】键。

2）排练计时

通过排练幻灯片，可以知道放映完成整个演示文稿和放映每张幻灯片所需的时间，通过排练计时可以自动控制幻灯片的放映，不需要人为进行干预。如果没有预设的排练时间，则必须手动切换幻灯片。

【案例】为演示文稿设置排练计时。

（1）在"幻灯片放映"选项卡中单击"排练计时"按钮，进入放映排练状态，如图 6.146 所示。

（2）打开"预演"工具栏，此时幻灯片在人工控制下，一个接一个画面地进行展示和切换，同时在"预演"工具栏中进行计时，如图 6.147 所示。

图 6.146 设置排练计时步骤 1   图 6.147 设置排练计时步骤 2

（3）放映结束后，屏幕上弹出提示对话框，提示排练计时时间以及询问是否采用预演计时的时间控制，如图 6.147 所示。

图 6.148　设置排练计时步骤 3

 小贴士

在排练计时下，按空格键也可以切换到下一个动画或下一张幻灯片。放映幻灯片时随时都可以按【Esc】键结束排练计时。

3）隐藏/显示幻灯片

放映幻灯片时，系统将自动按设置的方式依次放映每张幻灯片。但实际操作时，有时并不需要放映所有幻灯片，这时可将不放映的幻灯片隐藏起来，需要放映时再显示它们。

【案例】将演示文稿中不需要播放的幻灯片隐藏起来。

（1）隐藏幻灯片的方法为：选择需要隐藏的幻灯片，然后在"幻灯片放映"选项卡中单击"隐藏幻灯片"按钮即可，如图 6.149 所示。

（2）显示幻灯片的方法为：在放映幻灯片时，单击鼠标右键，在弹出的快捷菜单中选择"定位至幻灯片"命令，再在子菜单中选择隐藏的幻灯片名称，如图 6.150 所示。

图 6.149　隐藏/显示幻灯片步骤 1

图 6.150　隐藏/显示幻灯片步骤 2

 小贴士

如果已经存在排练时间，系统自动安排练好的时间自动放映幻灯片。如要恢复手动放映，必须在"设置放映方式"对话框中的"换片方式"选项组中选择"手动"单选按钮。

4）自定义放映

【案例】在放映幻灯片时，如只需放映演示文稿中的一部分幻灯片，这时可通过创建幻灯片的自定义放映完成。

（1）在"幻灯片放映"选项组中单击"自定义幻灯片放映"按钮，如图 6.151 所示。

（2）弹出"自定义放映"对话框，此时"自定义放映:"列表框中无任何内容，单击"新建"按钮，如图 6.152 所示。

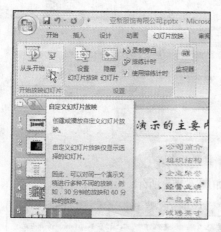

图 6.151　自定义放映步骤 1　　　　图 6.152　自定义放映步骤 2

（3）弹出"定义自定义放映"对话框，在其中选择自定义放映的幻灯片，单击"添加"按钮即可，如图 6.153 所示。

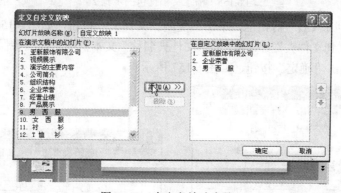

图 6.153　自定义放映步骤 3

 小贴士

　　设置自动放映幻灯片后，在放映过程中，若需对相应的内容进行讲解，可以按【S】键或【+】键暂停放映，讲解完毕再按回车键或空格键继续放映。

（九）对演示文稿打包

　　将演示文稿所需要的文件进行打包，可将演示文稿压缩到存储介质中，同时在压缩包中包含了 PowerPoint 播放器。这样，在其他没有安装 PowerPoint 的电脑上也可以放映该演示文稿。而且可以将该演示文稿复制到磁盘或网络位置上，再将该文件解包到目标电脑或网络上即可运行该演示文稿。

1. 打包演示文稿

　　【案例】将完成的"亚新服饰有限公司.pptx"演示文稿打包。

　　（1）打开需要进行打包的演示文稿，单击"Microsoft Office"按钮，在弹出的菜单中选择"发布"→"CD 数据包"命令，如图 6.154 所示。

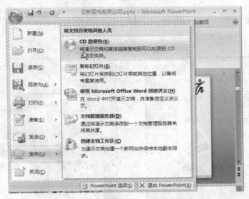

图 6.154　演示文稿打包的步骤 1

（2）在弹出的对话框中单击"确定"按钮，如图 6.155 所示。

图 6.155　演示文稿打包的步骤 2

（3）弹出"打包成 CD"对话框，单击"复制到文件夹"按钮，如图 6.156 所示。

（4）弹出"复制到文件夹"对话框，在"文件夹名称"文本框中输入准备保存的名称，如"打包的演示文稿"，单击"确定"按钮，如图 6.157 所示。

图 6.156　演示文稿打包的步骤 3　　　　　　　图 6.157　演示文稿打包的步骤 4

（5）在弹出的对话中单击"确定"按钮，如图 6.158 所示。

（6）弹出"正在将文件复制到文件夹"对话框，开始复制文件，如图 6.159 所示。

图 6.158　演示文稿打包的步骤 5

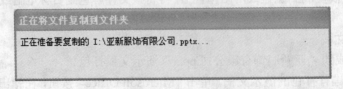

图 6.159　演示文稿打包的步骤 6

（7）复制完成后，返回到"打包成 CD"对话框，单击"关闭"按钮，如图 6.160 所示。

（8）通过上述操作即可完成打包演示文稿的操作，如图6.161所示。

图6.160　演示文稿打包的步骤7　　　　　图6.161　演示文稿打包的步骤8

 小贴士

在"打包成CD"对话框中单击"选项"按钮，在弹出的"选项"对话框中可以设置打开文件和修改文件的密码。

2. 运行打包的演示文稿

如果要在另一台电脑打开打包的演示文稿文件，必须将其复制到该电脑上。在进行放映时，需首先将其解压缩。

【案例】运行打包的"亚新服饰有限公司.pptx"演示文稿。

（1）将打包的演示文稿文件复制到另外一台电脑上，如图6.162所示。

（2）在另外一台电脑上找到该文件夹，双击名为"play.bat"的批处理文件即可进行幻灯片的放映，如图6.163所示。

图6.162　运行打包的演示文稿的步骤1　　　　图6.163　运行打包的演示文稿的步骤2

反侵权盗版声明

电子工业出版社依法对本作品享有专有出版权。任何未经权利人书面许可，复制、销售或通过信息网络传播本作品的行为；歪曲、篡改、剽窃本作品的行为，均违反《中华人民共和国著作权法》，其行为人应承担相应的民事责任和行政责任，构成犯罪的，将被依法追究刑事责任。

为了维护市场秩序，保护权利人的合法权益，我社将依法查处和打击侵权盗版的单位和个人。欢迎社会各界人士积极举报侵权盗版行为，本社将奖励举报有功人员，并保证举报人的信息不被泄露。

举报电话：（010）88254396；（010）88258888

传　　真：（010）88254397

E - mail：dbqq@phei.com.cn

通信地址：北京市海淀区万寿路 173 信箱
　　　　　电子工业出版社总编办公室

邮　　编：100036